서리와 재배일수

중부 지방

재배일수란 서리 걱정 없이 각종 채소를 재배할 수 있는 1년 평균 날짜 수를 말하는데, 원예 식물을 기를 때는 서리 내리는 날을 아는 것이 중요하다. 최근 30년간 가을 첫서리와 봄의 마지막 서리 날짜를 평균내어 재배일수를 계산한 것이다.

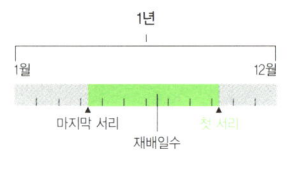

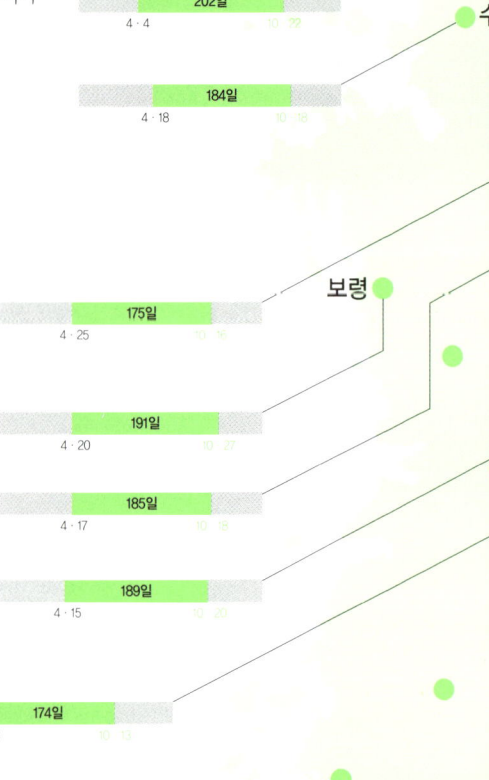

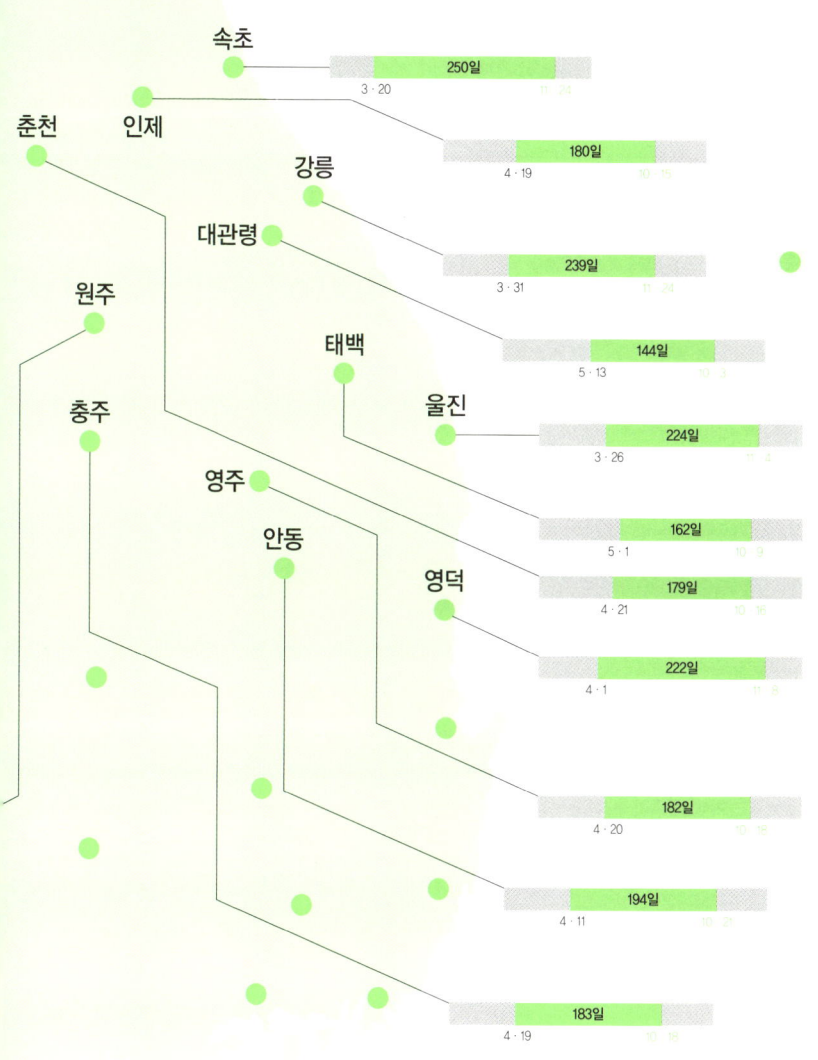

원예도감

원예도감

꽃과 채소로 가득 찬 뜰 만들기

사토우치 아이 글 | 후지에다 쓰우, 사노 히로히코 그림 | 김창원 옮김

책 머리에

아직 뜰에 눈이 남아 있는데 스노우드롭이 피기 시작했습니다. 공기는 차지만 벌써 땅은 봄기운을 맡고 기지개를 켜고 있는 것이죠. 또 얼마 있으니 남사면 둑 언저리에 노란 복수초 꽃이 피었습니다.

가을에 심은 히아신스 알뿌리(구근)가 머리 위에 덮힌 흙을 밀어 제치고, 녹색 잎을 힘차게 뻗는 걸 보면 괜스레 마음이 들뜹니다. 하루하루 달라지는 뜰의 모습을 바라보는 것이 이렇게 즐거울 수가 없습니다. 나는 우리 집 옆의 뜰만 아니라 산책하러 다니는 모든 공간을 '나의 뜰'이라고 부르고 있습니다.

무엇이든 좋습니다. 우선 심고 키워 보세요. 화분 하나를 볕이 잘 드는 창가에 놓는 것만으로도 족합니다. 잘못해서 죽일 수도 있겠지만, 그래도 괜찮습니다. 식물과 친구가 되어 보세요. 식물은 우리가 그런 마음만 가지고 대하면 꼭 우리를 반겨 줍니다. 그리고 뜻하지 않는 놀라움과 즐거움을 안겨 줄 것입니다.

뜰 만들기는 언제나 뭔가에 놀라움을 바라는 사람, 만들기가 즐거운 사람, 무엇이든 번쩍번쩍 들고 싶은 사람, 새로운 아이디어를 생각해 내기를 좋아하는 사람, 한 번쯤은 시를 지어 보고 싶은 사람, 식물을 좋아하는 사람 그리고 곤충과 새들, 각종 살아 있는 생물을 좋아하는 사람까지 이런 모든 사람들에게 맞는 일입니다.

뜰 만들기는 국어, 과학, 수학, 사회, 미술 등 이 모든 과목을 합쳐 놓은 생활 공부이기도 합니다. 또 흙을 나르고 도구를 사용하는 동안에 건강해지는 나를 발견하게 될 것입니다. 남으로부터 가르침을 받는 것이 아니라 자기 나름대로 생각하고 실제로 해 나가는 재미, 체험하는 즐거움과 만족이 있습니다.

아시아는 옛날에는 농업국이었습니다. 인구의 절반 이상이 땅을 갈고 논밭을 기름지게 만들고 물을 끌어와서 농사를 지으며 살아왔죠. 그러나 요즘에는 농사짓는 인구가 크게 줄었습니다. 그러나 아직도 우리가 알려고만 한다면 흙과 물에 대해서 필요한 지식을 줄 수 있는 사람들이 주변에 얼마든지 많습니다. 그런 사람들과 우리를 이어주는 것이 바로 '뜰 만들기'겠죠! 흙을 만지고 식물을 키우면 나이에 관계없이 여러 사람과 이야기를 할 기회가 생깁니다. 체험이 풍부한 사람들과 친해져서 원예 지식뿐만 아니라 인생의 지혜를 들을 수 있는 것도 즐거움 중 하나입니다.

해마다 봄꽃이 피고, 여름꽃이 피고, 가을꽃이 피고…. 자연을 보면 언제나 같은 일만 되풀이되는 것 같지만 그렇지만은 않습니다. 해마다 날씨가 다르고 뜰의 식물도 뭔가 조금씩 달라집니다. 되풀이되는 것 같지만 똑같지 않은 이러한 신비한 리듬이 우리의 마음을 사로잡습니다. 시를 읊조리고 노래를 흥얼거리는 것은 이러한 자연의 리듬이 있기 때문입니다.

뜰 만들기는 혼자서 해도 되고 친구들과 함께 해도 즐겁습니다. 먹을 수 있는 채소 심기도 좋고, 창가에 내놓을 화분 만들기도 좋겠죠? 집 모퉁이에 공터가 있다면 꽃씨 몇 알을 뿌려 보는 건 어떨까요? 이것 역시 훌륭한 뜰 만들기입니다.

더불어 저의 작은 경험이 여러분의 뜰 만들기에 조금이라도 도움이 되기를 바랍니다.

사토우치 아이

차례

책 머리에 ·················· 4

제1장
정원 만들기의 꿈

왜 사람들은 정원을 꾸미고 싶어 할까?	14
문학 속의 정원 이야기	16
《한밤중 톰의 정원에서》	18
《비밀의 화원》	20
도시 소녀, 리네아의 꽃밭	22
'피터 래빗'이 있는 뜰	24
파브르의 정원	26
시튼의 뜰	28
마키노 도미타로의 뜰	30
추리 소설 속의 정원	32
《원예가의 열두 달》	34
품종 개량가, 버뱅크	36
같은 꽃, 다른 이름	38

제2장
여러 가지 정원

미니 꽃밭	40
발코니에 화분을	42
꽃이 가득한 뜰	44
창가에 만드는 꽃밭	46
뜰에서 채소 키우기	48
꽃과 채소가 함께 있는 뜰	50
버터플라이 가든	52
나비를 부르는 뜰	54
과일이 익는 뜰	56
사람들을 놀라게 하는 뜰	58
키친 가든	60
향기 가득한 뜰	62
허브 정원	64

	아기자기한 정원 디자인 ·················· 66
	효율적인 정원 디자인 ······················ 68
	들풀 가득한 뜰 ····························· 70
	커다란 나무 한 그루 ······················· 72
	생물들로 가득 찬 뜰 ······················· 74
	개구리를 불러들이는 뜰 ··················· 76
	뜰에 생기를 불어넣는 연못 ··············· 78
	새가 찾아오는 뜰 ··························· 80
	낙원을 그리는 꿈 ··························· 82
	뜰에서는 벌들도 친구 ····················· 84
제3장 **원예에 필요한 도구** 	집에서 찾은 원예 도구 ····················· 86
	일을 덜어 주는 원예 도구 ················ 88
	정원 울타리 만들기 ························ 90
	돌로 쌓은 울타리 ··························· 92
	흙 만드는 방법 ····························· 94
	퇴비를 만드는 방법 ························ 96
	씨를 뿌려 모종을 만든다 ················· 98
	물 주는 요령 ································ 100
	집을 비울 때의 물 주기 ··················· 102
	버팀목 세우기 ······························ 104
	버팀목에 덩굴 올리기 ····················· 106
	열매를 딸 때는 ····························· 108
	씨앗 관리 ···································· 110
	가위를 이용한 손질 ······················· 112
	나무 다듬기 ································· 114
	연못 만들기 ································· 116
	정원에 등 설치 ······························ 118
	도구 손질 ···································· 120
	정원에서 일할 때의 옷차림 ·············· 122
	어려운 식물 용어 ··························· 124

제4장
정원 흙 만들기

정원 가꾸기는 흙 만들기부터 ············ 126
흙이란? ····································· 128
식물에게 좋은 흙의 성질 ················· 130
균형이 잘 잡혀 있는 땅 ··················· 132
지렁이의 역할 ······························ 134
화원에서 파는 흙 ·························· 136
화단용 흙 만들기 ·························· 138
화분용 흙 만들기 ·························· 140
비료가 하는 일 ···························· 142
흙에 비료를 준다는 것은 ················ 144
퇴비 만들기 ································ 146
비료의 어제와 오늘 ······················· 148
풋거름 만들기 ····························· 150
화원에서 파는 비료 ······················· 152
여러 가지 흙 가꾸기 ······················ 154
우리 몸과 흙의 관계 ···················· 156

제5장
뜰 만들기를
시작해 보자

어떤 정원을 만들까? ······················ 158
화원 구경하기 ····························· 160
한해살이 식물을 심으려면? ············· 162
두해살이 식물이란? ······················ 164
싹이 트려면? ······························ 166
씨를 뿌리는 시기는? ····················· 168
씨를 뿌리는 방법 ·························· 170
모종 옮겨심기 ····························· 172
여러해살이 식물을 심으려면? ·········· 174
1년 내내 꽃 피는 정원 계획 I ············ 176
1년 내내 꽃 피는 정원 계획 II ··········· 178
알뿌리 식물 심기 ·························· 180
알뿌리 식물로 정원 꾸미기 ·············· 182
알뿌리 식물의 수경 재배 ················· 184
나무 심기 ··································· 186
과일나무를 심을 때 주의할 일 ·········· 188
덩굴 식물을 심으려면? ··················· 190

	채소 키우기 ····· 192
	채소 재배와 이어짓기 ····· 194
	우리 집 정원에 맞는 채소 가꾸기 ····· 196
	채소의 원산지 ····· 198
	채소 가꾸는 재미 ····· 200
	실내에서 키우는 식물 ····· 202
	관엽 식물과 다육 식물 ····· 204
	온실에서 키우는 식물 ····· 206
	유기 농법이란 무엇일까? ····· 208

제6장
건강하게 키우기 위해서

식물의 건강 체크 ····· 210
서리를 알자 ····· 212
잡초 활용법 ····· 214
잡초가 나지 않게 하려면? ····· 216
화분 갈이 ····· 218
가지치기 ····· 220
채소 기르는 요령 ····· 222
식물이 아플 때는? ····· 224
살충제를 사용하면 안 되는 이유 ····· 226
해충 잡기 ····· 228
해충을 막으려면? ····· 230
식물의 여름나기 ····· 232
식물의 겨울나기 I ····· 234
식물의 겨울나기 II ····· 236
우리는 식물을 돌보는 의사 선생님 ····· 238

제7장
식물이 늘어나는 즐거움

여러 가지 씨앗들 ····· 240
씨를 모으자 ····· 242
채소 씨 받기 ····· 244
산책길에 씨를 모은다 ····· 246
씨 보관하기 ····· 248
한해살이 식물 늘리기 ····· 250
줄기꽂이로 늘리기 ····· 252
휘묻이로 늘리기 ····· 254

	포기나누기로 늘리기 ·················· 256
	접붙이기로 늘리기 ···················· 258
	불어난 식물 이용하기 ················ 260
	실패할수록 많은 것을 배운다 ············ 262
제8장 **뜰이 우리에게 주는 선물**	원예가의 좋은 습관 ···················· 264
	식물 표본 만들기 ···················· 266
	나뭇가지로 여러 가지 물건 만들기 ········ 268
	계절 따라 꽃꽂이를 ···················· 270
	드라이플라워 만들기 ·················· 272
	과일 잼 만들기 ······················ 274
	과일로 과자 만들기 ···················· 276
	나무 열매로 간식 만들기 ················ 278
	허브를 이용하는 방법 ·················· 280
	나뭇잎으로 식탁을 멋스럽게 ············ 282
	채소 샐러드 만들기 ···················· 283
	채소 보관 방법 ······················ 284
	보존 식품으로 만들기 ·················· 286
	채소 요리 만들기 ···················· 288
	채소 가게를 차리자 ···················· 290
	뒤뜰에 자연이 있다 ···················· 292
원예 식물도감	개양귀비, 거베라 ···················· 294
	고수(코리안더), 관엽 식물 ·············· 295
	국화 종류 ·························· 296
	글라디올러스, 금목서 ·················· 297
	금어초, 금잔화, 꽃생강 ················ 298
	나팔꽃, 난 종류 ······················ 299
	남천, 노박덩굴, 능소화 ················ 301
	다육 식물, 달리아 ···················· 302
	달맞이꽃, 대나무 ···················· 303
	대상화, 데이지 ······················ 304
	도라지, 동백나무 ···················· 305
	디기탈리스, 라벤더 ···················· 306

란타나, 로즈메리 ······················· 307
루나리아, 루핀, 마거리트 ·············· 308
망종화(금사매), 매리골드 종류, 매발톱꽃 ···· 309
맨드라미, 메꽃, 명자나무 ·············· 310
모란 종류, 목화 ························ 311
무궁화, 무릇, 무스카리 ················ 312
바위취(범의귀), 바질, 박하(민트) 종류 ········ 313
백량금, 백일홍 ························· 314
백합 종류, 벚나무 ······················ 315
베고니아, 복수초 ······················· 316
봉선화, 분꽃 ···························· 317
붉은강낭콩, 붓꽃 종류 ················· 318
블루데이지, 사철나무, 샐비어(사루비아) ···· 319
샤스타데이지, 서향 ···················· 320
석산, 선인장 종류 ······················ 321
수국, 수레국화, 수선화 ················ 322
수세미오이 · 표주박 ···················· 323
수수꽃다리, 수초, 스위트피 ············ 324
시클라멘, 식나무 ······················· 325
아까시나무, 아나나스 종류, 아마릴리스 ···· 326
애기냉이, 앵초 ························· 327
엉겅퀴 종류, 오레가노, 옥잠화 종류 ········ 328
용담, 유채 종류 ························ 329
유홍초, 은방울꽃, 은방울수선화, 인동덩굴 ·· 330
일일초, 자귀나무 ······················· 331
작살나무, 작약, 장미 ·················· 332
제라늄 ·································· 333
종려나무, 죽절초 ······················· 334
진달래, 차나무 ························· 335
참제비고깔, 천일홍 ···················· 336
치자나무, 카모마일, 칸나 ·············· 337
컴프리, 코스모스, 크로커스 ············ 338
타임, 토끼풀, 톱풀 ····················· 339
튤립, 팔손이, 패랭이꽃 종류 ··········· 340

팬지 ·· 341
페튜니아 ·· 342
프리뮬러, 프리지어, 플록스 ··············· 343
한련, 해바라기 ································· 344
허브, 헬리오트로프, 황매화 ················ 345
회향, 히아신스 ································· 346

채소 · 과일 도감

가지, 감, 감귤 종류 ··························· 348
감자 · 고구마 · 토란 등 ······················ 349
고추 ·· 350
나무 열매, 당근 ································ 351
딸기 종류 ·· 352
루바브, 마늘, 매실(매실나무) ·············· 353
무 종류, 물냉이 ································ 354
배, 복숭아, 비파 ······························· 355
사과, 생강 ······································· 356
셀러리, 수박, 쉬나무, 아스파라거스,
 양다래(키위) ······························· 357
양배추 종류 ····································· 358
오디(뽕나무), 오이 ··························· 359
오크라, 옥수수, 우엉 ························· 360
잎을 먹는 채소 ································· 361
커런트 종류, 콩 종류 ························· 363
토마토 ··· 364
파드득나물, 파 종류 ·························· 365
포도, 호박 ······································· 366

찾아보기 ·· 368

제1장
정원 만들기의 꿈

왜 사람들은 정원을 꾸미고 싶어 할까?

누구나 정원사가 될 수 있다

'뜰'이란 말을 들었을 때 사람들은 어떤 곳을 떠올릴까요?
집에 뜰이 있으면 물론 자기 집 뜰을 머리에 그리겠죠! 없을 때는 할아버지, 할머니가 살고 계시는 시골집 마당 아니면 친척이나 이웃집 정원을 생각해 낼지도 모릅니다.

생각해 보세요. 식물의 작은 씨가 어쩜 그렇게 크게 자랄 수 있을까요? 꽃은 왜 그처럼 귀엽고 알록달록 아름다울까요? 뜰에 있으면 자연의 재미있는 일들과 신기한 일들이 가까이 다가옵니다.

'누구나, 어디에 살거나 정원사가 될 수 있어. 일단 시작하면 누구나 될 수 있는 거야.' 어느 날 할아버지는 조용히 이렇게 말씀하셨습니다. 이 말이 나의 마음을 움직였습니다. 그래서 나만의 정원 만들기가 시작된 거죠. 정원 만들기를 시작하고 나서 나는 매일매일 새로운 놀라움을 느꼈습니다.

뜰에 나가 있기만 해도 행복하다

정원 가꾸기를 시작하면 자연히 날씨에 대한 관심이 생깁니다. 오래 가물다가 빗방울이 떨어지면 그토록 반가울 수가 없으며, 바람이 세게 불면 학교에서 공부하다가도 '집 뜰의 해바라기가 넘어지지 않았을까?' 하고 걱정이 됩니다. 해, 구름, 비, 바람, 흙, 곤충, 식물 등은 정원 퍼즐의 한 조각이라고 할 수 있겠죠? 그 하나하나가 맞춰져서 제자리에 있을 때 멋진 정원이 될 수 있습니다.

정원 만들기에 '이래야만 한다.'는 공식 같은 것은 없으므로 자기가 하고 싶은 방법으로 시작하면 됩니다. 다만 정원 만들기는 자연의 힘이 크게 작용하므로 마음먹은 대로 되지는 않습니다. 그러나 그것은 경험으로 쌓이게 되죠. 정원 만들기를 시작하면 꽃을 보거나 채소를 수확하는 즐거움뿐만 아니라 자기가 뜰 안에 있는 것만으로도 행복감을 느끼게 될 것입니다.

문학 속의 정원 이야기

책 읽는 또 다른 즐거움

정원 가꾸기를 시작하면 정원에 대해서 알고 싶은 마음이 생기고, 책을 읽을 때도 정원 이야기가 나오면 전보다 관심이 갑니다. 식물 이야기가 나오는 문학 소설은 꽤 많습니다. 뜰과 직접 관계가 없는 추리 소설 같은 데도 정원 묘사가 나오곤 합니다.

번역한 외국 책 속에 우리나라에도 있는 식물이 나오는 걸 보면, 식물 키우기에 장소는 그다지 중요하지 않다는 걸 알 수 있습니다. 기후만 크게 다르지 않다면 말이죠.

로라 잉걸스 와일더가 쓴 《큰 숲 속의 작은 집》에는 주인공 로라가 결혼해서 처음으로 맞이한 손님에게 자기 집 정원에서 딴 루바브로 만든 파이를 대접하는 대목이 나옵니다. 그런데 그 시큼한 루바브 파이에 설탕 넣는 걸 깜박 잊어서 모처럼의 손님 대접이 엉망이 된다는 이야기입니다. 나는 로라가 당황했던 일보다 '루바브는 도대체 어떻게 생겼을까?' 궁금했고, 그래서 내가 직접 심어서 그 열매로 파이를 만들어 보고 싶다는 생각이 들었습니다.

루바브

정원 가꾸기는 낙천적인 일

스잔 힐의《정원의 작은 길》에 이런 말이 나옵니다. 정원 가꾸기는 낙천적이며 희망에 사는 사람이 하는 일이라고…. '완두콩이나 서양자두 씨를 심거나 장미 나무를 늘리는 것은 앞날에 희망을 느끼는 사람이 할 수 있는 일이야. 정원 가꾸기를 통해서 우리는 "친절하면서도 냉정하게, 꼼꼼하면서도 대충대충."이라는 도저히 알아듣기 힘든 말을 이해하게 되고 필요성을 느끼게 되지.'

잠이 안 오는 어느 무더운 여름 밤, 주인공은 바람을 쐬려고 정원에 나갑니다. 달빛에 흠뻑 젖은 장미가 유달리 눈에 띄어서, 몸을 굽혀 그 옆의 타임을 만졌더니 연기 같은 향이 나고, 그 향기가 레몬 향으로 변하더니 곧 시나몬 향기가 주위에 퍼집니다. '라벤더의 가지를 목에 문질렀더니 달콤한 냄새가 아침까지 날아가지 않아 기분이 좋았어.'라는 대목이 오래 기억에 남습니다.

밤에 정원을 거닐다니! 전 이제껏 이런 일은 생각지도 못했습니다. 책은 우리들의 상상력을 끝없이 넓혀 줍니다.

《한밤중 톰의 정원에서》

뒤뜰에는 비밀이 감춰져 있다

필리퍼 피어스의 《한밤중 톰의 정원에서》를 읽을 때마다 나는 시간에 대한 이상한 감각에 휩싸입니다. 할아버지가 사는 아파트에서 여름방학을 지내던 톰은 어느 날 거실에 걸린 괘종시계가 종을 열세 번 치는 것을 듣습니다.

'13시?! 아무리 고물 시계라도 열세 번 종을 치는 법은 없어.' 이렇게 생각한 톰은 모험심이 발동해서 뒤뜰로 나가는 문을 엽니다. 그곳에서 본 것은 꽃이 만발한 화단과 우거진 주목의 숲, 그리고 커다란 온실이었습니다. '할아버지는 내게 헌 물건들을 두는 창고가 있다고 말씀 하셨는데….' 이렇게 해서 톰은 매일 밤 뒤뜰 산책에 나섭니다. 그리고 그곳에서 소녀 해티와 만나게 되죠. 이렇게 해서 과거로의 여행이 시작됩니다.

뜰이 시간의 흐름을 잇는다

'잔디밭 한구석에는 전나무 한 그루가 주위의 어떤 나무보다 훨씬 높이 우뚝 서 있었다. 담쟁이에 뒤덮인 전나무는 마치 녹색 숄에 싸인 갓난애가 두 팔을 내밀고 있는 것 같이 보였다.', '톰은 아스파라거스 저쪽에 있는 채소밭을 지나갔다. 채소밭에는 딸기 덩굴과 콩 줄기를 받쳐 주는 버팀목, 그리고 철망으로 둘러친 곳이 있었다. 여기에는 까치밥나무와 서양까치밥나무가 우거져 숲을 이루고 있었는데 그 때문에 그 속으로 새들이 들어가지 못했다.'

뜰의 묘사는 어느 대목이나 생생하게 살아 있었습니다. 모두 피어스가 어린 시절에 살던 자기 집 뜰을 기억해서 쓴 것이라고 합니다. 우리 주위의 뜰을 다시 한 번 눈여겨보세요. 큰 나무가 있으면 어쩌면 돌아가신 할머니가 심은 것인지도 모릅니다. 뜰에 얽힌 이야기를 알아보는 것은 가슴 설레는 일입니다.

《비밀의 화원》

책 읽는 또 다른 즐거움

《비밀의 화원》은 프랜시스 버넷의 작품인데 버넷는 자연을 사랑하고 정원 가꾸기를 무엇보다 좋아했습니다. 이 이야기에는 10년간이나 내팽개쳐 두었던 정원이 소녀 메리와 소년 디콘에 의해서 아름답게 가꿔지는 모습이 생생하게 그려져 있습니다. 만일 여러분이 정원 가꾸기를 시작하면 이 작품에 나오는 이야기에 크게 공감할 수 있을 것입니다. 씨를 뿌리고 난 뒤의 기대, 잡초로 뒤덮인 곳에서 새싹을 가꾸는 즐거움, 알뿌리(구근)를 보며 '여기서 무슨 꽃이 피게 될까?' 하고 궁금해하던 경험 등, 이 모두가 메리의 경험이자 여러분 자신의 새로운 체험이 될 테니까요.

'양파 같은 흰 뿌리, 이게 뭐지?', '그게 알뿌리란 거야. 봄에 피는 꽃은 대개 그런 알뿌리에서 싹이 나와. 작은 것은 스노우드롭이거나 크로커스이고, 큰 것은 수선화야. 정말 예쁘지.'

메리를 도와주는 마서는 식물이나 동물의 마음을 알고 있는 동생인데 그가 디콘을 메리에게 소개합니다.

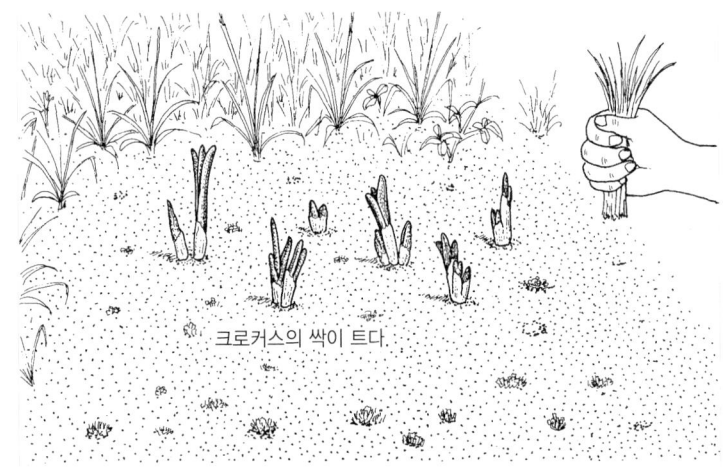

크로커스의 싹이 트다.

향기 좋은 꽃

디콘이 메리에게 정원 가꾸기 도구와 씨를 가지고 처음 나타나는 부분은 내가 특히 좋아하는 대목입니다.

'디콘은 윗주머니에서 아무렇게나 구겨진 작은 갈색 종이 봉지를 꺼냈다. 끈을 풀자 안에서 또 여러 개의 더 작은 종이 봉지들이 나왔다. 하나하나의 작은 종이 봉지에는 꽃 그림이 예쁘게 그려져 있었다. "참제비고깔은 화초 가운데 향기가 좋고 어디에 심어도 잘 자라지. 개양귀비도 그래. 휘파람을 불어 '어서 나와라.' 하면 싹이 나오고 꽃이 핀다고. 나는 이 두 가지가 제일 좋아."'

이것을 읽었을 때 나는 참제비고깔이 어떤 꽃인지 몰라서 식물도감을 찾아봤습니다. 참제비고깔은 '여러 개의 자주색 꽃이 한 줄기에 엇갈려 나며 눈 속에서도 피는 노란 복수초와 같이 미나리아재비과에 속하는 식물'이라고 나와 있었습니다.

두 사람이 만들어 가는 정원을 머리에 그리면서 읽으면 책 읽기가 한층 즐거워집니다.

도시 소녀, 리네아의 꽃밭

세계 어디서나 통하는 학명을 만든 린네

리네아라는 소녀를 주인공으로 한 그림책《모네의 정원에서》를 쓴 작가는 크리스티나 비외르크이고, 그림을 그린 사람은 레나 안데르손인데 둘 다 스웨덴 사람입니다. 책 속의 주인공 리네아의 이름은 '린네풀'이라는 식물 이름에서 딴 것이라고 하는데, 린네라는 이름은 바로 생물 분류학의 방법을 확립한 스웨덴의 칼 폰 린네(1707~1778)에서 온 것입니다.

린네는 모든 생물에 이름 붙이는 방법을 생각해 내고, 어느 나라에서도 알아볼 수 있게 학명을 만들어서 근대 식물학의 장을 열었습니다. 이 학명이 있기 때문에 나라가 달라도 같은 식물을 이야기할 수 있습니다. 예를 들어 '봉선화'라고 하면 다른 나라 사람은 어떤 식물인지 모르지만, 식물도감을 찾아서 학명이 '임파티엔스 발사미나'라고 하면 세계 어느 나라 사람이든 그것이 봉선화를 의미한다는 것을 알 수 있습니다. 이렇게 보면 학명이야말로 식물의 진짜 이름이라고도 할 수 있겠네요.

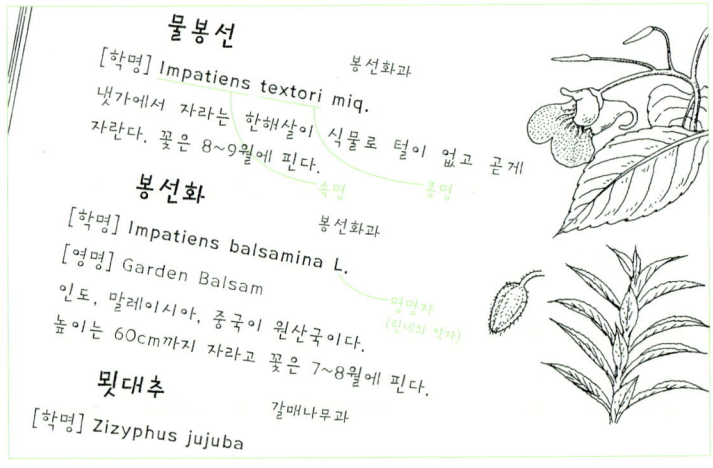

리네아에게 도움을 주는 블룸 아저씨

리네아는 도시에 사는 소녀입니다. 식물을 좋아해서 아파트 창가에 언제나 화분을 가득히 늘어놓고 살죠. 리네아의 궁금증을 풀어 주는 사람은 같은 아파트에 살고 있는 블룸 아저씨입니다. 블룸 아저씨는 직업이 정원사였기 때문에 화초에 대해서는 모르는 것이 없습니다. 그래서 주위 사람들이 블룸 아저씨를 '그린 핑거(녹색 손가락)'라고 부르죠. 그린 핑거란 식물을 잘 키우는 도사라는 뜻인데 '그린 섬(녹색 엄지손가락)'이라고 부르기도 합니다.

이 책을 읽다 보면 정원 가꾸기를 시작할 때, 가까이 원예 박사가 있어 모르는 것을 물어볼 수 있으면 정말 좋겠다고 생각하게 됩니다. '그런 사람을 만날 수 있을까?' 하고 걱정부터 하지 마세요. 뜻이 있는 곳에 길이 있는 법!

대체로 나이 드신 할아버지나 할머니는 전문 원예사는 아니지만 화초에 대해서 아는 것이 많습니다. 옛날에는 누구나 텃밭이나 앞마당에서 조금씩은 화초를 가꾸었으니까요.

'피터 래빗'이 있는 뜰

채소밭이 있는 농장의 정원

《피터 래빗 이야기》에 나오는 뜰은 밭과 목장을 포함한 농가의 뜰인데 무대는 영국 북 잉글랜드에 있는 호수 지방입니다. 작가인 베아트릭스 포터는 런던에서 태어났지만 여름이 되면 언제나 스코틀랜드나 잉글랜드의 호수 지방에서 지냈습니다. 자연과 그곳에 사는 짐승들을 좋아한 포터는 마침내 40대 후반부터 호수 부근의 마을 니어소리에서 농사를 짓고, 양을 치며 나머지 삶을 보내게 됩니다.

농가의 채소밭에 오는 여러 마리의 토끼 가운데에는 꼬마 토끼 피터가 있었겠죠? 호숫가의 숲에는 다람쥐 넛킨과 부엉이 브라운 할아버지가 살고, 호숫가에는 개구리 제레미 영감이 숨어 살았을지도 모릅니다. 오리 부인도 힐탑 농장의 어딘가에 있었겠죠! 포터의 이야기에 등장하는 동물들이나 농장 주변의 풍경과 농가 주위의 식물들까지도 사실을 근거로 묘사했기 때문에 읽은 사람들은 하나같이 그 이야기에 매혹되어 이야기의 무대가 된 니어소리 마을을 지금도 실제로 찾아가곤 한답니다.

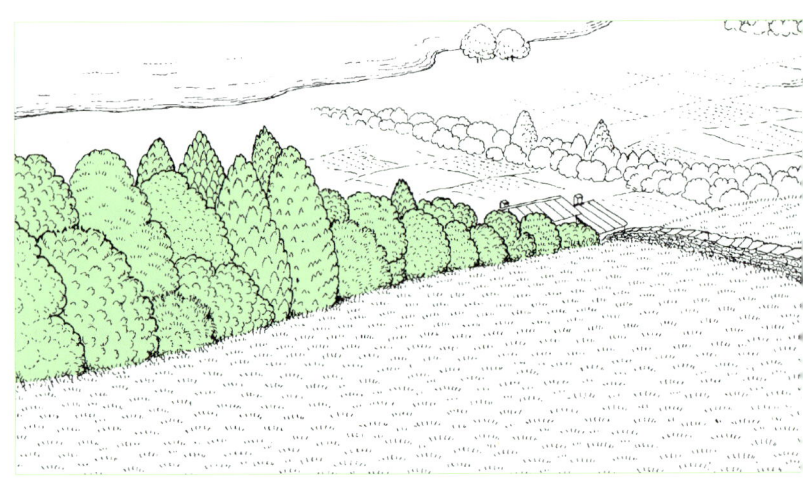

자연과 더불어 사는 즐거움

포터의 작품이 재미있는 것은 동물들이 보는 눈으로 사람의 모습을 그려낸 데 있습니다. 그런 묘사를 할 수 있었던 것은 동물들의 생활을 애정을 가지고 관찰했기 때문이겠지요. 농장에서 살다 보면, 채소를 뜯어 먹거나 밭을 망가뜨리는 토끼를 사랑한다는 게 쉽지 않습니다. 그러나 포터는 그런 토끼가 귀여웠으며, 토끼가 사는 모습을 유심히 관찰했던 것입니다. 피터 래빗 이야기에는 동물 하나하나의 개성을 찾아내고 그들을 참 좋아했으며, 그들과 함께 살고 싶다는 포터의 소망이 들어 있습니다.

보통 사람들은 야생 동물과 함께 사는 데 익숙하지 못합니다. 농가에서는 너구리, 멧돼지, 들쥐, 두더지 등을 모두 싫어합니다. 농작물을 파먹고 밭을 망가뜨리는 놈은 모두 나쁜 짐승이라고 생각하기 때문에 그들을 다른 눈으로 관찰할 마음의 여유가 생기지 않습니다. 포터의 이야기를 읽다 보면, 우리가 다른 동물을 포함한 자연과 어떻게 함께 살아가야 할지 알 것 같습니다.

파브르의 정원

곤충을 관찰할 뜰이 있으면 좋겠다!

《파브르 곤충기》로 잘 알려진 프랑스의 장 앙리 파브르(1823~1915)는 남 프랑스의 가난한 농가에서 태어나 독학으로 교사가 되고, 초등학교와 중학교에서 학생을 가르치면서 자기가 좋아하는 곤충 연구를 했던 곤충 학자입니다. 파브르가 쓴 책을 읽으면 자연을 관찰하는 즐거움, 지식이 늘어가는 재미가 어떤 것인지 알게 됩니다. 파브르는 자기가 어린 시절에 자란 뜰을 이렇게 이야기합니다.

'우리 집 뜰은 제일 높은 언덕 위에 있었다. 나무 한 그루 없고 마을에서 제일 작은 뜰이었는데, 그곳에는 가장자리에 수영을 심은 배추 밭, 무 밭, 그리고 상추 밭이 있었다. 그것이 전부다.'

파브르의 꿈은 곤충을 관찰할 수 있는 뜰을 가지는 것이었습니다. 그곳에서 조용히 연구하며 지내는 게 소원이었지만 가난해서 그의 꿈을 이룰 수 없었습니다. 책 한 권을 사면 끼니를 굶어야 하는 정도였으니까요. 그러나 40년 동안 이렇게 견디어 낸 뒤, 마침내 그가 바라던 뜰을 손에 넣을 수 있게 되었습니다.

파브르의 뜰

파브르가 뜰을 갖게 되었을 때의 흥분을 이렇게 쓰고 있습니다. '내가 오래도록 가지고 싶었던 것은 바로 이것이다. 아담한 땅. 넓지 않아도 된다. 울타리가 있고 시끄러운 길가에서 좀 떨어진 땅. 기름질 필요도 없다. 늘 뙤약볕이 내리쬐고 사람들은 거들떠보지도 않지만 민들레와 벌들이 좋아하는 곳. 조용히 나나니나 땅벌에게 "어떻게 살고 있니?" 하고 물어볼 수 있고 실험을 통해서 서로 마음을 알 수 있으면 된다. 이것이 내 꿈이었다. 40년의 피나는 인내 뒤에 이제 내 손에 들어온 것이다.'

파브르는 곤충이 모여드는 뜰을 바라고 있었던 것입니다. '누구 한 사람 무씨를 뿌리려고 하지 않는 메마른 땅이지만, 이 땅은 벌에게는 천국이다. 엉겅퀴가 자라고 있기 때문에 가까이 있는 벌이란 벌은 모두 찾아든다.'

비록 들풀이 마구 나 있는 자갈투성이 뜰이었지만 파브르는 많은 곤충과 같이 함께 살 수 있어 행복한 노년을 보냈습니다.

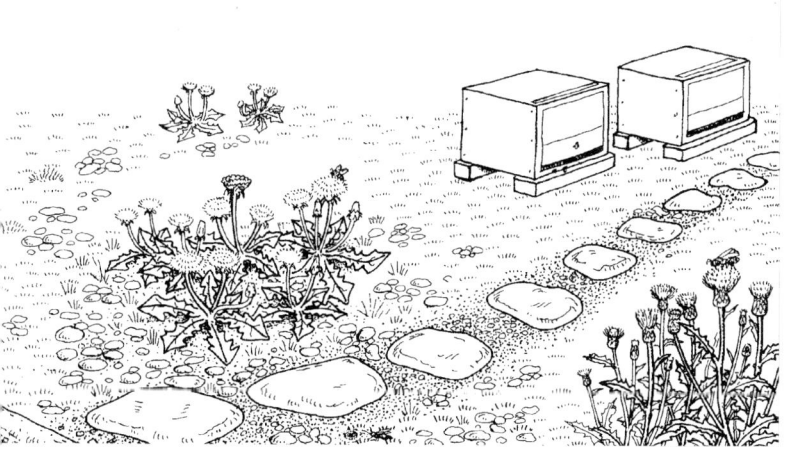

시튼의 뜰

야생 동물의 생태에 흥미를 느끼다

《시튼 동물기》로 잘 알려진 어니스트 에반톰슨 시튼(1860~1946)은 영국에서 태어났으나 여섯 살 때 가족과 함께 캐나다로 이주했습니다. 그곳 개척 생활에서 본 새와 짐승들에 대한 호기심이 시튼의 인생을 결정지었다고 할 수 있습니다.

시튼은 미술 학교에서 그림을 배우고 화가가 되려고 열아홉 살 때 런던으로 갔는데, 낮에는 그림을 그리고, 밤에는 대영박물관과 도서관에 들러서 박물학을 독학했습니다.

다시 캐나다로 돌아온 그는 책에 삽화를 그리는 일로 생계를 유지하고 동물에 대한 논문을 쓰면서 살았습니다. 가난했지만 야생 동물에 대한 흥미는 날로 커져 갔고, 관찰 내용을 모두 노트에 기록했습니다. 뛰어다니는 짐승들과 새들의 노랫소리, 춤을 추는 새들의 모습이 그의 머리에서 잠시도 떠나지 않았습니다.

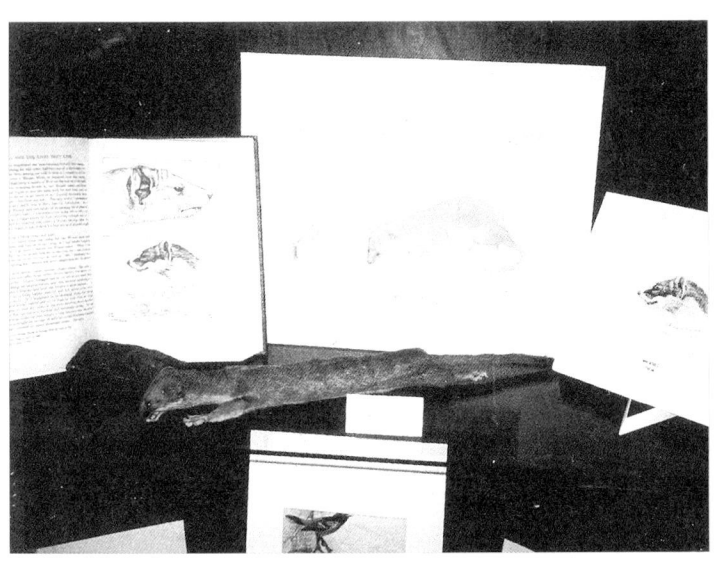

주위의 자연과 하나가 된 뜰

시튼은 자연 속에서 사는 인디언에게 친근감을 느꼈습니다. 마흔 살 때 주위의 소년들을 모아 '우드크래프트 인디언 연맹'을 창설하였는데, 이 연맹이 발전하여 오늘날 보이스카웃이 되었습니다. 미국 초대 보이스카웃의 단장이 시튼이라는 사실을 아는 사람은 별로 많지 않을 것입니다.

야생 동물이 살아가는 장소 모두가 시튼에게는 자신의 뜰이었습니다. 그런 시튼이었기 때문에 그가 마지막 삶의 터로 삼은 곳은 그 당시 많은 인디언이 살고 있던 미국 뉴멕시코 주의 산타페 교외였습니다. 일흔 살에 언덕 위에 자기 손으로 집을 짓고 그 일대를 시튼 빌리지(시튼 마을)라고 불렀습니다.

지금은 아무도 살고 있지 않지만 집 주위의 뜰은 그대로 남아, 주위의 자연과 함께 어우러져 있습니다.

마키노 도미타로의 뜰

일본 야생 식물을 정리하다

우리들은 어떤 식물을 보고 그 이름을 모르면 우선 식물을 잘 아는 사람에게 묻습니다. 잎 모양이 이렇고, 그 잎이 줄기에 어떤 식으로 붙어 있으며, 꽃잎이 몇 장이고 어떤 모양이라는 식으로 말이죠. 그 말을 듣고 식물을 잘 아는 사람은 계절을 참고해서 이름을 가르쳐 줍니다. 그러면 도감을 펼쳐서 이름을 확인해 보면 됩니다.

일본의 야생 식물 중 《마키노 일본 식물도감》에 나오지 않는 것은 아마 없을 것입니다. 마키노 도미타로(1862~1957)는 이 도감을 정리하고 펴낸 일본 학자입니다. 그는 어려서부터 산과 들의 식물에 흥미를 가지면서 채집하고 조사했습니다. 1870년대만 해도 일본에는 분류학이 없었고, 식물에 관한 책이라고는 약이 되는 식물을 적어 놓은 약용 식물 책뿐이었습니다. 그는 이 본초학을 독학으로 공부하면서 식물 연구를 시작했던 것입니다.

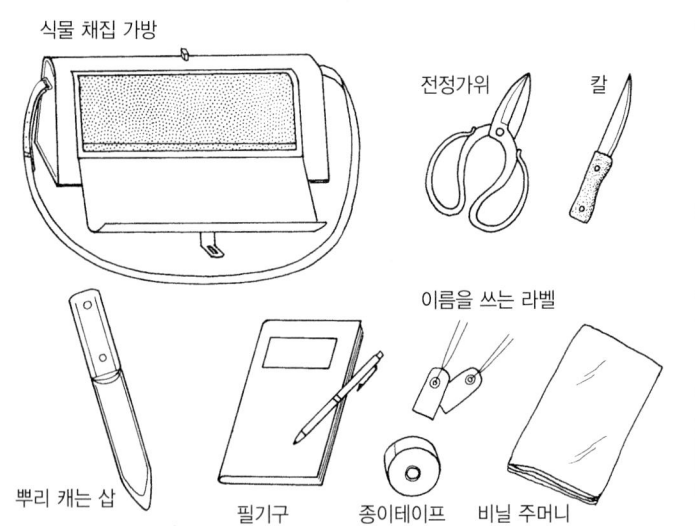

식물 표본을 만드는 재미

식물을 채집하고 식물의 이름을 알아내는 데 쏟은 마키노 도미타로의 열의는 보통 사람이 상상도 할 수 없을 만큼 대단했습니다. 아무리 생활이 어려워도 식물에 대한 연구를 언제나 우선으로 하였고, 처음으로 채집한 식물에는 온 세계에 통용하는 학명을 붙였습니다. 그가 살아 있는 동안에는 새로운 식물을 1000종, 변종을 1500종 이상 발견했습니다. 도미타로가 65세 때 함께 고생해 온 아내가 일해서 번 돈으로 땅을 사고 난생 처음으로 자기 집을 가지게 되었습니다. 집 옆에는 식물 표본관을 짓고, 뜰에는 전국에서 채집한 식물을 심어 식물원을 만든다는 것이 아내의 꿈이었고, 그것은 도미타로의 꿈이기도 했습니다. 그러나 아내가 병을 얻어 먼저 세상을 떠나 그 꿈은 실현되지 못했다고 합니다. 도미타로의 뜰은 결과적으로 일본 전국의 산과 들이었던 셈입니다.

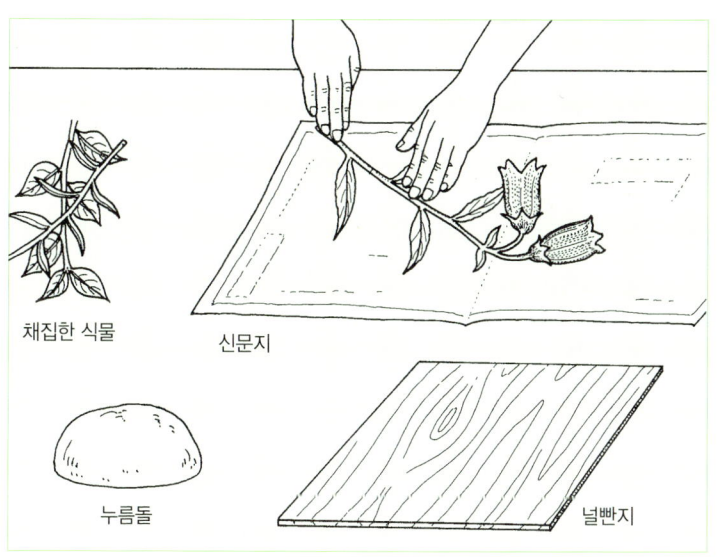

추리 소설 속의 정원

수도사 캐드펠의 약초 재배 밭

추리 소설에도 갖가지 정원이 이야기의 무대로 쓰이고 있습니다. 엘리스 피터스가 쓴 《수도사의 두건》에 나온 무대는 12세기 초 영국의 작은 수도원이고, 이야기의 주인공 캐드펠은 1096년 십자군 전쟁에 참가한 색다른 경력의 수도사입니다. 수도원의 약초와 채소밭 일을 맡아보고 있는 캐드펠은 사건이 생기면 언제나 약초 재배 밭 작업장에서 사건의 열쇠를 찾아냅니다.

나는 사건이 전개되는 줄거리 못지 않게 약초원과 작업장 광경이 흥미로웠습니다. 약초원은 개울에서 물을 끌어와 만든 인공 연못 옆에 있었는데 그 주위는 완두콩 밭이었습니다. 작업장 안은 언제나 잘 정리되어 있습니다. 천장 대들보에는 말린 약초 다발이 수없이 걸려 있고, 벽을 빈틈없이 차지한 약장 안에는 약을 담은 유리병과 항아리들이 늘어서 있습니다. 말린 허브와 벌꿀을 불에 올려놓고 졸여서 기침약을 만드는 광경이 무척 인상적인데 내 뜰에도 이런 작업장이 있다면 얼마나 신날까요?

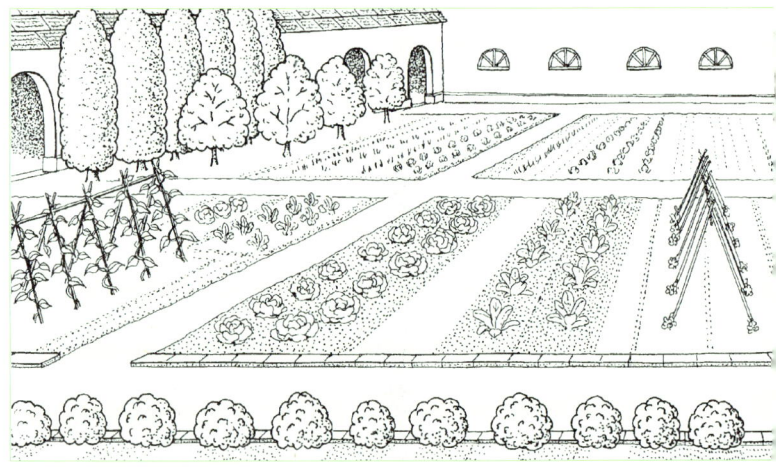

중세 수도원의 정원

유럽에 있는 수도원은 아주 오랜 역사를 가지고 있는데 대부분의 수도원은 채소밭을 가지고 있었죠. 그 채소밭에는 사람들의 병을 치료하는 데 쓰일 약초를 재배하는 약초원도 꼭 있었습니다. 영국 수도원의 정원을 볼 수 있는 가장 오래된 기록으로 1165년의 한 수도원 도면이 있습니다.

건물 복도 안쪽에는 안뜰이 있고 그 한복판에 우물이 있습니다. 그리고 수도원을 둘러싼 담을 따라 채소밭과 약초원이 있었는데 채소밭에는 파, 파슬리, 양배추, 양상추, 양파, 당근, 콩, 완두콩 등 채소의 이름이 적힌 팻말을 세웠습니다. 수도원의 식사는 콩을 삶아서 만든 음식이 자주 올려진 모양인데 이것은 아마도 콩이 오래 보존할 수 있는 곡물이라서 그랬을 겁니다. 약초원에는 디기탈리스, 양귀비, 용담, 바꽃 등을 심었습니다. 꽃밭에는 백합, 장미, 인동덩굴, 아이리스, 접시꽃, 라벤더 등을 주로 심었으며 그 꽃들은 저마다 아름다움을 뽐내고 있었습니다.

《원예가의 열두 달》

키가 1m 이상 되는 원예가는 없다?!

체코의 대표적인 작가인 카렐 차페크가 쓴 《원예가의 열두 달》은 유머가 넘쳐흐르는 재미있고 유익한 책입니다.

'작은 구덩이를 팔 때 원예가의 손가락은 대나무 꼬치 대용이고, 흙덩어리를 부스러뜨릴 때 주먹은 망치가 된다. 얼핏 보면, 보통 원예가는 궁둥이만 커다란 괴물 같다. 팔과 다리는 언제나 게처럼 벌어져 있고 머리는 말이 마구간에서 풀을 먹을 때 하듯이 무릎 사이에 구겨 박혀 있다. 그래서 나는 이제껏 키가 1m 이상 되는 원예가를 본 적이 없다.' 이런 식입니다.

정원 일을 할 때는 쭈그려 앉아 작업하는 때가 많습니다. 그러니까 가끔 크게 기지개를 켜고 허리를 펴 줘야 합니다.

《원예가의 열두 달》에는 1월부터 12월까지, 달마다 해 나간 원예 작업의 내용이 적혀 있습니다.

무엇을 심었는지 팻말을 세우자

이 책에는 내가 이제까지 식물을 가꾸면서 실패했던 거의 모든 사건이 책 어딘가에 나옵니다.

이런 대목이 있습니다. '4월의 원예가는 시든 묘목을 손에 들고 자기 뜰을 빙글빙글 스무 번도 더 돌면서 "어딘가 한군데쯤은 아무 것도 심지 않은 곳이 있었는데…." 하며 빈자리를 찾는다.'

나는 정원을 처음 만들었을 때, 씨를 뿌리거나 묘목을 심거나 한 뒤에는 반드시 이름을 적어 팻말을 세우곤 했습니다. 그러나 얼마 뒤부터는 귀찮다는 생각에 그만 안하고 지나갔죠. 그런데 심은 당일은 문제가 없지만 하루 뒤에는 '내 머리가 이렇게 나빴던가!' 하게 됩니다. '분명히 씨를 뿌리지 않은 곳이 있는데, 어디지?' 나 자신이 바로 차페크가 말한 원예가 꼴이 되는 것이죠. 팻말은 이래서 꼭 필요하다는 걸 알게 되었죠.

품종 개량가, 버뱅크

3,000가지나 신품종을 만들어 낸 품종 개량가

루더 버뱅크라는 이름을 처음 듣는 사람도 샤스타데이지라는 꽃을 보고 놀란 사람은 많을 것입니다. 화단 가득히 핀 소담한 흰 꽃을 보고 감탄하지 않는 사람이 없습니다.

버뱅크(1849~1926)는 미국의 품종 개량가인데, 일생을 꽃, 과일, 채소, 곡물 등 3,000종이 넘는 품종을 개발하는 데 바쳤습니다. 개인의 힘으로 이처럼 많은 품종을 만들어 낸 사람은 아마 또 찾아보기 어려울 것입니다.

그가 개량한 꽃 중에서 샤스타데이지란 꽃은 원래 미국에 잡초처럼 아무 데나 돋아나는 조그마한 꽃이었습니다. 그는 그 조그마한 꽃을 유럽의 화초인 데이지 종류와 교배시켜 새 품종을 만들었고, 그 뒤에 비슷한 종류의 일본 야생화를 다시 교배시켜 탄생된 것이 바로 샤스타데이지입니다.

유럽, 아시아, 아메리카 세 지역의 꽃을 이용해서 아름다운 샤스타데이지로 만들어 내는 데 성공했던 것입니다.

아마릴리스

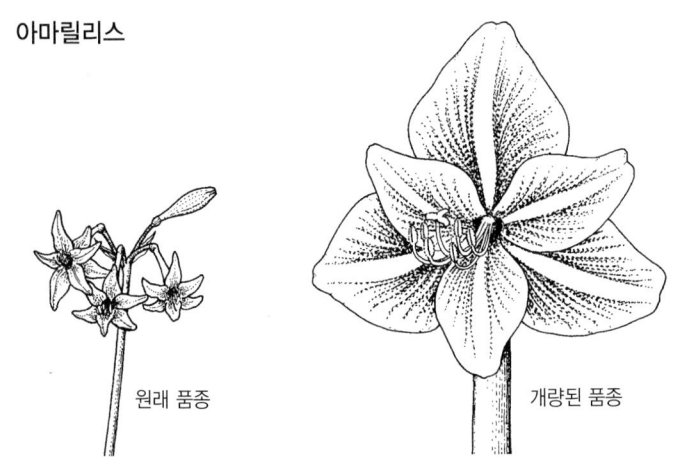

원래 품종   개량된 품종

세계의 모든 씨를 발아시킬 수 있는 흙이란?

버뱅크는 찰스 다윈의 책을 읽고 독학으로 품종 개량 사업을 시작한 사람입니다. 그는 태어나 자라난 미국 동부에서 1875년, 기후가 좋은 캘리포니아 주 산타로사로 집을 옮기고, 세계 곳곳에서 씨를 모아 와 식물을 키우면서 품종 개량에 온 힘을 쏟았습니다. 새로운 품종을 만들려면 씨를 이용해야 하는데, 감자는 씨를 얻기가 매우 어려운 종류 중 하나입니다. 그러나 그는 고생 끝에 '버뱅크 포테이토'를 만들었고, 이 소식은 미국을 들끓게 했습니다. 왜냐고요? 재래 감자보다 몇 배나 컸으니까요. 겨우 얻어낸 귀중한 씨였기 때문에 그는 그것을 반드시 발아시켜야만 했습니다.

버뱅크는 흙에 대해서 이렇게 말합니다. '내가 가장 좋다고 생각하는 흙은 다음과 같이 배합된 흙이다. 거칠거칠한 굵은 모래 50%, 부엽토가 섞인 방목장이나 숲 속의 흙 40%, 잘게 부서뜨린 이끼나 이탄이 10%, 여기에 1~2%의 뼛가루가 섞이면 세계 곳곳에서 가져온 어떤 씨도 발아시킬 수 있다.'

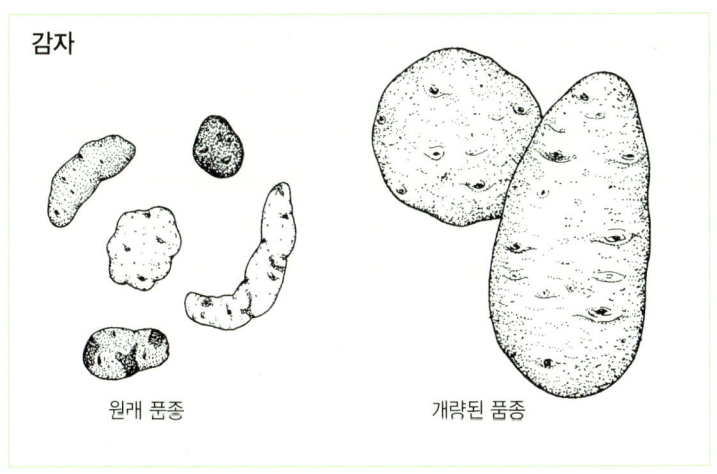

감자

원래 품종   개량된 품종

같은 꽃, 다른 이름

한 꽃에는 이름 하나만 있는 것은 아닙니다. 이름이 2개인 것도 있고 3개, 4개, 그 이상인 것도 있습니다. 외국 이름과 우리 이름이 함께 쓰이는 경우도 있고, 지방에 따라서 혹은 사람에 따라서 다르게 부르기도 합니다. 여기서는 한 식물이 어떻게 다르게 불리는지 알아 보겠습니다.

각시석남 ⟶ 장지석남
강낭콩 ⟶ 덩굴강낭콩
고수 ⟶ 코리안더
금어초 ⟶ 금붕어풀
오레가노 ⟶ 마조람
꿀풀 ⟶ 가지골나물
데이지 ⟶ 애기국화
동부 ⟶ 광정이
루바브 ⟶ 식용 대황
만수국 ⟶ 프렌치매리골드
아프리칸매리골드 ⟶ 천수국
산당화 ⟶ 명자나무
무스카리 ⟶ 무릇
바실 ⟶ 바질
반디나물 ⟶ 파드득나물
베르가모트 ⟶ 불수감나무
복숭아나무 ⟶ 복사나무
봉선화 ⟶ 봉숭아
부들 ⟶ 큰부들
부레옥잠 ⟶ 풍선란, 흑옥잠
부용 ⟶ 부용화
샐비어 ⟶ 깨꽃
소귀나무 ⟶ 속나무
수세미오이 ⟶ 수세미외

스타티스 ⟶ 꽃질경이
아까시나무 ⟶ 아카시아나무
아스파라거스 ⟶ 멸대
아티초크 ⟶ 양백합
오월철쭉 ⟶ 영산홍
왕벚나무 ⟶ 제주벚나무
용담 ⟶ 초룡담
으름덩굴 ⟶ 으름
이나무 ⟶ 의나무, 팥피나무
일일초 ⟶ 일일화
자두나무 ⟶ 오얏나무, 추리나무
자주괴불주머니 ⟶ 자주뿔꽃
접시꽃 ⟶ 접중화
제라늄 ⟶ 양아욱
좀깨잎나무 ⟶ 새끼거북꼬리
차즈기 ⟶ 차조기
차이브 ⟶ 골파
천일홍 ⟶ 천날살이풀
청미래덩굴 ⟶ 명감, 망개
타임 ⟶ 백리향
토끼풀 ⟶ 클로버
팬지 ⟶ 삼색제비꽃
풍접초 ⟶ 클레오메
홍학꽃 ⟶ 안수리움

제 2 장

여러 가지 정원

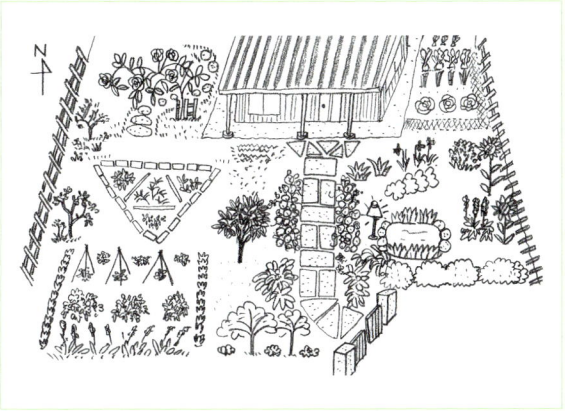

미니 꽃밭

정원은 어디에나 만들 수 있다

앞에서는 여러 책 속에 나오는 즐거운 뜰의 세계를 보았습니다. 이야기 속의 뜰도 있는가 하면 현실의 뜰도 있습니다. 이제부터 우리가 만들려는 것은 실제 꽃밭인데, '막상 만들고는 싶은데 꽃밭 만들 장소가 없어요.'라고 말하는 사람도 있겠죠? 그러나 꽃밭을 만들 땅이 없어도, 꽃밭은 만들 수 있습니다. 어떻게?

화분이 없을 때는 비스킷이 들어 있던 빈 양철 상자를 이용하면 됩니다. 상자 바닥에 못 구멍을 내서 물이 빠질 수 있게 하면 그 자리에서 멋진 화분 하나가 만들어집니다. 물이 방바닥에 흘러 내려가지 않도록 플라스틱 쟁반을 상자 아래에 받치면 훌륭한 예쁜 화분이 됩니다. 우유나 요구르트가 들어 있던 팩도 화분으로 이용할 수 있습니다. 이것도 밑에 구멍을 뚫어야 합니다. 1,000ml의 긴 우유팩에는 당근도 키울 수 있습니다.

양철 쿠키 상자 꽃밭에 씨를 뿌리자

양철 쿠키 상자 화분을 만들었으면, 여기에 흙을 담아 봅시다. 흙은 밖에 나가서 쓸 만큼 담아 오면 되겠죠! 주변이 모두 포장도로와 시멘트 바닥인데 어디서 흙을 얻느냐고요? 잠깐! 그 포장도로를 조금만 벗어나 보세요. 양철 쿠키 상자 화분에 쓸 정도의 흙은 틀림없이 담을 수 있을 겁니다. 그래도 없으면 화원에서 팔고 있는 흙을 사 와야 합니다. 흙 부대를 옮길 때, 무겁게 느껴지지 않는 것은 앞으로 꾸밀 꽃밭에 대한 기대감이 크다는 뜻입니다.

자, 그럼 무엇을 심을까요? 화원에 가서 잘 살펴보고 키우고 싶은 꽃이나 채소의 씨를 사 오면 됩니다. 봄이면 아프리카봉선화나 만수국(프렌치매리골드 309쪽 참조), 페튜니아(342쪽 참조) 등을 심어 봅시다. 씨눈이 빨리 나오며 그다지 크게 자라지 않아서 실내에서 키우기 좋습니다. 채소라면 빨리 자라고 일찍 먹을 수 있는 상추, 고추, 무 등이 좋겠죠!

발코니에 화분을

귀여운 씨눈이 나오는 모습을 즐기자

씨를 뿌린 뒤에는 분무기로 충분히 물을 주어야 합니다. 싹이 나올 때까지 흙이 마르면 안 되므로 항상 축축하게 물을 주어야 합니다. 자기가 심은 씨가 흙을 뚫고 밖으로 머리를 내미는 것을 보았을 때의 기쁨은 말로 표현하기 어렵죠.

'그런데 이것이 정말 내가 뿌린 씨에서 나온 싹일까?' 밖에서 담아 온 흙에는 여러 가지 잡초의 씨가 들어 있기 마련이므로 이게 내가 심은 건지, 잡초인지 헷갈리는 일이 많을 겁니다. 그러나 조금 지나면 자기

가 심은 것과 잡초는 자연히 구별하게 됩니다. 그러니까 처음부터 잡초인 줄 알고 뽑아 버리지 말고 얼마 자란 뒤에 구별이 되면 뽑아야 합니다. 그리고 자기가 심은 것이 함께 뽑혀 나오면 잡초의 줄기를 가위로 잘라도 됩니다.

처음에는 구분이 잘 안되서 실수할 때도 있지만 한두 번 경험한 뒤에는 실패하지 않습니다. 이렇게 매일 화분 속을 들여다보면서 식물과 낯을 익히고, 친구가 되어 가는 것입니다.

화분을 하나씩 늘려 나가자

식물을 키우다 보면 얼마 지나지 않아 화분이 모자란다는 생각이 들게 됩니다. 화분을 늘려 봅시다. 지름 15cm의 화분이면 모종을 하나만 심습니다.

처음에 뿌린 씨 가운데 나온 모종들이 2~3cm 크기로 자라면 하나만 남기고 나머지는 다른 화분에 옮겨 줍니다. 식물은 경쟁자가 옆에 없어야 잘 자랍니다. 이렇게 되면 화분은 절로 불어나겠죠! 화분을 꼭 사지 않더라도 이웃집 할머니나 할아버지에게 몇 개 그냥 얻을 수 있

을지도 모릅니다.

가끔 산책하다 보면 길바닥에도 화분 대신 쓸 만한 것이 눈에 많이 띕니다. 생선 가게나 과일 가게에서 버린 스티로폼 박스나 나무 상자도 좋습니다. 예전에 어느 잡지에서 신지 못하게 된 운동화에 흙을 담아 선인장을 키우는 사진을 본 적이 있습니다. 외국 잡지였는데, 그 모양이 참 근사해서 비싸고 화려한 화분보다 훨씬 좋아 보였습니다. 뜻이 있으면 길은 있는 법이죠!

꽃이 가득한 뜰

꽃과 들풀로 어우러진 뜰

햇불 모양의 꽃

연못에 피는 물옥잠 꽃

톱풀 꽃

끝눈꽃이로 늘리는 마거리트

재래종 튤립

제비꽃은 남쪽으로 기운다.

주홍색이 눈부신 날개하늘나리

계속해서 꽃이 피는 페튜니아

추위에 강한 매발톱꽃

나비가 좋아하는 부들레야 꽃

샤스타데이지와 끈끈이대나물

창가에 만드는 꽃밭

햇볕이 따사로운 창가

창가에 나무 의자를 놓고 그 위에 화분이나 플랜터(옆으로 길쭉한 화분)를 올려놓아 보세요. 창 안쪽에 놓아도 좋고 바깥쪽에 놓아도 좋습니다. 양지바른 남쪽 창가는 식물에게는 낙원이죠.
추운 겨울에는 유리창 안쪽이 '썬 룸'이 됩니다. 이른 봄에는 프리지어, 팬지 등 귀여운 꽃들과 함께 지낼 수 있습니다. '꽃이 있는 창'이라고 하면 몇 년 전만 해도 유럽의 여러 나라만 머리에 떠올렸습니다. 그러나 요즘은 우리나라에도 예쁜 꽃을 키우면서 여유를 즐기는 집이

꽤 많아졌습니다.
다만 여름철에는 화분 속 흙이 마르기 쉬우므로 그늘에 옮겨야 합니다. 창문에 발을 치거나 유리에 접착 시트를 붙여서 그늘을 만들어 주는 것도 방법이겠죠! 창가나 발코니에 둔 화분은 왜 건조할까요? 직사광선뿐만 아니라 벽이나 바닥에서 열을 많이 받기 때문에 원래 많지도 않은 흙 속의 수분을 빨리 마르게 합니다. 물이 없으면 식물은 살지 못합니다.

꼼꼼하지 못한 사람은

매일 화분을 들여다보고 있으면 지금 식물이 어떤 상태에 있는지, 얼마나 물을 먹고 싶어하는지를 바로 알 수 있습니다. 그래서 식물을 창가에 두고 키우면서 매일 들여다보는 것을 잊거나 무슨 일이든 깜박 잊기 잘하는 사람은 아예 처음부터 물을 자주 주지 않아도 되는 식물을 골라서 키우는 것이 낫습니다.

예를 들면 사철채송화, 채송화, 블루데이지 등은 잎 자체에 수분이 많아서 건조한 환경에도 잘 자랍니다. 이 줄기를 잘라서 흙에 꽂기만 해

도 뿌리가 자라는 것은 잎에 수분이 많기 때문입니다. 이들 꽃은 모두 색이 예쁩니다. 특히 채송화는 밑으로 늘어져 퍼지므로 창가에 놓기에 안성맞춤입니다.

더운 곳을 좋아하는 식물인 백일홍은 물을 자주 주지 않아도 되지만 가끔은 물을 줘야 합니다. 또 한 가지로 '여름' 하면 생각나는 해바라기는 하루가 다르게 쑥쑥 자라는 특징이 있습니다. 해바라기는 물을 많이 줘야 하는 대표적인 식물입니다.

뜰에서 채소 키우기

공간을 정해 놓고 채소와 꽃을 키운다.

크는 것이 기다려지는 박

상추는 솎아 먹는다.

딴딴한 봉오리를 먹는 콜리플라워

물냉이의 흰색 꽃이 아름답다.

매일 따기 바쁜 오이

꽃도 보고 열매도 먹을 수 있는 완두콩

어느 날 갑자기 포기가 둥글둥글해지는 양배추

봄에 피는 양배추 꽃

호박 꽃

잡초 속에서 영글어 가는 호박

꽃과 채소가 함께 있는 뜰

화분으로도 채소를 키울 수 있다

채소를 재배하려면 우선 밭이 있어야 한다고 사람들은 생각합니다. 뜰이 좁다는 생각 때문에 아예 처음부터 채소를 심을 엄두도 못내는 경우가 있습니다. 그러나 잠깐! 오이 한 그루, 토마토 한 그루, 브로콜리 한 포기를 심지 못할 그런 뜰이 있을까요? 가로세로 30~40cm 폭의 흙만 있으면 되는데 말입니다. 약간 큼직한 화분도 좋고 플랜터가 있으면 아파트 발코니에서도 키울 수 있습니다. 꽃과 채소를 함께 키우면 더 즐거울 것입니다.

백일홍을 보면서 옆에 있는 피망을 따고, 깜직한 방울토마토 하나를 따서 그대로 입으로 가져가면 참 좋습니다. 그리고 창가에 완두콩이 열려 있다면 사진이라도 찍어 두고 싶은 멋진 풍경이 될 것입니다. 우리는 꽃을 심는 곳과 채소 심는 곳을 구분해서 말하지만, 영어로는 꽃밭이나 채소밭이나 모두 '가든'이라고 부릅니다. 꽃밭은 '플라워 가든', 채소밭은 '베지터블 가든'이라고 부르죠. 꽃과 채소를 함께 키우는 재미도 남다를 것입니다.

재배하기 쉬운 방울토마토

채소 중에서 덩치가 별로 커지지 않는 것으로는 피망, 가지, 브로콜리, 콜리플라워, 콩 등이 있습니다. 이런 채소는 꽃과 함께 키워도 아무 문제가 없습니다. 한편 덩치는 조금 크지만 키우기가 간단해서 즐거운 것이 방울토마토입니다. 방울토마토는 자기 혼자서는 뻗은 줄기의 무게를 받쳐 낼 힘이 없으므로 버팀목을 세워 줘야 하는데, 그 밖에는 신경 쓸 일이 별로 없습니다. 좀처럼 병에 안 걸리고 벌레도 생기지 않습니다. 노란 꽃이 피고 나서 먹음직스럽게 빨간 열매가 열리는데, 여름에서 가을에 걸쳐 열매가 계속 익으므로 따 먹는 재미가 그만입니다.

채소를 심을 때는 퇴비를 충분히 섞은 흙을 사용해야 합니다. 그런데 채소 중에는 꽃과 함께 키울 수 없는 것도 있습니다. 바로 호박과 고구마입니다. 호박은 줄기가 너무 기운차게 뻗어 가서 다른 꽃을 자라지 못하게 하며, 고구마는 다 익었을 때 그 일대를 파헤쳐야 캘 수 있기 때문에 꽃과 함께 키울 수 없습니다.

버터플라이 가든

초여름, 거꾸로여덟팔나비

하늘나리 꽃에 찾아온 노랑나비

한여름, 백일홍에 온 큰멋쟁이나비

점이 선명한 굴뚝나비

봄, 파 꽃에 앉은 모시나비류

꽃보다 예쁜
작은주홍부전나비

초여름, 엉겅퀴에 찾아온 산호랑나비

파드득나물의 새순을 먹는 산호랑나비의 애벌레

제비나비

늦여름, 구름표범나비

썩은 배에 붙어 있는 청띠신선나비

나비를 부르는 뜰

어른 나비는 꿀을 먹고, 애벌레는 잎을 먹고

나비가 꽃에 머리를 처박고 정신없이 꿀을 빨고 있습니다. 저렇게 빨아 대면 곧 꿀이 떨어질 텐데 하고 걱정이 될 정도입니다. 주홍색 무늬가 예쁜 큰멋쟁이나비, 날개에 눈알이 박힌 것 같은 공작나비는 아무리 봐도 싫증이 나지 않습니다. 나는 가끔 뜰에서 나비를 보며 시간 가는 것을 잊곤 하죠.

나비마다 자기들이 좋아하는 식물이 정해져 있습니다. 좋아하는 식물이란 어른 나비가 되어 꿀을 빨기 위해서, 또는 알을 낳으려고 찾아가

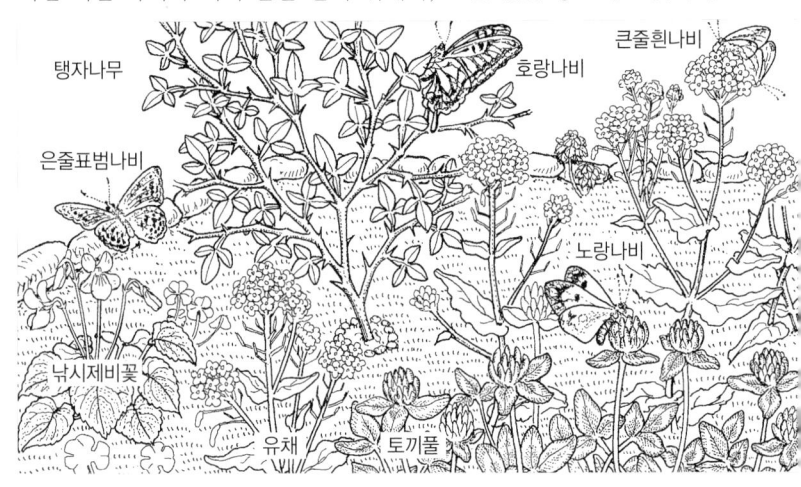

는 식물을 말합니다.

호랑나비를 예로 들면 철쭉, 엉겅퀴, 끈끈이대나물, 나리, 백일홍 꽃은 꿀을 빨기 위해 가는 식물이고, 초피나무, 귤나무, 탱자나무들은 알을 낳기 위해 찾아가는 식물입니다. 배추흰나비는 민들레, 자운영 꽃의 꿀을 빨지만 여기서 알은 낳지 않고 양배추나 유채, 무 등에서 알을 낳습니다. 그러므로 이 두 가지 조건에 맞는 식물이 다 있으면 나비들이 딴 데로 가지 않겠죠?

나비를 부르는 꽃, 베스트 3

나비를 부르기 위해 첫해 가을에 끈끈이대나물과 샤스타데이지의 씨를 뿌리고, 이듬해 봄에는 백일홍의 씨를 뿌렸습니다. 이 세 가지 꽃만 있으면 봄에서 여름에 걸쳐 온갖 나비가 찾아온다는 이야기를 들은 적이 있는데 정말 그대로였습니다. 꽃과 나비들이 어우러진 천국이 만들어진 것입니다. 맑은 날 뜰에서 꽃밭 일을 하다 보면 열 종류도 넘는 나비들이 꿀을 빨러 찾아듭니다.

물론 다른 꽃들도 피어 있고, 또 애벌레가 좋아하는 풀이 있는지에 따

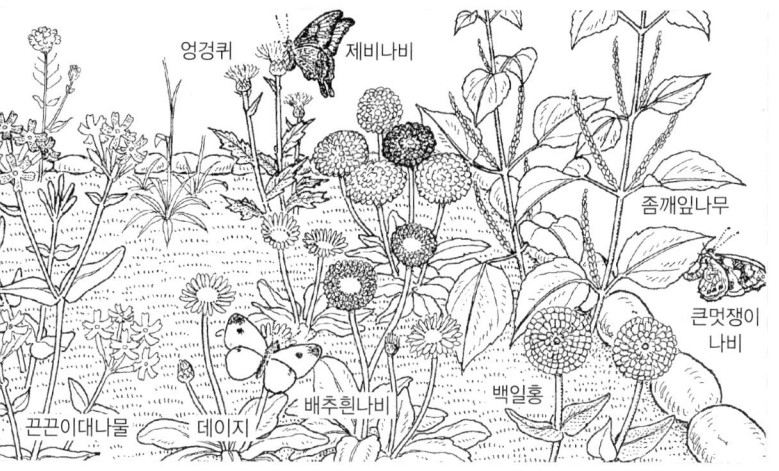

라 다르지만 초여름에서 여름에 걸쳐 나비들이 이들 세 가지 꽃에 가지는 관심이 대단한 것 같습니다.

나는 가끔 나비가 꿀을 빨고 있는 꽃에 얼굴을 가까이 대고 들여다봅니다. 다가가도 조용히 있기만 하면 나비들은 마음을 놓고 계속 꿀을 빱니다. 이럴 때는 나비가 날개를 접었다 폈다 하는 소리마저 들리는 듯합니다. 나비와 함께 꽃밭에 있으면 이제까지 미처 몰랐던 사연의 모습이 눈에 보입니다.

과일이 익는 뜰

손대지 않아도 열리는 과일

뜰에 과일나무가 한 그루만 있어도 저절로 마음이 넉넉해지고 흐뭇해집니다. 꽃이 피고 나서 작은 열매가 맺히고, 그것이 하루하루 크다가 마침내 예쁜 색깔로 변하는 것을 보고 있으면 마치 자라는 아기를 들여다보듯 보고 또 봐도 싫증이 나지 않습니다.

과일이 다 익어 따는 날이면 가족이나 친구들이 모여 그 즐거움이 절정에 이르게 되죠. 과일나무 가운데 가장 손이 가지 않는 것이 감나무입니다. 할아버지 할머니가 어렸을 때인 예전에는 설탕이 지금처럼 흔하지 않아, 감은 단맛을 제공해 주는 귀중한 재료였습니다. 곶감이 바로 그것이죠. 가을에 감을 따서 껍질을 벗겨 실에 매달아 말리면 그냥도 먹고 수정과에 띄워 먹기도 했습니다.

이 밖에 사과나무, 뽕나무, 매실나무, 포도나무, 서양까치밥나무 등과 따뜻한 지방이면 비파나무, 무화과나무, 소귀나무도 심을 만한 과일나무인데, 열매를 그냥 먹기도 하고 잼을 만들어 먹어도 됩니다. 집에서 만든 잼은 소박한 정을 나누는 이웃 간의 선물이 될 수 있습니다!

서양까치밥나무

감

화분에서 딸기를 키운다

과일을 심고 싶지만 마땅한 장소가 없어서 심지 못하는 사람에게는 딸기 재배를 권합니다. 작은 화분으로 할 수 있기 때문입니다. 화분에 심어져 있는 모종을 2~3개 사 와서 창가에 놔둡시다. 꽃이 피면 낮에는 밖에 내놓아야 합니다. 곤충들의 도움을 받아 열매가 맺히면, 햇볕이 잘 드는 곳에 두세요. 딸기가 처음에는 파랗다가 녹황색으로 변하고, 마침내 빨갛게 익습니다.

이렇게 자기 손으로 기른 딸기는 과일 가게에서 사 온 딸기하고는 비교할 수 없이 귀한 생각이 들어 따 먹기가 아까울 지도 모릅니다. 딸기가 더 열리지 않게 될 무렵에는 원줄기에서 곁줄기가 뻗어 새로운 포기가 됩니다. 가지 끝을 다른 화분에 받아 기르면 새로운 딸기 화분이 생깁니다.

나무딸기를 키워도 재미있습니다. 나무딸기는 블랙베리 종류와 라즈베리 종류로 나뉘는데, 딸기를 땄을 때 과일 속에 빠끔하게 구멍이 나는 것이 라즈베리 종류입니다.

사람들을 놀라게 하는 뜰

큰 것을 보면 누구나 놀란다

두 손으로 들지 않으면 안 되는 큰 호박, 길이가 2m나 되는 수세미오이, 잎이 우산 대신으로 쓸 수 있을 정도로 큰 머위까지 사람들은 같은 것이라도 늘 보아온 것보다 큰 것을 보면 잘 놀랍니다. 내가 해마다 만들고 있는 박은 연한 녹색이며 길이가 70cm나 됩니다. 박은 나무를 잘 타므로 선반을 만들어 주면 타고 올라가서 열매를 밑으로 늘어뜨리고, 매일매일 눈에 띄게 커갑니다. 가까이에 나무가 있으면 선반도 모자라 그곳까지 침범합니다.

우리 집 뜰에는 쉬나무와 뽕나무가 있는데 박이 나무를 타고 올라가는 바람에 나뭇가지가 박의 무게로 축 늘어져서 보기에도 애처롭습니다. '내년에는 좀 더 큰 선반을 만들어 줘야지.' 하지만 한편으로는 박 넝쿨의 나무 타기를 보는 것이 오히려 즐겁습니다. 박이 커다랗게 열리면 어쩜 그렇게 재미있는지….

잎 크기 시합

어느 해 여름, 큰 잎이 달린 머위 한 그루를 얻었습니다. 며칠 가물었던 터라서 식물을 옮길 때가 아니라는 것을 알았지만, 벌써 땅에서 뽑혀 있던 상태에서 할 수 없이 부랴부랴 가까이 있는 연못 옆에 구덩이를 파고 심었습니다. 잎이 붙어 있으면 뿌리에 부담을 줄 것 같아서 큰 잎은 모두 잘랐습니다. 그렇게까지 했지만 나머지 부분이 바로 시들어 버려 거의 살 가망이 없어 보였습니다.

그런데 다음 해 봄에 다시 힘차게 자라 기적처럼 머위의 새순이 나왔습니다. 그것도 주먹 둘을 합친 정도의 크기였지요. 그땐 정말 놀랐습니다. 또한 잎이 큰 것으로는 루바브가 있습니다. 머위와 루바브 중 어느 것의 잎이 더 클까요? 함께 키워서 비교해 보면 재미있을 것 같습니다.

키친 가든

부엌 가까이 채소밭을 만들자

마늘, 파, 깻잎, 풋고추, 우엉, 상추, 오이, 파슬리 등 집에서 음식을 만들 때 슈퍼마켓까지 가지 않고 앞마당에 나가 심어 있는 채소나 양념 재료를 그 자리에서 얻을 수 있으면 얼마나 편리하고 또 재미있을까요? 김밥을 만들 때 뜰에 나가 우엉을 캐 와서 졸여 넣고, 반찬이 없을 때 깻잎, 고추, 상추, 오이를 따 오면 푸짐한 자연 식탁을 차릴 수 있겠죠? 적은 양이지만 음식 맛을 좌우하는 마늘, 파, 양파 등도 길러 봅시다. 물론 시장이나 슈퍼마켓에 가면 얼마든지 사 올 수 있는

채소들이지만 이런 싱싱한 채소가 언제나 곁에 있다는 것은 정말 신나는 일입니다.

뜰이 없는 아파트 같은 곳이면 플랜터를 발코니나 창가에 놓아두고 그곳을 채소밭으로 이용하면 되겠죠! 신선한 재료를 바로 옆에 두고 있다는 것은 요리사에게는 최고의 기쁨입니다. 이제까지 파슬리가 싫었던 사람도 직접 키워서 지금 막 따 온 것이라면 먹고 싶은 생각이 들지 않을까요?

파나 부추를 심어 보자

음식을 만들 때 맛을 내는 재료로 제일 많이 쓰는 것은 무엇일까요? 아마 파일 것입니다. 굵고 흰 줄기 부분이 많고 보통 요리해서 먹는 파, 푸른 부분이 많고 가는 파 등은 모두 여러해살이 식물이므로 한 번 심어 놓기만 하면 해마다 자랍니다. 파는 땅에 묻어 두기만 해도 매년 알뿌리가 불어나므로 화분에 심어서 부엌 창가에 두면 날마다 유용하게 쓰이는 재료를 저절로 제공해 줍니다. 그리고 덤으로 예쁜 꽃까지 보여 줍니다.

차이브

부추도 파 종류의 하나입니다. 흰색 부추 꽃은 감상하기 위해서 일부러 심어도 될 정도로 예쁩니다.

그리고 부엌에서 쓰다 남은 마늘을 한 쪽씩 쪼개서 흙에 묻어 보세요. 이것도 불어납니다. 파 종류 말고 고추나 피망, 파드득나물 등이 부엌 가까이 있으면 여러 가지 요리 재료로 쓸 수 있어 편리합니다. 첫해만 씨를 얻어서 심으면 이듬해부터는 씨가 자연스레 떨어져서 자꾸 늘어납니다.

향기 가득한 뜰

장미꽃 향기에 취해 잠들다

산책을 하고 있으면 뜰에서 풍겨 오는 꽃향기에 이끌려 나도 모르게 그쪽으로 발걸음이 옮겨지곤 합니다. 봄에 꽃이 피는 서향, 초피나무, 초여름에 꽃이 피는 인동덩굴과 치자나무, 그리고 한여름에 꽃을 볼 수 있는 나리까지 이들 꽃의 향기는 달콤하고 독특합니다. 이렇게 향기가 좋은 꽃을 뜰 한구석에 심어 놓기만 해도 그 꽃계절이 무척 기다려지겠죠!

내가 좋아하는 향기들이므로 꼭 기억해 두리라 생각해도 막상 그 꽃이

내 앞에 없으면 좀처럼 기억이 나지 않습니다. 그래서 해마다 나는 인동덩굴과 나리 꽃이 피는 계절을 기다립니다.

누군가의 시에 이런 구절이 있었습니다. '창 밑에 향기 나는 꽃을 심고 그가 자라는 것을 보렴. 줄기가 벽을 더듬고 꽃봉오리가 소리 없이 침실을 들여다볼 때, 나 6월의 밤에 달콤한 꿈을 꾼다. 장미꽃 향기에 취해.' 창가에 향기 나는 꽃 화분을 두면 창문을 여는 순간이 그토록 기다려집니다.

향기 좋은 나무 한 그루를 심는다

향기가 좋은 나무에는 어떤 것이 있을까요? 꽃 피는 시기가 지역에 따라 조금씩 차이가 있지만 서향(3~4월), 수수꽃다리(4~5월), 인동덩굴(6~7월), 아까시나무(5~6월), 치자나무(6~7월), 금목서(10월) 등 지금 살고 있는 곳에 이 나무가 잘 자라는지, 키는 얼마나 크는지를 알아본 뒤에 화원에서 묘목을 사옵니다. 꺾꽂이나 포기나누기 등으로 늘릴 수 있는 나무인 수수꽃다리는 옆집에 있는 가지 한 개로 향기 나는 나무 한 그루를 얻을 수도 있습니다.

참나리

항상 곁에 두고 싶은 향기를 가진 나무 한 그루를 심어 봅시다. 이것이 향기를 즐기는 정원 가꾸기의 첫걸음입니다. 뜰에 나무를 심을 만한 공간이 없다면 가을에 화분이나 플랜터 등에 프리지어나 나리 종류의 알뿌리, 장미의 묘목을 심어 두면 봄과 초여름에 꽃향기를 맡을 수 있습니다. 또 5월경에 꽃이 피는 은방울꽃도 달콤한 향기를 가진 예쁜 꽃입니다. 이 밖에도 허브 종류는 이제까지 한 번도 맡아 보지 못한 향을 가진 것들이 많습니다.

허브 정원

향기를 즐기자

식물 이야기 속에 '허브'란 이름이 가끔 나옵니다. 유럽을 중심으로 옛날부터 차에 이용하거나 독특한 향을 내거나 약초로 쓰거나 하던 풀 전체를 묶어서 부르는 이름입니다. 그런데 알고 보면, 허브 종류 중에는 우리나라에서도 같은 목적으로 이용되는데 다른 이름으로 불리는 것도 있고, 같은 목적으로 이용되지만 유럽 쪽에서는 나지 않아서 허브로 불리지 않는 것들도 있습니다.

차즈기, 양하, 파드득나물, 마늘, 부추, 미나리, 박하, 머위 등이 그것

들인데, 그렇다면 이것들도 허브로 부를 수 있다는 이야기가 됩니다. 우리나라에서는 이제까지 허브라고 부르지 않았을 뿐입니다. 다만 우리가 알고 있는 식물들은 항상 향을 맡아 오던 것이라서 그런지 향기가 좀 더 친근한데 비해, 유럽이나 미국의 허브는 꽃이 아름답고 향기도 진하고 요란한 것이 많은 것 같습니다. 허브는 요리에 사용되어 독특한 맛을 내거나 차를 끓이는 데 사용되고, 방향제나 피로를 푸는 각종 목욕 용품에 이용됩니다.

살짝 건드려도 향기가 난다

허브 꽃이나 잎에 코를 가까이 가져가면 향기가 강하게 납니다. 손으로 잎을 만지거나 줄기를 흔들어 주면 향이 한층 강하게 주위에 퍼집니다. 세이지, 오레가노, 로즈메리, 사프란, 라벤더 등 저마다 독특하고 뭐라 표현하기 어려운 멋이 있습니다. 타임은 키가 작아서 사람들이 지나다니면서 발로 건드리게 되는데, 그럴 때면 그 주위에 향기가 삽시간에 퍼집니다.

화원에서 사 오는 것도 좋지만 허브를 키우고 있는 친구가 있으면 얻

어 보세요. '난 아무것도 모르는데!' 하는 사람도 줄기를 잘라 꽂기만 하면 간단하게 허브 화분 하나를 새로 만들 수 있습니다.

자그마한 화분에 몇 가지 허브를 골라 심어서 부엌 창가에 놔두면 이용하고 싶을 때 바로 쓸 수 있어 아주 편리합니다. 그런데 향기 나는 허브를 우리만이 좋아하는 것은 아닙니다. 나비들도 이 허브를 무척 좋아해서 특히 오레가노, 개박하, 카모마일 꽃에는 많은 나비가 모여듭니다.

아기자기한 정원 디자인

정원은 살아 있다

안방이나 거실을 꾸미는 것처럼 꽃 색깔이나 식물의 배치를 연구해서 정원을 아름답게 만들어 보고 싶은 사람도 있을 것입니다. 정원에 관한 외국 책을 보면 재미있는 정원이 정말 많습니다. 전체를 연한 색깔로 톤을 맞춘 정원, 진한 빨강에서 연한 분홍에 이르는 같은 계통의 색으로 꾸민 정원, 장미만으로 디자인한 정원, 그 어느 것이나 정원을 만드는 사람의 열의와 아이디어가 돋보입니다.

그런데 책에서 본 영국 정원을 그대로 본떠서 만들어 보려고 해도 거의 불가능합니다. 영국과 우리나라는 기후 조건이 다르기 때문입니다. 같은 식물을 심을 수는 있지만 환경이 다르면 식물의 성장 결과가 다르고, 결국 다른 모양의 정원이 되기 마련입니다. 어떻게 보면 이런 점이 정원 만들기의 참 재미라고 할 수도 있습니다. 식물은 살아 있습니다. 색깔과 종류 배치뿐만이 아니라 그 식물이 좋아하는 환경이 무엇인지 생각해야 합니다. 싱싱하게 자란 발랄한 식물들과 함께 있으면 덩달아 기운이 날 테니까요.

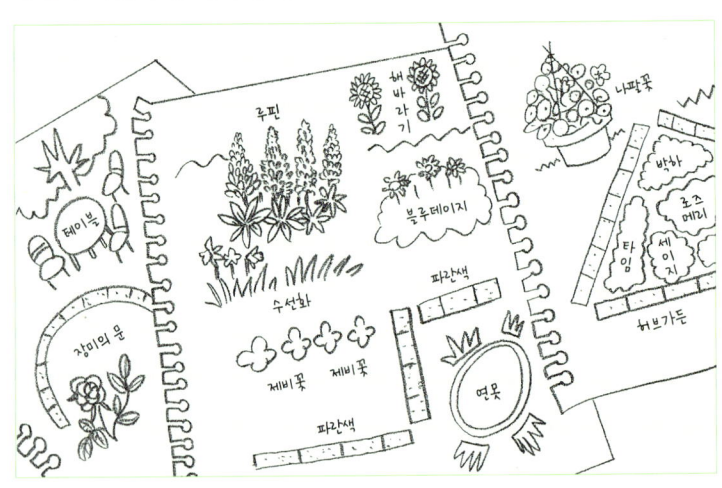

작은 꽃과 키 큰 나무의 배치

양지바른 곳을 좋아하는 식물은 해가 잘 드는 밝은 장소에 심고, 하루의 절반 정도를 그늘에서 지내도 되는 식물은 큰 나무 밑이나 집의 처마 밑에 심습니다. 그리고 그 식물이 얼마나 크게 자라는지를 미리 생각하고 키 큰 나무와 작은 나무를 균형 있게 배치합니다. 모처럼 양지바른 곳에 심어도 바로 앞에 심은 나무가 크게 자란다면 안 되겠죠! 키가 클 것은 뒤쪽에, 키가 많이 자라지 않는 식물은 앞쪽에 심는 것이 원칙입니다.

키가 작은 식물 가운데 봄에서 여름에 걸쳐 계속 꽃이 피는 제비꽃이 있습니다. 애기냉이와 데이지도 키가 작은 꽃입니다. 그러나 이들은 여름의 더위에 약하죠. 그러므로 봄에는 충분히 볕이 들고 여름에는 그늘이 지는 곳을 골라 심어 주어야 합니다. 낙엽수 밑이 그 조건에 꼭 맞고, 화분에 심었을 때는 여름이면 그늘로 옮겨 줘야 합니다. 기온이 높아서 시들었을 때에는 꽃이 질 무렵 씨를 받아서 가을에 씨를 뿌리는 한해살이 식물로 기릅니다.

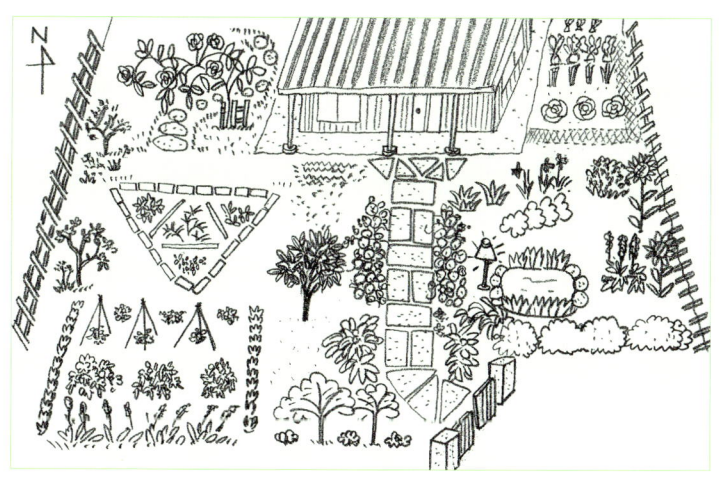

효율적인 정원 디자인

어디에 심고 어디서 키울 것인가?

1928년, 호주의 태즈메이니아에서 태어난 빌 모리슨은 어부, 사냥꾼 등 여러 가지 직업을 두루 거친 뒤, 생물학자가 되어 대학에서 학생을 가르치기까지 했던 사람입니다.

그는 자연의 생태계를 망가뜨리지 않고 나무와 채소, 꽃, 가축 등을 서로 짝지워 키우는 방법을 생각해 냈습니다. 좁은 토지를 좀 더 효과적으로 이용하려면 뜰을 디자인하는 일이 매우 중요하다고 생각했던 것입니다. 그래서 그는 이러한 정원 디자인을 새로운 말로 '파머컬처'라고 불렀습니다.

여기서 디자인이란 뜻은 어떤 것과 어떤 것과의 관련을 가리킵니다. 예를 들면 집과 닭장 사이에 밭이 있으면 밭을 지나가면서 채소 쓰레기를 주워 닭장까지 가져갈 수 있고, 반대로 닭의 똥을 모았을 때는 밭의 비료로 쓸 수 있습니다. 움직임 하나에도 효율성을 생각하는 것입니다. 또 닭이 노는 부근에 뽕나무가 있으면 땅에 떨어진 열매는 닭의 모이가 됩니다.

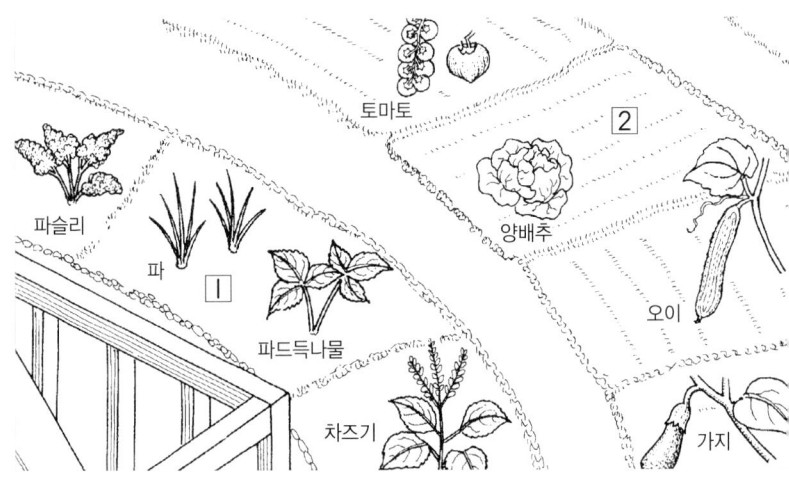

디자인은 사람에 따라 다르다

파머컬처의 디자인 발상은 우리들의 채소밭을 만들 때에 크게 참고가 됩니다. 채소밭이 어느 방향을 보고 있는지, 볕이 잘 드는지, 물은 어디서 가져오는지, 북풍의 영향을 받는지 등을 생각해서 그 장소에 맞는 식물을 골라 채소밭을 디자인해 나갑니다.

한편 자기가 살고 있는 장소를 기준으로 거기서 가까운 순서로 제일 가까운 곳, 조금 가까운 곳, 조금 떨어진 곳, 아주 떨어진 곳으로 나눈 다음, 심을 채소를 정합니다.

매일 사용하는 채소는 제일 가까운 곳에, 가끔 해 먹는 채소는 조금 가까운 곳에 심어도 되고, 감자나 호박 등 한때 수확하는 것은 조금 떨어진 곳에 심습니다. 아주 먼 곳은 별로 신경을 쓰지 않아도 되는 것을 심습니다. 생활 방식과 사람에 따라 다를 것입니다. 파머컬처가 본보기로 삼고 있는 것은 자연입니다. 자연을 잘 관찰하고 농사법에 담겨진 지혜도 살려서 자연을 훼손시키지 않고 살아 나가는 방법을 말하고 있는 것입니다.

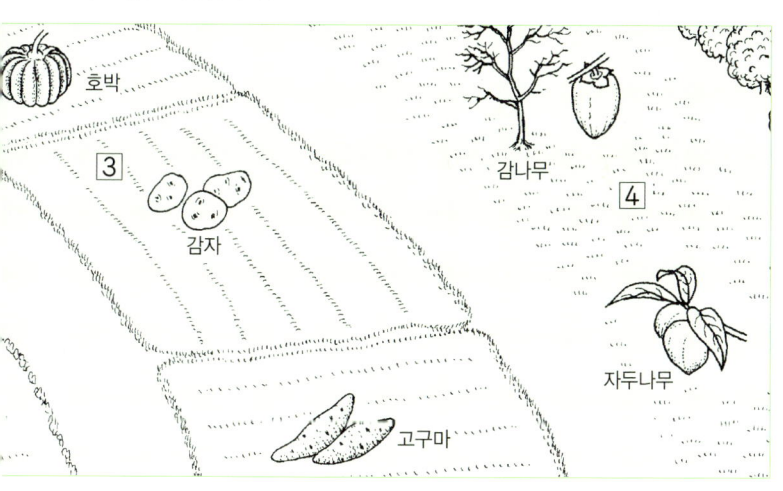

들풀 가득한 뜰

풋풋하고 싱그러운 들풀의 매력

그저 무심코 내버려 두어도 자연히 돋아나는 꽃이 있습니다. 민들레, 대구망초, 개망초 등은 어디서나 잘 자라는 풀입니다. 너무 흔해서 보통은 봐도 지나쳐 버리기 쉬운데, 가끔 무리를 지어서 한곳에 많이 피어 있을 때는 자기도 모르게 탄성을 지를 정도로 아름답습니다. 나는 얼마 전부터 이 들꽃을 우리 집 정원의 정식 초대 손님으로 모시기로 했습니다. 할미꽃이 그 첫째 손님인데, 나비가 꿀을 따 먹으러 가끔 찾아옵니다.

큰까치수영의 꼬리처럼 휘어진 흰 꽃대, 방울을 늘어뜨린 것 같은 초롱꽃, 꽃잎 끝이 갈라져서 곱슬곱슬해진 술패랭이꽃, 그 어느 것도 모두 원예 식물에 못지 않습니다. 이들 들풀을 기본으로 해서 사람들은 꽃의 크기를 크게 하고 색깔을 과장시켜서 이른바 품종 개량을 해 왔는데, 비록 화려함은 원예 식물에 비해 떨어져도 원래의 들풀들이 갖고 있는 풋풋하고 싱그런 자연미를 정원 한편에 재현시키는 것도 원예의 즐거움이 아닐까요?

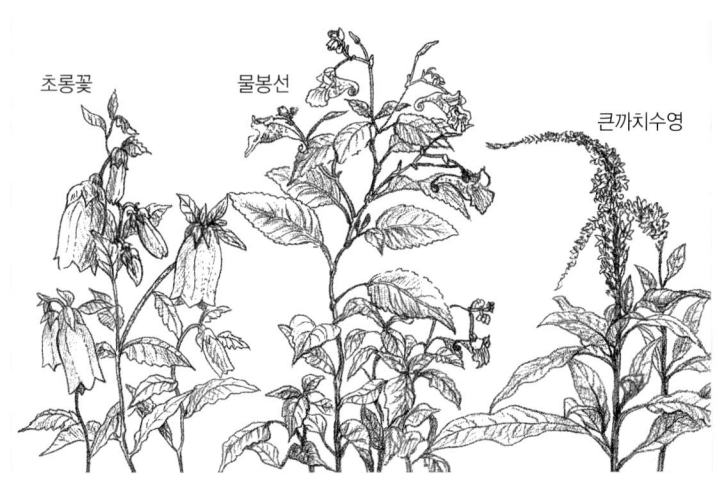

잎의 소담한 모양과 파릇파릇한 색을 즐긴다

작은 개울이나 연못 등 습한 곳에는 물봉선이 많이 나 있습니다. 처음에는 너무 많이 나서 뽑아 버리곤 했는데, 하루는 그 대학살에서 살아남은 하나를 무심히 보다가 줄기 끝에 수줍게 매달려 있는 귀여운 꽃을 발견하고 새삼 놀랐습니다. 그날 이후, 물봉선도 우리 정원의 초대손님이 되었죠. 우리나라에 흔한 고사리 종류(양치식물)나 조릿대가 흔하지 않은 유럽이나 미국 정원에서 점잖은 손님 대우를 받는다는 이야기를 들은 적이 있습니다. 너무 흔하면 희소가치가 떨어져서 대우 받지 못하는 경향이 있는 듯합니다.

사람들은 이제까지 흔한 들풀의 생태나 꽃의 아름다움에 대해 관심을 별로 가지지 않았던 것이 사실입니다. 가까이에 있는 들풀에 다시 관심을 가져 보세요. 유럽과 미국 사람들에게 인기가 있는 식물 가운데 우리나라에 흔한 옥잠화 종류, 엽란, 억새 등이 있습니다. 소담한 잎 모양이나 파릇파릇한 색, 이색적인 분위기를 즐기는 것이죠. 옥잠화 잎의 광택을 보면 한여름 더위가 잊혀집니다.

커다란 나무 한 그루

나무가 커 가는 즐거움

장소만 여유 있다면 커다란 나무 한 그루가 뜰 안에 있으면 좋습니다. 거기 올라가서 밑을 내려다보는 경치는 이제까지 보아 오던 뜰과 또 다른 얼굴이죠. 쉽게 말하면 새가 되어 뜰을 내려다보는 그런 기분이라고 할까요? '나무 위에 나무 집을 짓고 낮잠 한번 자 봤으면…' 하는 것이 나의 어릴 적 꿈이었습니다. 실제로 미국에서는 10m 높이의 나뭇가지에 집을 짓고 거기서 1년이나 산 사람이 있다고 합니다. 가지가 튼튼하면 그네도 맬 수 있겠죠? 앞마당에 있는 큰 나무가 주는 행복을 어떻게 다 설명할 수 있을까요!

나무가 크게 자라려면 무척 오래 기다려야 한다고 생각하겠지만, 실제로 나무를 심어 보면 어찌나 빨리 자라는지 놀랄 것입니다. 나는 봄에 움이 튼 호두나무 뿌리를 파 와서 뜰에 심었는데 그것이 다음 해에 1m나 자라서 놀란 적이 있습니다.

나무는 햇볕을 많이 받아야 한다

호두, 감, 개암, 버찌 등 열매가 열리는 나무가 있으면 더욱 즐겁겠죠! 나무를 빨리 키우고 싶으면 햇볕을 많이 쬐어야 합니다. 옆에 햇볕을 가리는 나무나 풀이 있으면 잘라 줍니다. 그리고 나무는 어느 정도 자라면 잔가지가 많아지는데 그대로 두면 나무가 제대로 자라지 못합니다. 이때는 가지치기를 해 줘야 합니다.

나무가 쑥쑥 자라게 하려면 어느 가지는 남기고 어느 가지는 잘라 줘야 할까요? 나무에서 조금 멀리 떨어져서 나무 전체를 잘 바라보세요. 가지들 전체가 두 손을 모아서 손가락을 위로 뻗친 것 같은 모양이 되도록 만드는 것이 가지치기의 기본 방법입니다. 나무가 있으면 '내년에는 또 얼마나 자랄까?' 하는 마음으로 크는 모습을 지켜보는 것만으로도 큰 즐거움이 됩니다.

생물들로 가득 찬 뜰

뜰에서 벌어지는 드라마

뜰에서 일을 하고 있으면 많은 생물과 만나게 됩니다. 모종을 심으려고 쪼그리고 있는 내 옆에서 개미가 죽은 벌레를 끌고 가기도 하고, 벌이 나비 애벌레를 나르는가 하면, 거미줄에 걸려든 나방을 거미가 옆에서 지켜보는 장면 등을 보게 됩니다.

언젠가 풋고추를 따고 있을 때였습니다. 방울토마토 가지 위에는 청개구리가 벌레를 찾고 있었고, 토마토 버팀목 끝에는 잠자리가 날개를 축 늘어뜨리며 쉬고 있었으며, 그 옆 오크라 꽃에서는 나비가 꿀을 빠느라 정신이 없었습니다. 나는 한동안 일손을 멈추고 구경했습니다.

가끔 어떤 벌레가 다른 벌레를 습격하는 광경도 보는데, 이럴 때는 불쌍한 마음이 들어 약한 놈을 도망가게 해 주기도 합니다. 같은 뜰이라도 식물들이 매일 같지 않고, 거기서 만나게 되는 생물들도 달라집니다. 뜰에서는 날마다 새로운 드라마가 펼쳐집니다.

벌레도 새도 동물도

그중에는 식물에 해를 끼치는 벌레도 있습니다. 그러나 당장 약을 뿌리지 말고 조금 기다려 보세요. 벌레 중 일부는 죽겠지만 그 약으로 죽지 않는 것도 있습니다. 그러면 다음에는 더 독한 약이 필요하게 되고 약은 흙 속으로 자꾸 스며들어 마침내 흙을 소생시키는 데 큰 역할을 하는 땅속 미생물들을 죽게 만들겠죠!

농약 묻은 벌레를 새가 먹고, 그 새가 죽는 일도 있습니다. 식물에 해가 되는 벌레는 약을 쓰지 말고 되도록 손으로 잡아야 합니다. 손으로 잡기 싫다면 면장갑이나 붓을 써서 일단 물이 담긴 그릇에 떨어뜨려 처리합니다. 약을 쓰지 않는 뜰에는 벌레나 새, 그 밖의 작은 동물들이 곧잘 찾아옵니다. 너구리나 오소리가 채소밭을 망가뜨릴 때는 주위에 그물을 치세요. 방금 심은 콩을 새들이 쪼아 먹을 때도 없애려고 하기 전에 함께 살아갈 방법을 생각해 봅시다. 반드시 길은 있습니다.

개구리를 불러들이는 뜰

개구리는 정원 만들기를 돕는다

유럽에는 '개구리와 정원사는 친구'라는 말이 있습니다. 식물을 귀찮게 하는 민달팽이나 쐐기를 개구리가 잡아먹기 때문입니다. 말하자면 개구리는 해충을 퇴치해 주는 친구인 셈이죠. 작은 벌레들은 청개구리의 먹이가 되고, 큰 벌레는 두꺼비의 밥이 됩니다.

네덜란드에서는 개구리를 위해 '연못을 파자'는 캠페인을 벌이며 개구리 마크가 있는 연못 장비를 팔고 있다고 합니다. '개구리가 과연 찾아올까?' 걱정하는 사람이 있다면, 한번 해 보세요. 지름 40cm 정도의 얕은 그릇에 물을 담아 두어도 개구리가 찾아옵니다. 개구리는 아무리 멀리 떨어져 있어도 물 있는 곳을 찾아가는 신통한 습성이 있기 때문이죠. 청개구리 종류는 약 600m, 참개구리 종류는 약 800m, 두꺼비는 약 1200m의 범위에서 물 냄새를 맡고 찾아온다는 기록이 있습니다. 놀라운 능력입니다.

개구리 관찰은 즐거워!

개구리가 물을 찾아오는 때는 알을 낳는 계절입니다. 연못을 만드는 것은 어느 계절이든 상관없지만, 개구리가 오는 시기는 겨울잠에서 깨어난 3월에서 7월 사이입니다. 나는 지름 60cm의 독을 땅에 파묻고 작은 연못을 만들었습니다. 못을 만들고, 한 달 뒤에 안을 들여다봤더니 두꺼비란 놈이 머리를 쳐들고 눈을 깜박이고 있지 않겠어요? 그 뒤 개구리도 와서 알을 낳았습니다.

제일 시끄러운 놈은 뭐니뭐니 해도 청개구리입니다. 그러나 개구리 소리를 날마다 들을 수 있는 건 아닙니다. 알을 낳는 계절인 5~6월에만 들을 수 있죠. 이 녀석의 모습과 노는 꼴을 보노라면 뜰 일을 하면서도 시간 가는 줄 모릅니다. 연못을 만들면 장구벌레가 생기는데, 그게 싫은 사람은 그 속에 금붕어나 송사리, 잉어를 넣어 보세요. 장구벌레가 생기기 무섭게 먹어 치웁니다.

뜰에 생기를 불어넣는 연못

수초 꽃을 즐긴다

아무리 작은 연못이라도 물이 있는 것만으로 뜰은 새로운 얼굴이 됩니다. 작은 대야에 물을 담아 놓기만 해도 훌륭한 연못이 됩니다. 연못 옆에 앉아 있으면 어느새 소금쟁이가 날아오고, 여름이면 잠자리가 알을 낳으러 찾아옵니다. 어떨 때는 언제 들어갔는지 모르게 송장헤엄치게가 물속에서 헤엄치고 있습니다. 언젠가는 햇볕이 따뜻한 나무 그루터기에 앉아서 책을 읽고 있는데 제비가 연못 물을 마시러 온 적도 있습니다.

연못이 있으면 물옥잠이나 수련 따위의 수초(물풀)를 기를 수 있습니다. 가게에서 사 온 물옥잠 하나를 연못에 넣어 두면 금방 그 수가 불어납니다. 히아신스 같은 연보라색 꽃은 보기에도 참 우아합니다. 히아신스는 꽃이 핀 뒤 얼마 있다가 시드는데, 줄기가 밑으로 늘어져 물속에 잠깁니다. 추운 지방에서는 겨울을 나지 못하므로 집 안에 수조를 만들어 줘야 합니다. 이 밖에 수련, 물양귀비 등도 깨끗하고 예쁜 꽃이 피는 수초들입니다.

생명력이 넘치는 연못

생물들은 왜 연못으로 모여드는 걸까요? 그 이유 중 하나는 물의 온도 때문입니다. 낮에 햇볕으로 따뜻해진 물은 밤이 돼도 주위의 지면보다 늦게 식습니다. 그래서 연못에는 개울과는 또 다른 생물들이 모여들죠. 따뜻하기 때문에 온갖 생물들이 알을 낳는 장소로 삼는 것입니다. 연못의 크기에 따라 다르지만, 연못이 작으면 가물 때 물이 줄어듭니다. 그때는 양동이에 물을 담아서 하루 이상 두었다가 연못에 부어 주면 됩니다. 특히 연못 안에 물고기 등 생물이 있을 때는 연못과 온도 차이가 크게 나지 않는 물이어야 합니다.

연못 물은 오래 그대로 두면 흐려지고 더러워지는데 이때 수초를 넣어 주면 다시 깨끗해집니다. 특히 물옥잠은 물이 더러울수록 잘 자랍니다. 어느 날 연못 물속에 조개가 있어 놀란 적이 있습니다. '내가 넣어 주지도 않았는데 어떻게 들어갔지?' 했는데 새의 발에 붙어서 운반되는 경우도 있다는 이야기를 듣고 '물은 생명력이 넘치는 곳'이라는 말의 참뜻을 알게 되었습니다.

새가 찾아오는 뜰

새가 좋아하는 과일나무를 심는다

뜰에 새가 날아옵니다. 나뭇잎 사이로 박새가 보입니다. 동백나무에 온 새는 동박새입니다. "끼-ㄱ" 하고 큰 소리를 내며 날아오는 새는 어치란 놈입니다. 우리들보다 훨씬 넓은 세계에서 살고 있는 새들은 하늘에서 여기저기의 뜰을 내려다보며 '혹시 먹을 것이 없나, 물 마실 데가 없을까, 쉴 데가 없을까?' 하며 자기들 나름대로 관심이 있는 것을 찾습니다. 찾으면 뜰로 내려오죠. '저 새는 왜 내 뜰에 왔을까?' 이것저것 생각해 보는 것도 즐거운 일입니다.

나무 열매는 새들이 좋아하는 먹이입니다. 이나무, 작살나무, 남천, 식나무, 층층나무, 종려나무, 뽕나무, 쉬나무 중에서 어느 하나만이라도 심어 두면 틀림없이 새가 찾아옵니다. 발코니나 창가에 이들 화분을 놓아둬도 됩니다. 이른 아침 새소리를 들으며 눈을 뜰 수 있다면, 하루가 한결 밝아지지 않겠어요?

무자맥질하고 쉬기도 하고

여기저기 산책을 하면서 새들을 보고 있으면 새는 어떤 곳을 좋아하는지 차차 알게 됩니다. 날개를 매만지고 또 무자맥질을 할 수 있는 깊지 않은 물, 젖은 날개를 말리면서 마음 놓고 쉴 수 있는 나무 그늘까지 새를 위해 좋아하는 장소를 만들어 주면 새는 반드시 찾아옵니다. 뜰에서 일을 하다가 문득 옆을 보면 새가 무자맥질을 하거나 날개를 주둥이로 쓸어 주며 매만지는 광경을 볼 때가 있습니다. 바쁜 요즘 세상에 모처럼 보는 여유로운 풍경이죠.

내 뜰에서는 버팀목 끝에 때까치가 앉아 쉬는 것을 자주 볼 수 있습니다. 잡아먹을 만한 벌레나 개구리를 노리고 있을 겁니다. 겨울에는 뜰에 모이 테이블을 만들어 줬더니 해마다 꼭 찾아옵니다. 창가에 모이를 놔주거나 고기 조각을 그물에 넣어 걸어 두고 한동안 잊고 있으면 머지않아 새가 날아듭니다. '새가 왜 안 오지?' 조바심 낼 필요는 없습니다.

낙원을 그리는 꿈

즐거운 꿈의 세계, 뜰을 꾸민다

낙원이라든가 파라다이스라는 말을 들어 보았을 것입니다. 이 세상과 달리 항상 즐거운 곳, 꽃이 만발하고 들과 숲에서는 아름다운 새소리가 들리고, 골짜기에는 맑은 물이 흐르고, 연못에는 고기들이 떼 지어 헤엄치며, 온갖 동물들이 한데 어울리어 평화롭게 살고, 짝을 찾고 새끼를 낳고, 나뭇가지에는 맛있는 과일들이 주렁주렁 매달려 있어 손만 뻗으면 언제든지 따 먹을 수 있는 곳. 사람들은 흔히 이런 곳을 '낙원'이라고 부르죠. 이런 걸 보면 사람은 행복의 조건을 자연 속에서 찾고 있는 것이 분명합니다. 그러나 이제까지 이런 낙원에서 실제로 살고 있는 사람은 하나도 없습니다. 낙원은 사람들이 꾸는 꿈이요, 영원한 그리움의 대상인 것입니다.

낙원에 대한 꿈 때문에 옛날 사람들은 여러 가지 모습의 정원을 만들었습니다. 특히 임금이나 귀족들은 많은 돈을 들여서 아름다운 정원을 만들었으며, 이런 세계적인 명원(이름이 난 정원)은 유럽이나 중국, 그 밖의 여러 나라에서 찾아볼 수 있습니다.

하나하나가 모두 그 사람의 낙원

정원이란 이처럼 많은 사람의 힘을 빌려서 만든 큰 규모의 것도 있고, 또 가족끼리 힘을 모아 만드는 아담한 것도 있습니다. 작은 뜰은 다른 사람에게 보여 주기 위한 것이 아니므로 그대로 오래 남지는 않지만 옛날부터 많은 사람들이 자기 나름대로 정원을 만들고 즐겼던 것이 사실입니다. 다른 것도 마찬가지지만 정원에는 만든 사람의 개성이 보입니다.

곤충을 좋아하는 사람은 나비가 좋아하는 화초를 뜰에 심는 것만으로도 행복해하고, 또 뜰에서 딴 딸기로 케이크를 만드는 것을 행복으로 느끼는 사람도 있을 겁니다. 어디서 행복을 느끼는가는 사람마다 다릅니다. 그러니까 다른 사람이 뭐라고 해도 자기 자신이 그 뜰에서 만족하면 되는 것입니다. 따라서 뜰 만들기에 규칙은 없습니다. 자기 취향이 그대로 나타난 뜰이면 충분합니다. 원예사와 같은 직업인이 만드는 정원을 꼭 본받을 필요는 없습니다. 다만 그들의 오랜 경험이 참고가 되는 것은 사실이죠.

뜰에서는 벌들도 친구

벌을 보기만 해도 쏘일까 봐 기겁을 하고 달아나는 사람이 있습니다. 벌에는 많은 종류가 있지만 정말 위험한 벌은 그렇게 많지 않습니다. 벌이 꽃을 위해 하고 있는 일들을 생각해 보면 오히려 벌에게 감사해야 합니다. 벌이 이 꽃에서 저 꽃으로 날아다니며 꽃가루를 날라 주기 때문에 화초가 열매를 맺고 씨를 얻을 수 있는 것이니까요. 그뿐인가요? 꿀을 좋아하는 사람이면 그 꿀이 바로 벌들이 열심히 모아 둔 먹이 창고라는 사실을 잊어서는 안 됩니다. 딸기가 익는 것도 벌이 꽃가루를 날라 주기 때문입니다. 뜰에 벌이 날아다니고 있더라도 그냥 놔두면 벌침에 쏘이는 일은 없습니다. 벌이 침을 쏜다는 것은 자신의 생명을 걸고 하는 행동이니까요. 동글동글하게 생긴 귀여운 뒤영벌은 꽃가루 모으기가 바빠서 내가 옆에 있어도 본체만체하고 일만 합니다. 조금도 무서워할 일이 없죠.

벌이 좋아하는 식물이나 쉴 만한 곳을 만들어 주는 것도 그들과 사귀는 방법입니다. 벌은 콩과 식물을 좋아하므로 우리가 '클로버'라고도 부르는 토끼풀을 심으면 벌은 반드시 찾아옵니다. 벚나무도 좋아합니다. 또 대롱이나 가는 파이프를 여러 개 묶어서 걸어 두면 어딘가에서 벌이 나타나 벌집을 만들기 시작합니다. 빈 깡통에 스펀지를 담아서 걸어 두면 뒤영벌들이 집을 만들지도 모릅니다.

화분 하나에 식물을 심고, 밖에 놔둬도 벌과 나비가 찾아오면, 그 사람이 사는 세계가 넓어집니다. 뜰 만들기는 자연 속의 모든 생물과 친구가 되는 일입니다.

제 3 장

원예에 필요한 도구

집에서 찾은 원예 도구

어떤 도구가 필요할까?

정원을 가꾸는 데 어떤 도구들이 있어야 할까요? 가장 작은 정원, 예를 들어 화분 하나가 정원을 대신할 때를 생각해 봅시다. 먼저 화분에 흙을 담고 고르게 편 다음, 씨를 뿌리거나 묘목을 심습니다. 화분 바닥에 자갈을 4~5개 깔고 흙을 담을 때는 모종삽이 있으면 편리합니다. 작은 화분이나 플랜터에 흙을 담을 때는 오히려 헌 숟가락이나 포크, 나이프들이 쓸모 있습니다. 부엌에 가서 원예용으로 쓸 물건들을 챙겨 보고 허락을 받으세요.

포크로 흙을 고르고, 나이프로는 씨를 뿌릴 때 줄을 긋습니다. 나무 젓가락으로 작은 구덩이를 만들고 거기에 씨를 뿌려도 됩니다. 묘목을 옮겨 심을 때는 숟가락으로 구덩이를 팝니다. 식물의 잎이나 줄기, 뿌리 등은 아주 연약하므로 묘목을 다룰 때는 조심해야 합니다. 살짝 잡은 것 같은 데도 줄기가 맥없이 꺾이는 바람에 '내 손가락 힘이 이렇게 센가?' 하고 어이없어 한 적이 있습니다. 식물도 사람이 자기를 거칠게 다루기를 바라지 않을 것입니다.

물뿌리개와 분무기로 물을 흠뻑 준다

평소 식물을 흔들거나 건드리는 것이라고는 바람 아니면 곤충 정도라서 사람이 만질 때의 힘은 식물로서는 엄청나다는 점을 항상 염두에 두어야 합니다. 또 식물의 뿌리는 늘 흙 속에 묻혀 있기 때문에 햇빛을 볼 일이 없는데, 옮겨 심을 때 밖으로 드러난다는 것만으로도 식물에게는 이만저만한 일이 아닙니다. 될 수 있는 대로 빨리 흙 속에 묻어야 합니다. 뿌리에 흙을 덮어 두거나 젖은 신문지로 말아 주는 방법도 있습니다.

자, 씨를 뿌렸거나 묘목을 심었으면 이번에는 물을 충분히 줍시다. 주둥이가 좁은 주전자나 물뿌리개가 있으면 편합니다. 물이 한꺼번에 쏟아지면 흙이 패이므로 물이 조금씩 나오는 것이 좋습니다. 분무기는 싹이 돋아나는 것을 돕기 위해 흙을 축이는 데 쓰입니다. 작은 정원을 가꾸기 위한 작은 도구, 사지 않고 집에서 찾아 모은 도구까지 이제 원예 도구가 갖춰졌습니다. 도구 상자는 빈 깡통이나 상자를 쓰면 되겠죠! 그 안에 원예 도구를 쓰기 편하게 정리해 둡시다.

일을 덜어 주는 원예 도구

화분이 하나 둘 늘면서 정원 가꾸기에 재미가 붙으면, 그에 따라서 '다른 도구가 더 있으면….' 하게 됩니다. 도구가 편리하면 정원 일이 한층 즐거워지기 때문입니다. 처음부터 모두 필요한 것은 아닙니다. 하나씩 자신의 목적에 맞춰 늘려 가는 것 또한 재미입니다. 정원 일을 할 때, 있으면 편리한 도구들을 알아봅시다.

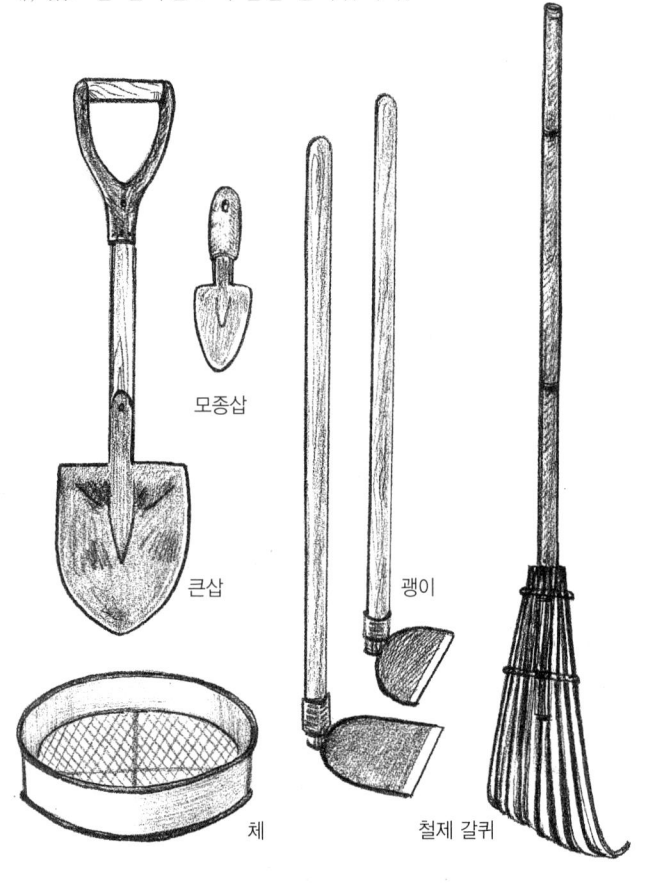

정원 울타리 만들기

나무로 화단 둘레를 친다

잡초투성이 정원이라도 흙으로 덮인 땅이 한 평이라도 있으면 기쁩니다. 나의 정원 가꾸기는 조릿대와 나무딸기가 사람 키만큼 자란 덤불을 가시에 찔리며 베어 내는 일로부터 시작되었습니다. 손과 발이 상처투성이가 되고 잘라 낸 조릿대 그루터기에 발이 걸려 넘어지기도 했지만 그래도 재미있었습니다. 베어 낸 풀을 모아 모닥불을 피우고 거기에 물을 끓여서 차를 마시고, 고구마를 구워서 간식으로 먹기도 했습니다.

이렇게 해서 평평한 공간이 생겼는데, 이번에는 주위가 너무 넓은 느낌이 들어 안정감이 없었습니다. '그래, 울타리를 치자.'라고 생각했습니다. 울타리가 없으면 씨 뿌린 자리를 나는 알고 있지만 다른 사람은 모르니까 밟을 수도 있었죠. 울타리 재료로는 나무토막, 돌, 벽돌, 나뭇가지 등이 있으면 됩니다. 마침 뒷산에 나무를 크게 키우기 위해서 햇볕이 잘 들도록 주위의 나무를 솎아 베어 낸 삼나무 토막들이 있어서 그것을 쓸 수 있었습니다.

나무만큼 쓸모 많은 것도 없다

방금 잘라 놓은 나무에는 가지가 많이 붙어 있습니다. 먼저 가지를 쳐야 했습니다. 이럴 때 손도끼를 씁니다. 손도끼에는 묵직한 날이 달려 있는데 이걸로 내려치면 '탁' 하는 소리와 함께 가지가 줄기에서 떨어져 나갑니다. 가지치기는 어른과 같이 하는 것이 좋습니다. 가지를 다 쳐 내면 이번에는 톱으로 필요한 길이만큼 자릅니다. 다음은 옮길 차례입니다. 방금 자른 나무는 수분이 많아서 무게가 무겁고, 마른 나무는 가볍다는 사실을 이 일을 통해 알게 되었습니다. 꽃밭 모양은 통나무 4개로 사각형 꽃밭을 만들어도 좋고, 6개를 써서 육각형 꽃밭을 만들어도 좋습니다.

그런데 통나무를 그냥 땅에 놓기만 하면 안정감이 없으므로 말뚝을 박아야 합니다. 한쪽 끝을 손도끼로 연필처럼 뾰족하게 깎아서 그것을 박아 넣는 것입니다. 이때 나무 메를 쓰게 되는데 나무 메는 무겁기 때문에 쓰려면 힘이 있어야 합니다. 쉽지 않지만 톱과 손도끼, 나무 메를 제대로 쓸 수 있을 때, 진정한 정원사가 됩니다.

돌로 쌓은 울타리

돌담 치는 데도 요령이 있다

돌이 있으면 정원 모양에 많은 변화를 줄 수 있습니다. 한 손으로 들 수 있는 크기의 돌을 모아 양동이에 담아 옵시다. 좀처럼 돌 구하기가 힘들면 돌이나 벽돌을 사 와도 됩니다. 돌을 써서 정원을 꾸미면 한결 입체감을 낼 수 있습니다.

돌로 화단을 만들어 봅시다. 이때도 그냥 죽 늘어놓기만 해서는 안 됩니다. 보통 돌을 놓을 때 크고 평평한 면이 겉으로 오게 하기 쉬운데, 오히려 거꾸로 해서 놓아 보세요. 땅을 조금 파고 평평한 쪽이 바닥으로 가도록 놓습니다. 옆에 있는 돌과는 닿게 해서 서로 떠받치도록 하면 서로 힘을 받아서 흔들리지 않습니다. 자칫 흔들리는 돌에 올라섰다가 잘못해서 발목을 삐면 큰일입니다. 쉬워 보이지만 돌담을 치는 데는 상당한 기술이 필요합니다. 길을 가다가도 돌담이 있으면 어떻게 쌓았는지 눈여겨봅시다.

돌로 만든 작은 정원

좁은 공간에 여러 가지 식물을 심고 싶거나 햇볕이 잘 들게 하고 싶을 때는 흙을 쌓아 올려서 높게 만듭니다. 이때 필요한 흙은 다른 데서 가져오거나 살 수밖에 없지만, 집 뜰이 조금 넓으면 옆에서 파낸 흙을 이용하고 흙 파낸 자리에 연못을 만드는 것도 방법이 될 수 있습니다. 이럴 때 돌이 있으면 비가 와도 흙이 흘러내리지 않도록 가장자리를 둘러칠 수 있습니다.

어떤 잡지에 돌을 쌓아 만든 신기한 정원 사진이 나와 있었습니다. 돌을 나선형이 되도록 쌓아서 위에서 보면 달팽이 껍데기처럼 보이는데, 돌담과 돌담 사이에 흙을 메우고 거기에 예쁜 꽃들을 심어 놓았습니다. 나도 흉내 내고 싶어서 실제로 만들어 보았더니 썩 괜찮았습니다. 바로 앞 그늘에서는 파드득나물이 자라고 위쪽에서는 고추와 타임이, 그리고 돌 옆에서는 매발톱꽃이 해마다 아름다운 꽃을 보여 줍니다.

흙 만드는 방법

식물이 잘 자라는 흙이란?

꽃밭 장소를 만들었으면 다음은 흙에 대해서 알아봅시다. 우리나라는 아프리카 사막 지대나 시베리아의 언 땅과는 달라서 어디를 가나 식물이 자라고 있습니다. 그러므로 먼저 우리가 사는 곳 주변의 흙이면 대개 어떤 식물도 잘 자란다고 봐도 됩니다.

다만 주변에 있는 흙을 바탕으로 식물이 더 잘 자랄 수 있도록 해 주면 되는 것입니다. 나의 꽃밭 흙은 붉은 기가 많이 도는 흙인데 옛날에 그 흙으로 벽돌을 만들었다고 합니다. 그래서 흙이 딱딱합니다. 아무리 힘주어 삽질해도 팔 수가 없었습니다. 즉, 수분은 많지만 공기가 거의 포함되지 않은 점토질의 흙이었죠. 그래서 빈틈이 많고 공기가 많은 부엽토를 섞기로 했습니다. 부엽토를 섞으면 흙이 부드러워집니다. 뒷산에 가서 낙엽 밑에 쌓인 검은 부엽토를 파 왔습니다. 이때 외바퀴 수레가 있으면 편리합니다. 그리고 삽으로 단단한 흙을 파 일군 다음 가져온 부엽토를 섞었습니다. 수분과 공기가 적당히 포함된 흙이라면 대부분 잘 자랍니다.

넓은 땅을 갈 때는 괭이가 좋다

단단한 땅을 갈 때, 대개의 경우 삽만으로도 충분합니다. 큰 삽 끝을 땅에 꽂고 발을 얹은 후, 체중을 실어 힘껏 누르는 것입니다. 덩어리는 삽 끝으로 잘게 부숩니다. 이렇게 계속하면 땅속에 공기가 충분히 들어가 식물이 뿌리를 마음껏 뻗을 수 있게 됩니다. 그러나 넓은 땅을 갈아야 할 경우에는 삽보다 괭이를 써야 일이 빠르고 힘이 덜 듭니다. 괭이는 덩어리를 부수고 밭이랑을 만들거나 할 때 편리합니다. 날과 자루의 길이가 가지각색이지만 어느 것이든 괭이 자체가 가벼워야 쓰기 쉽습니다.

단단한 땅에 괭이 날이 쑥쑥 박히는 것을 보면서 '이래서 도구가 필요한 거구나.' 하는 생각이 들었습니다. 그래도 처음에는 힘이 들어서 일을 끝내고 나서는 녹초가 되었죠. 내 몸과 괭이의 위치, 내려치는 방향에 대한 감을 제대로 잡지 못했던 것입니다. 그러나 계속해서 괭이질을 하는 동안에 조금씩 요령이 생겨서 이제는 쉽게 땅을 일굴 수 있습니다.

퇴비를 만드는 방법

흡수된 영양분을 흙으로 되돌린다

식물은 태양 에너지를 흡수하고, 뿌리에서 빨아들인 수분과 공기 중의 이산화탄소 등을 재료로 하여 영양분을 만들며, 그것을 섭취해서 자랍니다. 식물은 그 자체가 영양분 덩어리입니다. 자연 상태에서는 식물이 죽어도 그 자리에서 썩어서 다시 흙으로 되돌아갑니다. 또 곤충이나 새, 여우, 너구리, 담비, 다람쥐, 들쥐 등의 배설물과 시체도 시간이 지나면 대지의 영양분이 됩니다. 그러나 정원이나 밭의 경우는 사정이 좀 다릅니다.

시든 식물은 치워지고 또 수확이라는 이름으로 그 자리에서 거둬집니다. 한두 번이 아니고 이것이 여러 번 되풀이될 때, 땅은 메말라 갈 수밖에 없죠. 그래서 땅에 비료를 주는 것입니다.

비료로 제일 좋은 것은 자연 상태에 가까운 것인데 낙엽이나 짚, 베어낸 풀, 동물의 배설물 등을 섞어서 충분히 썩힌 것, 즉 우리가 '퇴비'라고 부르는 것입니다. 거기에 먹다 남은 음식(채소와 생선, 고기 등)을 섞어도 됩니다. 퇴비는 쉽게 만들 수 있습니다.

베어 낸 풀과 낙엽을 부지런히 모으자

비료는 재료를 쌓아 두기만 하면 저절로 만들어집니다. 여름이면 2~3개월, 겨울이라도 6개월 정도면 비료로 쓸 수 있습니다. 장소만 있다면 별문제 없지만 주택가에서는 고양이나 까마귀가 들쑤셔 놓을 수도 있고, 썩는 냄새 때문에 문제가 됩니다. 이 문제를 해결하기 위해 냄새가 새어 나가지 않는 퇴비용 용기를 팔고 있습니다. 안정감이 있고 뚜껑이 꽉 닫히며, 두껍기 때문에 몇 년씩 써도 햇볕에 파손되지도 않습니다.

이것을 사서 써도 되고, 구할 수 없을 때는 직접 만들 수도 있습니다. 우선 뚜껑 있는 플라스틱 양동이의 바닥을 칼과 톱을 이용해서 도려냅니다. 그늘이 지는 곳에 땅을 조금 파고 이 양동이를 놓은 다음, 움직이지 않도록 고정시킵니다. 음식 찌꺼기나 잡초를 생기는 대로 넣습니다. 낙엽과 베어 낸 풀 등을 많이 넣어 주면 냄새도 덜 나고 시간도 단축됩니다. 낙엽과 흙 속의 미생물과 곰팡이가 음식물을 먹고 분해해서 영양 많은 비료로 바꿔 놓는 것입니다.

씨를 뿌려 모종을 만든다

속이 얕은 상자나 화분에 씨를 뿌린다

씨를 뿌려서 식물을 키울 때는 정원이나 밭에 직접 씨를 뿌리는 경우와 다른 곳에서 일단 키운 다음, 그것을 밭에 옮겨 심는 경우가 있습니다. 처음부터 한 장소에서 크는 것이 식물에게는 더 좋지만, 새싹을 땅속의 벌레나 병원균으로부터 보호하고, 다른 풀 때문에 제대로 자라지 못하는 것을 막기 위해서 자립할 수 있을 때까지 돌보기 쉬운 모종판에서 따로 키우는 것입니다.

씨앗의 크기가 너무 작을 때나 씨앗의 수가 적을 때, 그리고 이른 봄에 심을 모종을 얻고 싶을 때 이 방법을 씁니다. 모종판을 만들려면 화분이나 플랜터 또는 속이 깊지 않은 상자를 쓰면 됩니다. 여기에 체로 쳐서 곱게 만든 흙을 넣습니다. 나는 산에 있는 흙을 갖다 쓰고 있는데, 부엽토를 섞어 만들면 훌륭합니다. 다만 알갱이가 고운 흙을 쓰는 것이 중요하다는 사실을 잊지 맙시다.

씨앗이 싹 트는 비율을 높이려면?

세심하게 주의를 기울여서 씨를 뿌렸는데도 가끔 싹이 나지 않는 수가 있습니다. 그래서 씨앗의 발아율을 높이기 위한 방법으로 흙을 소독한 후에 씨를 뿌리기도 합니다. 그 소독법은 흙을 검은 비닐 봉지에 담아 꼭 묶어서 햇볕이 쪼이는 데에 놔두는 것입니다. 여름 직사광선 아래서 1개월 정도 있으면 대부분의 병원균은 죽어 버립니다. 오래된 화분의 흙도 이렇게 해서 다시 쓸 수가 있는데, 시간은 좀 걸리지만 가장 간단한 흙 소독법입니다.

시간이 없을 때는 흙을 그릇에 담아 높은 온도에서 찌거나 철판에 굽는 방법을 씁니다. 화원에서 파는 배양토, 버미큘라이트와 펄라이트는 고온 소독된 흙입니다. 다만 균이 흙에 날아 들어오기도 하므로 한 번 소독을 했다고 해서 그 효과가 언제까지나 지속되는 것은 아닙니다. 그러나 새문이 제일 약한 시기를 이런 방법으로 보호해 준다면 잘 자라날 확률은 매우 높아지는 거죠.

물 주는 요령

흙의 상태를 봐서 물을 준다

물을 주는 데도 요령이 필요합니다. 매일 아침 같은 시간에 물을 주는 사람이 있는데, 식물에 대한 정성으로 보나 방법으로 보나 칭찬할 만하다고 생각하기 쉽지만 반드시 그렇지는 않습니다. 여름에 가뭄이 계속될 때라면 또 몰라도 그 밖의 계절에는 규칙적으로 물을 줄 필요가 없습니다. 물을 너무 많이 줘서 뿌리가 썩는 일이 종종 있기 때문입니다. 물 주는 요령은 딱 한 가지, 식물이 물을 바라고 있을 때 줘야 한다는 것입니다.

그것을 어떻게 알 수 있을까요? 주의 깊게 식물을 들여다보면 알 수 있습니다. 식물이 시들시들하거나 흙 표면이 말라서 원래 흙 색깔보다 희거나 갈라진 상태면 즉시 물을 주지 않으면 안 됩니다. 또 씨를 뿌리거나 묘목을 심을 때는 반드시 물을 충분히 줘야 합니다. 이렇게 해서 제대로 자리 잡았다는 생각이 들 때 정원에 심었다면, 그 다음은 하늘에서 내리는 비에 맡기면 됩니다. 뿌리가 알아서 흙 속의 물을 빨아들일 테니까요.

화분에 물을 줄 때는 정성스럽게

물을 줄 때 필요한 도구가 물뿌리개입니다. 물을 줄 때 식물의 뿌리에 물을 주려면 물뿌리개의 부리가 밑을 보게 해서 주고, 잎 전체에 물을 고루 뿌리고 싶을 때는 위를 보게 해서 뿌립니다. 식물은 뿌리에서 수분을 빨아들이므로 흙이 물을 충분히 머금게 해 줘야 합니다. 꽃이나 잎을 적시는 것은 그다지 중요하지 않으며 뿌리가 뻗어 있는 흙에 물을 충분히 주는 것이 중요합니다. 그리고 정원인가 화분인지에 따라서도 물을 주는 방법이 다릅니다. 화분인 경우는 흙이 한정되어 있기 때문에 마르기 쉽습니다. 화분의 흙이 말랐을 때는 즉시 물이 바닥으로 흘러내릴 정도로 줍니다.

계절에 따라서도 물 주는 방법이 달라집니다. 식물은 싹이 터 한창 자랄 때, 대개 봄부터 여름에 걸친 성장기에 많은 물이 필요합니다. 겨울에 기온이 내려가 뿌리의 활동이 둔해질 때는 물을 많이 줄 필요가 없습니다. 더구나 저녁에 물을 주면 얼어서 뿌리가 상하는 일도 있습니다. 겨울에는 아침에 물을 주는 것이 좋습니다.

집을 비울 때의 물 주기

물 빠지는 것을 보면 흙의 상태를 안다

화분에 물을 줄 때 점토가 많은 흙이면 물이 좀처럼 빠지지 않고, 모래가 많이 섞인 흙이면 순식간에 흘러나옵니다. 식물 재배에 가장 좋은 흙은 그 중간 상태로, 어느 정도 수분을 간직하면서 또 공기도 잘 통하는 흙입니다. 식물은 뿌리로 수분을 빨아올릴 뿐 아니라 호흡도 하고 있습니다.

그런데 매일 주는 물 때문에 흙 속의 빈틈이 메워지면 뿌리가 숨을 쉬지 못하게 됩니다. 그렇게 되지 않으려면 흙에 부엽토가 어느 정도 섞여 있어야 합니다. 부엽토가 섞여 있는 흙에는 작은 틈들이 많고, 거기에 들어 있는 산소를 빨아들여 뿌리가 호흡을 합니다. 화분에 물을 주는 걸로 화분 안의 흙이 어떤 흙인지 알 수 있다는 것은 퍽 재미있는 일입니다.

그리고 화분의 수가 많아졌거나 정원 전체에 물을 주고 싶을 때는 호스가 있으면 편리하겠죠? 호스 릴에 감아 두면 자리도 덜 차지하고, 여름에는 정원에 물도 뿌리고 목욕도 할 수 있습니다.

집을 비울 때의 화분 관리

화분의 화초 생각을 깜박 잊고 5일쯤 집을 비웠다 돌아왔더니 잘 자라던 딸기 모종이 모두 말라 버린 적이 있습니다. 화분의 흙이 쉽게 마른다는 것을 알고 있었지만, 뒤늦게 후회한들 소용이 없었습니다. 화분을 그늘에 옮겨 두었더라면 괜찮았을 것입니다.

4~5일 집을 비울 때 화분의 식물이 말라 죽는 것을 막기 위한 몇 가지 방법이 있습니다. 스티로폼 상자나 대야 또는 화장실 욕조에 물을 조금 채우고 거기에 화분을 놓습니다. 이 방법도 괜찮고, 또 바닥에 작은 구멍을 낸 빈 페트병에 물을 담은 다음 그것을 흙 위에 올려놓는다는 이야기를 신문에서 읽었습니다. 뚜껑을 어떻게 닫는가에 따라 물이 나오는 양을 조절할 수 있다고 하므로 한 번 사용해 볼 만한 아이디어인 것 같습니다. 물이 저절로 조금씩 나오도록 하는 방법은 이 밖에도 또 있을지도 모릅니다. 오랫동안 집을 비울 경우에는 타이머 자동 살수기가 있으면 걱정 안 해도 되겠죠! 시간을 맞춰 놓으면 정기적으로 물을 주는 편리한 장치입니다.

버팀목 세우기

식물이 쓰러지지 않게 한다

꽃이 큰 백합과 키가 큰 코스모스가 강한 바람에 무참히 쓰러진 적이 있습니다. 줄기가 꺾이거나 넘어진 것을 보고 '미리 버팀목을 세워 줬더라면 좋았을 걸.' 하고 후회한 적이 여러 번 있습니다. 버팀목은 식물이 쓰러지는 것을 막아 줄 뿐 아니라 줄기가 흔들리지 않게 해 주기 때문에 뿌리가 안정감 있게 뻗을 수 있습니다. 가지, 피망, 토마토 등 열매가 무거워 쓰러지기 쉬운 채소에도 막대기로 버팀목을 세워 줍시다. 또 강낭콩, 완두콩, 오이 같은 덩굴 식물은 버팀목에 감게 해 줘야 크게 자랍니다.

그런데 그 버팀목이 흙에 깊숙이 꽂히는 경우는 문제가 없는데 가끔은 흙이 단단해서 좀처럼 꽂히지 않아 애를 먹습니다. 땅에 막대기를 꽂기도 쉽지만은 않습니다. 그럴 때는 막대기 3개로 삼각 버팀목을 만들면 그다지 깊이 꽂지 않더라도 제구실을 다하죠.

곧은 가지, 구부러진 가지 모두 쓸 수 있다

나는 만들기 쉽고 튼튼한 삼각 버팀목을 좋아합니다. 그런데 버팀목 재료로는 어떤 것이 좋을까요? 주변에서 곧은 막대기가 있나 찾아봅니다. 대나무를 구할 수 있으면 아주 좋습니다. 일단 대나무를 구했으면 톱, 식물과 버팀목을 묶을 끈도 잊지 마세요! 굵고 곧은 부분은 어떤 종류의 버팀목으로도 쓸 수 있는데, 잔가지가 달린 윗부분은 강낭콩이나 완두콩 같은 콩과 식물의 버팀목으로 쓰면 좋습니다.

도시에 살더라도 버팀목을 구할 기회는 얼마든지 있습니다. 구청 직원이 가로수의 가지를 잘라 정리할 때나 혹은 이웃에 정원이 넓은 집이 있다면 가지치기 하는 날을 알아서 그때 자른 가지를 얻습니다. 구부러진 가지는 콩 버팀목으로 쓰면 제일 좋습니다. 주위를 한번 둘러보세요. 생각지도 않았던 곳에 버팀목으로 쓸 수 있는 재료들이 뒹굴고 있을지도 모릅니다.

버팀목에 덩굴 올리기

뿌리가 상하지 않도록 버팀목을 꽂는다

식물의 줄기 바로 옆에 버팀목을 꽂으면 뿌리를 건드려서 상하게 할지도 모릅니다. 약간 떨어진 곳에 버팀목을 꽂고 끈으로 줄기를 묶어 보세요. 이제부터 심을 거라면 먼저 버팀목을 꽂고 나서 묘목을 심는 것이 제일 안전합니다. 묘목이 작을 때는 가는 버팀목으로도 충분하지만 식물이 자란 다음에는 확실한 삼각 버팀목으로 받쳐 줍시다. 처음에 해 준 가는 버팀목을 삼각 버팀목의 기둥 중 하나에 매어서 고정해 주면 좋습니다.

버팀목과 줄기를 묶을 때, 끈을 느슨하게 해서 묶지 않으면 식물이 자라서 줄기가 굵어졌을 때 줄기 속으로 끈이 파고 들어가는 경우가 있습니다. 하루는 오이를 따려고 쭈그리고 앉았는데, 묶어 준 끈이 줄기 속까지 파고 들어가 있어서 깜짝 놀라 끈을 잘라 낸 일이 있습니다. 끈이 팽팽하게 되어 있었기 때문에 오이가 죽기 직전이었습니다. 그런 일이 생기지 않도록 버팀목에 끈을 묶을 때는 넉넉하게 매는 것이 요령입니다.

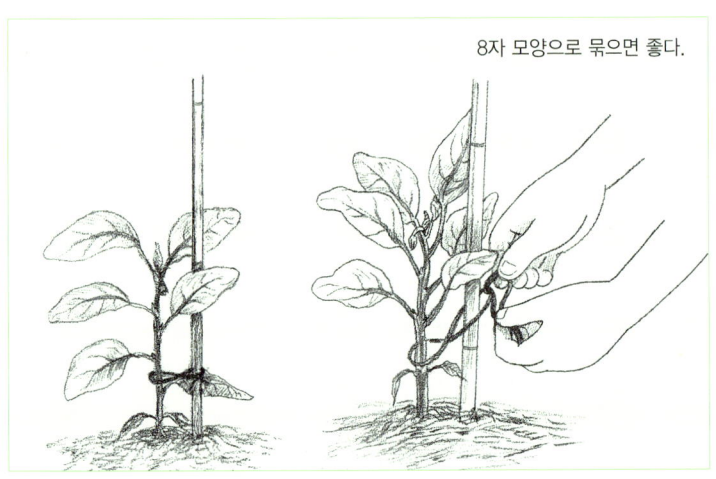

8자 모양으로 묶으면 좋다.

끈과 가위는 항상 같이 둔다

나는 싸고도 양이 많은 삼끈 뭉치를 사서 필요할 때마다 잘라 쓰고 있습니다. 삼은 천연 섬유이기 때문에 낡아서 가위로 잘라 냈을 때 땅에 떨어져 그대로 흙과 섞여도 별문제가 안 됩니다. 그러나 천연 섬유가 아닌 비닐과 같은 인공 재질의 끈은 떨어졌을 때 그대로 두지 말고 반드시 주워서 쓰레기통에 버려야 합니다. 빵이나 과자 봉지를 오므릴 때 쓰는, 속에 철심이 든 비닐 끈은 버리지 말고 모아 두세요. 쓸모가 많습니다.

끈 종류와 가위는 상자에 같이 넣어 두면 편리합니다. 나는 정원을 산책할 때, 언제나 20cm 길이의 끈을 10개쯤 주머니에 넣고 갑니다. '힘이 없어요. 줄기를 버팀목에 묶어 주세요.'라는 소리가 여기저기서 들리는 듯하기 때문이죠.

버팀목끼리 엮을 때는 끈보다 철사가 더 튼튼합니다. 철사를 묶을 때는 펜치를 사용해야 손을 다치지 않습니다. 철사는 풀어서 다시 쓸 수가 있습니다.

열매를 딸 때는

칼이나 가위로 조심해서 딴다

딸기와 완두콩을 비롯해서 양파, 감자, 양배추, 강낭콩, 가지, 토마토, 오이, 옥수수, 호박, 콩, 브로콜리, 시금치, 배추 등 늦봄부터 여름, 그리고 가을까지는 풍성하게 익은 식물의 열매인 채소와 과일을 따기에 바쁩니다.

양파나 감자처럼 한 번에 수확해 버리는 열매와 토마토나 오이, 고추같이 익는 순서대로 차례차례 수확하는 것이 있습니다. 방울토마토라면 열매를 딸 때 크게 지장을 받지 않겠지만, 대부분의 식물은 손으로 잡아당기면 다칠 수 있습니다.

열매를 딸 때는 옆 줄기를 부러뜨리거나 아직 익지 않은 열매를 떨어뜨리지 않도록 가위나 칼을 사용해서 열매를 한 손으로 잡고 살짝 잘라 냅시다. 콩 종류와 토마토, 오이, 가지 등은 가위가 편하고, 양배추, 배추 등 잎사귀 채소는 작은 칼로 뿌리를 자르면 됩니다. 잘라 낸 것은 소쿠리나 바구니에 담으면 되겠죠! 싱싱한 채소를 따면서 농사 짓는 보람을 느낄 수 있습니다.

높은 곳은 삼각 사다리를 이용한다

덩굴콩 종류인 덩굴강낭콩은 줄기로 버팀목을 휘감으면서 하늘을 향해 뻗어 올라갑니다. 오이도 팔을 아무리 뻗쳐도 닿지 않을 만큼 높게 자랍니다. 밑에서부터 차례로 맺히던 열매가 점점 윗가지에서 열리면 의자를 놓고 올라서서 따야 합니다. 의자로도 안되면 삼각 사다리를 사용합시다. 삼각형으로 안정감 있는 사다리가 있으면 안전해서 좋고, 발을 사다리의 어느 부분에 딛느냐에 따라 높이가 조절되므로 매우 편리합니다. 사다리 위에서 싹둑싹둑 가위질을 하면서 콩을 따노라면 절로 행복해집니다. 위에서 밑을 내려다보면 정원의 또 다른 얼굴을 보게 됩니다. 얼굴을 스치는 바람도 더 신선하게 느껴집니다. 나는 하늘에 가까운 사다리 위에서 내려오기가 싫어서 한참 동안 밑을 내려다보곤 합니다.

한편 양파나 감자 등 땅속에서 캔 것을 보관할 때는 썩지 않도록 바람이 통하게 해 줘야 합니다. 양파는 끈으로 달아 매면 좋고, 감자는 신문지에 펼쳐 놓고 며칠 동안 바람을 쏘입니다.

씨앗 관리

꽃이 진 후, 또 하나의 즐거움

한동안 우리와 곤충들을 기쁘게 했던 꽃을 지자마자 잘라 버리는 것은 조금 성급합니다. 꽃이 진 다음에 재산이라고도 할 수 있는 씨가 생기니까요. 아름다운 사진이 들어 있는 원예 책을 보면서 '이렇게 꽃으로 가득한 정원을 만들려면 도대체 몇 년이 걸릴까?' 하고 생각했습니다. 그런데 다음 해에 꽃밭을 올해의 100배 넓이로 만드는 일이 별로 어렵지 않다는 사실을 알게 되었습니다. 씨를 얻고 나서 말이죠.

꽃 한 송이에서도 많은 씨를 얻을 수 있습니다. 코스모스, 백일홍, 해

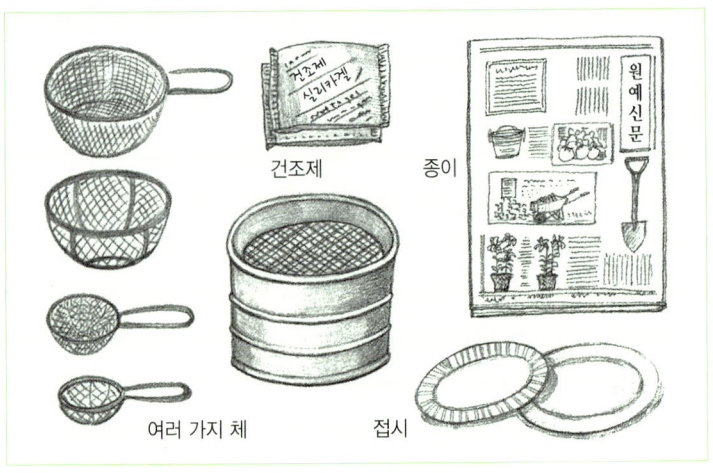

여러 가지 체 / 건조제 / 종이 / 접시 / 원예신문

바라기 같은 국화과 식물은 꽃잎처럼 보이는 하나하나가 모두 다른 꽃이므로 엄청난 수의 씨앗이 생깁니다. 매발톱꽃 한 송이에서 얻을 수 있는 씨앗을 세어 보니 200개 가까이 되었습니다. 씨앗을 사서 정원 가득 꽃을 피우려면 어렵지만 자신이 얻은 씨앗이라면 그리 어렵지도 않고 훨씬 재미있습니다. 무엇보다도 씨를 자세히 들여다보면 씨의 아름다움에 누구나 놀랄 것입니다.

씨를 골라서 보존한다

씨를 모을 그릇은 접시 같은 것이면 아무거나 상관없습니다. 나는 시장에 물건을 사러 가서 생선이나 고기를 담았던 스티로폼 흰색 접시를 얻어 와서 씨앗 그릇으로 쓰고 있습니다. 씨앗은 아침 이슬이나 비에 젖어 있기도 하므로 우선 넓게 펼쳐서 그대로 말립니다. 그 다음에 씨앗에 섞여 있는 꽃잎과 먼지를 골라냅니다. 씨 이외의 것이 섞여 있는데 그대로 두면 곰팡이가 생기거나 벌레가 생길 수 있으니까요.

씨를 골라낼 때 체를 사용하면 편리합니다. 그물 눈의 크기가 다른 전

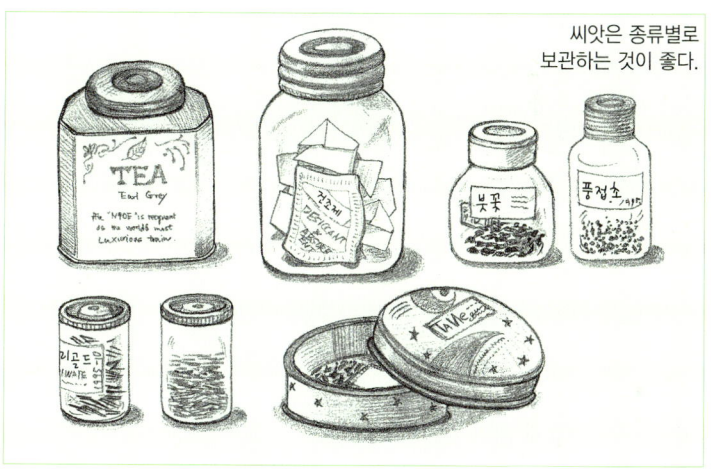

씨앗은 종류별로 보관하는 것이 좋다.

문적인 체도 있지만 부엌에 있는 체를 사용해도 됩니다. 그물 눈이 큰 것에서 작은 것으로 차례로 체질해 나가면 큰 먼지, 잔 먼지가 제거되면서 씨만 남습니다.

말린 씨앗은 실리카겔 같은 건조제와 함께 작은 종이봉투에 넣어서 빈 병이나 빈 깡통 안에 보존합니다. 겨울에는 난방을 하지 않은 방이나 서늘하고 햇기 들지 않는 곳에 두면 좋습니다.

가위를 이용한 손질

있으면 편리한 가위

말라 죽은 가지를 쳐 내거나 잡초 등을 자르다 보면 정원에서 가위 쓸 일이 많습니다. 정원을 산책할 때도 '가위가 있었으면' 하는 경우가 종종 있어서, 나는 산책을 할 때도 가위를 주머니에 넣고 나섭니다. 식물의 성장을 방해하는 잡초를 자르기도 하고, 가지가 겹친 곳은 그중 하나를 잘라서 모양을 정리해 주기도 하는 등 가위가 쓰이는 곳은 퍽 많습니다.

이럴 때 쓰는 가위를 '전정가위'라고 합니다. 전정가위는 열매가 크게 맺히도록 하거나, 햇볕을 고루 쪼일 수 있도록, 또는 지나치게 자란 가지를 다듬어 주는 일을 할 때 사용합니다.

보통 가위를 사용해도 되지만 정원에서는 원예용 가위가 있어야 편합니다. 열매를 딸 때 흔히 쓰는 끝이 뾰족한 전정가위, 가지가 약간 굵어도 자를 수 있는 용수철 달린 전정가위, 이 두 가지 전정가위가 있으면 편리하죠. 보통 가벼워야 쓰기 좋은데 손에 들어보고 자기에게 맞는 것을 고릅니다.

가위는 힘으로 자르는 것이 아니다

다음으로 있으면 편리한 것이 자루가 길어서 양손으로 잡을 수 있는 전정가위입니다. 비어져 나온 어린 가지를 잘라서 나무 모양을 동글동글하게 다듬는 데 사용합니다. 키가 큰 잡초를 자르거나, 높은 가지를 자르거나 할 때 필요합니다. 단단한 가지도 힘들이지 않고 자를 수 있기 때문에 요긴하게 쓸 수 있는 가위입니다.

가위는 어느 것이나 마찬가지인데 힘으로 자르는 것이 아닙니다. 날을 정확히 직각으로 대면 힘들이지 않고 자를 수가 있습니다. 양손으로 잡는 전정가위의 경우 손잡이를 쥔 양 손목을 약간 안쪽으로 돌리듯이 해서 누르면 잘 잘라집니다. 용수철이 달린 전정가위의 경우는 날의 크기가 다른데, 보통은 두꺼운 쪽의 자르는 날을 위로, 얇은 쪽의 받는 날을 밑으로 오게 사용합니다. 가지가 굵어서 금방 잘라지지 않을 때는 절대 비틀어서 자르면 안 됩니다. 날의 이가 빠질 수도 있고, 나무에게도 좋지 않습니다. 설명은 복잡하지만 몇 번 잘라 보면 누구든지 요령을 배우게 됩니다.

나무 다듬기

나무를 다듬을 때 쓰는 톱

나무를 다듬을 때는 톱이 필요합니다. 전정가위로도 자를 수 없는 굵은 가지가 있기 때문입니다. 나무의 모양을 다듬을 때는 먼저 나무에서 조금 떨어져서 전체를 바라보아야 합니다. 그리고 밑으로나 위로 비어져 나온 가지, 다른 가지와 겹친 가지 등 부자연스럽게 자란 가지를 찾습니다. 양팔을 펼친 듯 편안하게 뻗어 있는 가지를 남기고 잘라낼 가지를 정합니다. 그리고 굵은 가지의 경우는 톱으로 밑동을 자릅니다. 반쯤 자르고 나서 이번에는 반대쪽에서 톱을 넣으면 자르기 쉽습니다.

톱을 처음 살 때는 날의 길이가 20cm 정도 되고, 접을 수 있는 것이 보관하기에 좋습니다. 톱날이 성긴 것과 촘촘한 것이 있는데 어떤 것을 자르는가에 따라 달라집니다. 톱질을 할 때는 한 손으로 가지를 꼭 잡고 가지에 날을 수직으로 대고 톱질을 합니다.

잡초 베는 데 사용하는 도구

원예용 도구 가운데 있으면 편리한 것이 풀베기용 낫입니다. 땅 위로 나와 있는 풀을 베는 데 사용하며 땅 가까이 날을 수평으로 해서 풀을 잘라 냅니다. 휘두를 때 낫이 자기 몸을 향하지 않도록 해야 합니다. 즉, 낫을 오른쪽에서 왼쪽으로 가도록 휘둘러야 하는데, 이때 자신의 발이 왼쪽 앞에 있으면 매우 위험합니다. 날이 있는 물건을 쓸 때는 안전에 계속 신경을 써야 합니다.

풀베기용 낫도 날의 길이가 긴 것, 짧은 것 등 여러 가지가 있는데 10~20cm 정도의 것을 먼저 써 봅시다. 한편 근처에 심은 화초가 있을 때, 낫을 휘두르면 화초까지 잘릴 수 있으므로 이때는 화초 근처에 난 잡초를 가위로 자르거나 뿌리째 뽑아 버립니다. 이때도 간단히 뽑히는 것과 그렇지 않은 것이 있는데 뿌리가 깊숙이 박혔다면 잡초 옆에 모종삽을 깊게 꽂고 약간 젖히면서 뽑아 올리면 됩니다.

연못 만들기

그릇에 물을 담기만 해도 연못이 된다

정원에 연못이 있으면 수초를 기를 수 있고, 물고기도 키울 수 있습니다. 또 어느새 개구리가 연못을 발견하고 찾아옵니다. 연못 만들기는 어려운 일이 아닙니다. 플라스틱 세숫대야를 땅에 묻고 물을 붓기만 해도 연못이 됩니다. 흙을 파내고 물을 담을 그릇만 놓으면 되는 것입니다. 질그릇이면 몰라도 플라스틱 대야는 보기 안 좋다고 생각하는 사람은 그 둘레를 나뭇가지나 돌 같은 것으로 꾸며 주세요. 제법 그럴듯해 보입니다. 연못 옆에 식물을 심으면 한 달도 채 지나지 않아서 정원과 완벽한 조화를 이룹니다.

연못 턱이 높아서 개구리가 못 들어올 거라고 걱정했는데 풀잎을 계단 삼아 들어 왔는지, 청개구리가 연못 안에 있었습니다. 이번에는 본격적인 연못을 만들고 싶어서 크게 구덩이를 파고 물을 채웠습니다. 처음에는 물이 자꾸 줄어들어서 헛수고를 했나 걱정했는데, 조금 지나자 물이 빠지는 속도가 느려지고 며칠 뒤부터는 괜찮았습니다. 빈틈이 메워져 더 이상 새지 않게 된 것입니다.

① 구덩이를 판다.
② 비닐 시트를 깐다.

비닐 시트를 깐 연못

물이 새지 않도록 하려면 구덩이 바닥에 두터운 비닐 시트를 깝니다. 지물포나 문방구에 가면 다양한 크기의 비닐 시트를 살 수 있습니다. 그대로는 얇을 것 같으면 두 겹으로 겹쳐 깔면 됩니다. 중요한 것은 비닐에 흠이 있나 확인하는 일! 새는 데가 있으면 소용이 없습니다. 시트를 깔고 나서 가장자리를 돌이나 벽돌로 고정시키고 파낸 흙을 돌이나 벽돌 사이에 채우면서 꼭꼭 누릅니다. 흙 대신에 시멘트로 굳힐 수도 있습니다. 시멘트는 간단하게 물에 개서 쓰는 것을 고릅니다. 시멘트를 갤 때는 헌 양동이를 사용합니다. 연못이 만들어지면 호스로 물을 넣습니다.

이렇게 만든 연못은 처음에는 어색해 보이지만 금방 연못 안에 흙과 나뭇잎 등이 쌓여서 아무도 비닐 시트를 깔아서 만든 것으로 생각하지 않게 됩니다. 화원에서 파는 여러 가지 연못용 용기를 사다가 그것을 땅에 묻는 방법도 있습니다. 그때는 정확하게 수평이 되도록 묻어야 한다는 점을 잊지 마세요.

③ 돌을 놓는다.
④ 물을 넣는다.

정원에 등 설치

밤의 정원을 즐긴다

저녁에 피는 꽃이 있습니다. 풍접초가 그런 꽃 가운데 하나인데, 발레리나가 팔을 쭉 뻗듯이 실을 내고 꽃잎을 벌립니다. 달맞이꽃도 저녁이 되면 피는 꽃입니다. 마치 슬로우 모션 영화를 보는 것 같습니다. 꽃잎이 움직이는 장면을 직접 볼 수 있기 때문입니다. 달맞이꽃 앞에 의자를 갖다 놓고 앉아서 피는 모습을 바라보세요. 이보다 더 행복한 시간이 있을까요!

꽃은 보통 밤에도 계속 피어 있습니다. 그러나 꽃에 따라서는 낮에 피었던 꽃이 밤에는 꽃잎을 오므리는 것도 있습니다. 밤의 산책에서 이제까지 몰랐던 식물에 대한 새로운 사실을 알고 놀랄 때가 있습니다. 손전등을 켜고 밤의 꽃을 감상하는 것도 좋지만 정원에 등이 있으면 한결 멋집니다. 나는 연못 주위에 외등을 세웠습니다. 주위가 밝아서 좋을 뿐만 아니라 곤충들이 모여들고 물에 떨어진 곤충은 물고기의 먹이가 되기도 합니다.

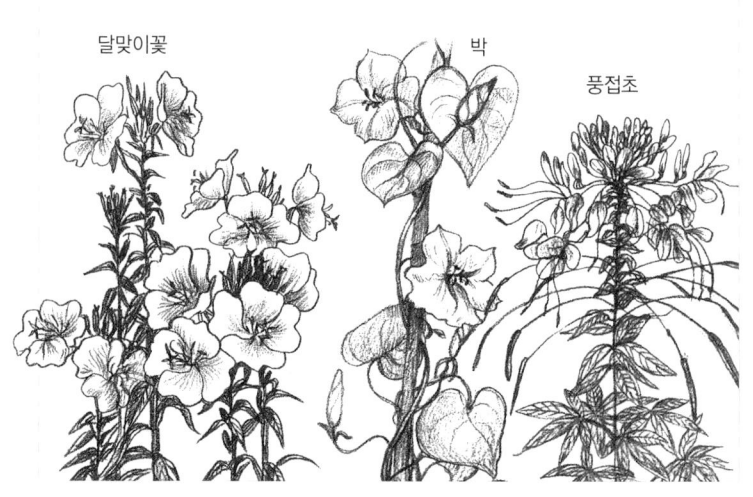

등을 켠다

밤에 불을 켜면 곤충들이 수없이 모여들고 연못 안의 물고기들도 수면을 이리저리 떼 지어 돌아다닙니다. 낮과는 전혀 다른 풍경입니다. 불을 보고 사슴벌레가 날아들기도 합니다.

정원에 등을 설치하고 싶을 때, 어떻게 하면 될까요? 시중에서 파는 등은 너무 비쌉니다. 그러므로 손쉽고 싸게 만들 수 있는 옥외용 스포트라이트를 생각해 봅시다.

불을 밝히려면 전원이 있어야 합니다. 집 바깥벽에 콘센트가 있는 경우에는 거기서 전기를 끌어오면 됩니다. 밖에 없을 때는 창문을 조금 열고 집 안에서 끌어올 수밖에 없는데, 이때 긴 전기 코드가 있으면 편합니다. 등을 달 기둥으로는 나무도 좋고 뭐든 상관없습니다. 나무 망치로 땅에 기둥을 단단히 박아 넣어서 움직이지 않도록 하고 등에 달려 있는 고정 장치를 기둥에 답니다. 비를 맞지 않게 덮개를 씌워야 되겠죠?

도구 손질

다 쓴 다음에는 정해진 곳에 갖다 놓는 습관

도구를 쓴 뒤에는 제자리에 갖다 놓는 게 당연한데, 나는 제대로 지키지 못하고 있습니다. 이런 일이 있었습니다. 가위로 피망을 따다가 다른 것이 필요해서 집 안으로 가지러 갔는데 그동안에 또 다른 일이 생각나서 그 일을 했습니다. 그러다가 처음 장소에 두고 온 가위를 까맣게 잊어버렸죠. 이렇게 해서 없어진 도구가 꽤 됩니다. 이미 포기해 버린 가위가 다음 해에 풀밭 속에서 나타났습니다. 물론 완전히 녹슬어 형편없었죠.

잃어버린 가위를 찾아서 기쁘기는 했지만, 한편으로는 나 자신에게 짜증이 났습니다. 이런 실수를 막으려면 눈에 잘 띄는 곳을 도구 보관 장소로 정하는 것이 좋습니다. 가위 종류는 벽에 매달거나, 벽걸이 주머니에 넣어 둡니다. 한 마디로 늘 보이는 곳에 도구를 정리해 두고, 항상 점검하는 일이 중요합니다. 그리고 누가 쓰더라도 항상 같은 장소에 도구를 놓아두도록 일러둡니다. 이렇게 되면 정원 일이 매우 편해집니다.

날붙이는 닦아서 녹슬지 않도록 한다

삽과 괭이처럼 큰 도구는 헛간에 두고, 헛간이 없을 때는 비에 맞지 않도록 지붕 밑에 놓아둡시다. 삽과 괭이는 쓰고 나면 흙을 솔로 깨끗이 털어서 제자리에 갖다 놓아야 합니다. 이때 젖은 채로 두면 날에 녹이 습니다. 삽이나 괭이는 녹이 좀 슬어도 괜찮지만, 가위와 낫 같은 날붙이는 녹이 슬면 날이 무뎌집니다. 그래서 쓰고 나서 보관할 때는 수건으로 닦아 주는 습관을 들이면 성능을 떨어뜨리지 않고 오래 쓸 수 있습니다.

특히 가위는 자주 쓰는 것이므로 꼼꼼하게 손질해 둡시다. 물로 씻고 수건으로 닦은 다음, 기름칠을 해 주면 더욱 좋습니다. 날을 가는 일은 상당한 기술이 있어야 하므로 어른이나 칼 가는 사람에게 맡깁시다. 그래도 자기가 할 수밖에 없을 때는 줄에 날을 대고 갈아야 되는데, 이때 줄에 날 안쪽을 대면 안 됩니다. 낫을 갈 때도 숫돌을 물로 축이고 거기에 날을 대고 갑니다. 이렇게 손질해 두면 다음에 쓸 때 날이 잘 듭니다.

정원에서 일할 때의 옷차림

여름에는 모자가 필수품

정원에서 일할 때 어떤 복장을 하면 좋을까요? 제일 먼저 필요한 것이 장갑입니다. 씨를 뿌리거나 작은 묘목을 심을 때는 장갑을 끼지 않고 하는 것이 편하지만, 땅을 갈고 양동이로 이것저것 나르며 풀을 베는 등 대부분의 정원 일에는 장갑이 필요합니다. 나무나 풀의 털과 가시에 손을 찔리는 경우가 종종 있기 때문입니다. 면장갑을 여러 켤레 준비해 두면 일일이 찾지 않아도 되고 교대로 빨아서 쓰기도 편합니다. 다음으로 필요한 것이 긴팔 셔츠와 긴 바지입니다. 이렇게 긴 작업복을 입어야 팔과 다리에 상처를 입지 않습니다. 그리고 더울 때 꼭 있어야 하는 것이 모자죠. 정원에서 일을 하다 보면 시간 가는 줄 모를 때가 많습니다. 햇볕이 내리쬐는 날, 밖에 있으면 일사병에 걸리기 쉽고 얼굴도 새카맣게 타기 쉬우므로 모자는 챙이 넓어서 얼굴이 가려지는 것이 좋습니다.

주머니가 있으면 매우 편하다

정원 일을 할 때 나는 장화를 애용합니다. 장화를 신으면 땅이 질퍽거려도 괜찮고, 더구나 모기나 벌레에게 발목을 물릴 걱정도 없습니다. 비가 오면 정원 일은 못하는 걸까요? 사실은 그렇지 않습니다. 땅이 알맞게 젖어 있으면 묘목을 옮겨 심기에 좋기 때문입니다. 장마철에 꺾꽂이를 많이 하는 것도 같은 이유 때문입니다. 물에 젖은 땅은 새로운 식물을 받아들일 준비가 된 땅입니다. 그러므로 장화와 모자 달린 비옷은 원예가의 필수 장비입니다.

그리고 작업복은 주머니가 많이 달린 것일수록 좋습니다. 큼직한 주머니가 있어 가위, 끈, 톱 등 여러 가지 물건을 나누어 넣을 수 있는 조끼나 앞치마가 얼마나 편리한지는 입어 본 사람만이 압니다. 청바지에 주머니를 달아서 정원용 바지를 직접 만들어 입는 것도 방법입니다. 주머니를 달 때는 도구가 빠지지 않도록 조금 깊고 크게 만듭니다.

어려운 식물 용어

원예 책에는 평소에 자주 쓰지 않는 용어가 많이 나옵니다. 식물 용어가 그것인데 그러나 자주 써 버릇하면 곧 낯익은 말이 됩니다.

떨기나무 ····· 약 4m 이하의 키 작은 나무로 철쭉처럼 줄기와 가지의 구별이 뚜렷하지 않은 것이 많다.
큰키나무 ····· 약 4m 이상의 키 큰 나무로 줄기와 가지의 구별이 뚜렷하다.
알뿌리(구근) ·· 튤립이나 글라디올러스처럼 둥글게 생긴 땅속줄기나 뿌리.
기는줄기 ····· 땅 위를 길게 뻗어 그 끝에 새로운 포기를 만드는 것으로 바위취, 딸기 등이 있다.
꽃줄기 ········ 민들레와 같이 줄기 끝에 꽃만 있고 잎이 없는 것이다.
꽃눈 ·········· 꽃이 되는 눈으로 통통하고 동글동글하다.
잎눈 ·········· 잎과 줄기가 되는 눈으로 꽃눈보다도 가늘고 길다.
씨눈 ·········· 씨 속에 있는 발생 초기의 어린 식물로 떡잎, 씨눈줄기, 어린싹, 어린뿌리 등으로 되어 있다. 씨 안에는 첫잎이 벌써 들어 있다.
수꽃 ·········· 수술만 있고 암술이 없는 꽃이다.
암꽃 ·········· 암술만 있고 수술이 없는 꽃이다.
양성화 ········ 수꽃과 암꽃을 가리켜 '단성화'라고 하는데, 이와 달리 하나의 꽃 속에 수술과 암술이 함께 있는 꽃을 '양성화'라고 한다.
자가수분 ····· 진달래나 벚꽃, 제비꽃, 완두콩, 벼, 보리 등 한 꽃에 있는 수술의 꽃가루가 암술에 닿아서 열매를 맺는다. '제꽃가루받이'라고도 한다.
타가수분 ····· 같은 종류의 다른 포기에서 꽃가루를 받지 못하면 열매를 맺지 못하는 것으로 국화, 도라지, 양다래 등이 있다. '딴꽃가루받이'라고도 한다.
뿌리털 ········ 뿌리는 식물의 줄기를 지탱하고 땅에서 물과 영양분을 흡수하는 기관인데 제일 굵은 뿌리를 '제뿌리', 옆에서 나온 뿌리를 '곁뿌리', 가는 털 같은 뿌리를 '뿌리털'이라고 부른다.
수초 ·········· 물속이나 물가에서 자라는 풀이다.
구슬눈 ········ 작은 비늘 조각으로 생식 능력이 있다.

제 4 장

정원 흙 만들기

정원 가꾸기는 흙 만들기부터

보이지 않는 땅속에서 성장하는 뿌리

식물의 생활에 대해서 생각해 봅시다. 식물은 우리들이 볼 수 없는 땅속에 뿌리를 내려서 자신의 몸을 지탱하고 땅속에서 수분과 양분을 흡수합니다. 흡수한 수분과 양분은 줄기를 통해서 땅 위의 잎으로 운반되고, 잎으로 흡수된 공기들 중 이산화탄소와 운반된 수분이 합쳐져 녹말을 만듭니다. 뿌리가 원료를 보내 주면 그것을 기초로 해서 잎이 태양 빛을 받아들여 에너지를 축적하는 것입니다. 이렇게 만든 영양분으로 식물은 자랍니다.

우리들이 봐서 잎과 줄기가 많이 자랐다는 이야기는 지하에 있는 뿌리도 성장하고 있다는 뜻입니다. 땅속에서 수분과 양분을 흡수하는 것은 곁뿌리 끝에 있는 솜털 같은 뿌리털입니다. 뿌리털은 식물에게 매우 중요한 부분입니다.

자연에 맡겨 두면 기름진 땅이 된다

그 많은 뿌리가 수분과 양분을 계속해서 흡수해 버리면 언젠가는 땅속의 수분과 양분이 모두 없어지지 않을까요? 하지만 걱정할 필요는 없습니다. 수분은 비가 오면 다시 채워지고 양분은 낙엽과 말라 죽은 식물, 동물의 배설물과 사체 등이 분해되어서 늘 땅속으로 스며 들어가는 것입니다.

이 과정을 도와주는 것이 낙엽을 먹는 지렁이, 쥐며느리, 그리고 동물의 시체를 먹는 송장벌레, 딱정벌레 같은 작은 생물들입니다. 또한 진드기, 각종 세균, 그리고 여러 가지 미생물이 땅덩어리를 잘게 부수는 일을 합니다. 여러 생물들의 활동으로 흙에 빈틈이 생겨 공기가 들어갈 자리도 만들고 있습니다. 좋은 흙에는 수분, 산소, 그리고 낙엽과 동물의 사체 등이 분해된 유기물이 충분히 들어 있습니다. 이런 흙이면 어떤 식물도 잘 자랍니다.

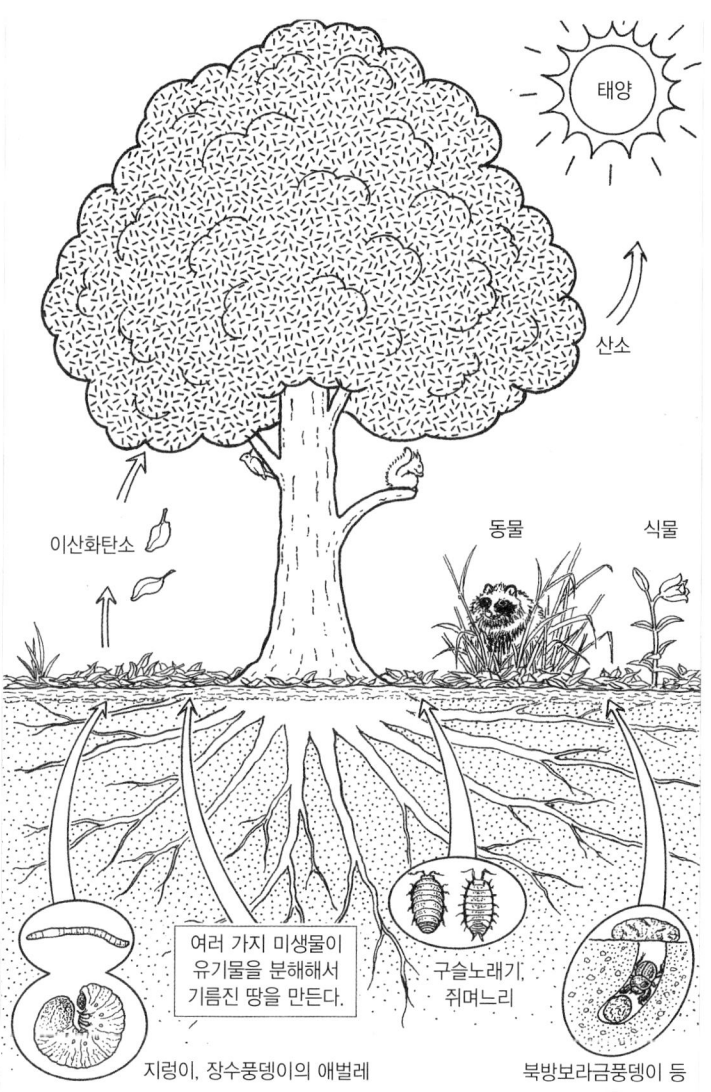

흙이란?

바위가 부서져서 고운 흙이 된다

흙이란 무엇인지 좀 더 자세히 알아봅시다. 흙은 바위가 오랫동안 풍화되어 잘게 부서지고 거기에 동식물 썩은 것이 섞인 것입니다. 산에 가면 바위에 이끼가 끼고 또 갈라진 틈 사이로 식물이 자라는 것을 볼 수 있습니다. 이런 식물의 뿌리는 오랜 시간에 걸쳐 바위를 깨뜨립니다. 이렇게 깨진 바위의 조각은 강을 통해 옮겨지면서 더 작은 알갱이가 됩니다. 나는 뒷산에서 물을 끌어다 연못에 댔는데, 비가 올 때마다 나뭇잎과 줄기 조각이 섞인 많은 양의 모래가 쌓여서 가끔 퍼내지 않으면 어느새 수북히 쌓일 정도입니다.

이처럼 흐르는 물은 부서진 바위 알갱이와 썩은 동식물을 잘게 부서뜨리면서 강 하류로 옮겨 놓습니다. 이것은 영양분이 많이 섞여서 식물이 잘 자랄 수 있는 좋은 흙입니다. 사람들은 옛날부터 그런 장소를 찾아 살았습니다. 좋은 흙과 물이 있는 곳에 농작물을 심으면 곡식이 잘 자랍니다. 가끔 홍수가 나면 해를 입기도 하지만, 홍수는 좋은 흙을 날라다 주는 고마운 일도 합니다.

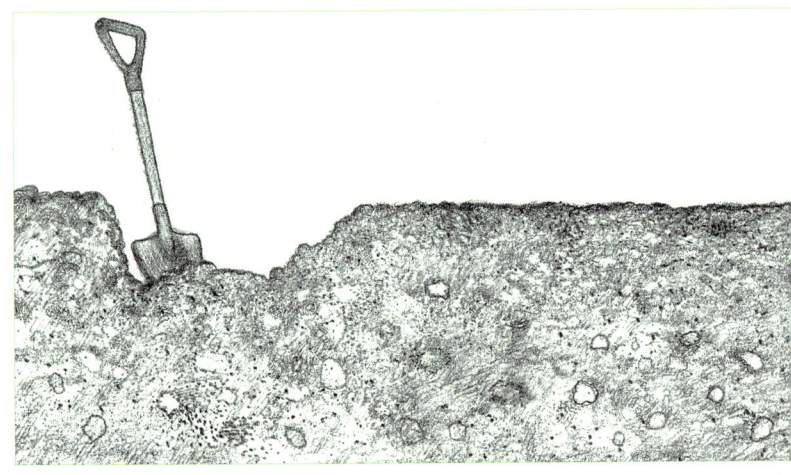

자신이 살고 있는 곳이 어떤 토양인지 알아보자

바위가 부서져 생긴 알갱이를 그 크기에 따라서 자갈(지름 2mm 이상), 모래(2~0.01mm), 점토(0.01mm 이하)로 나누어 부릅니다. 자연 그대로의 흙에는 이것들이 모두 섞여 있습니다. 원예 책에서는 흙의 종류를 다음과 같이 분류하고 있습니다.

조금 어려울지 모르지만 알아 두면 편리합니다. 내가 살고 있는 곳은 어떤 지형이고 어떤 토질인지 알아봅시다.

모래흙 - 강 모래가 퇴적된 곳에 많은 흙으로 모래가 80%, 점토가 12% 이하이다.

식토 - 강에서 홍수가 난 다음 퇴적된 흙으로 논에 많다. 모래가 40% 이하, 점토가 50% 이상 된다. 점성이 강하고 마르면 갈라져서 식물 재배에 안 좋지만 모래흙을 섞어서 양토로 만든다.

부식토 - 동식물이 썩어서 쌓인 흙으로 강한 산성이다.

황산회토 - 분화에 따라 화산재와 화산 모래가 쌓이고 그것이 미생물 등에 의해 분해된 것으로 '롬층'이라고도 부른다.

식물에게 좋은 흙의 성질

자라고 있는 식물을 보면 흙의 성질을 알 수 있다

땅에는 따로 사람이 씨를 뿌리지 않아도 여러 식물이 돋아납니다. 그 흙에 맞는 식물이 거기에 뿌리를 내리고 자라기 때문입니다. 따라서 저절로 나는 식물을 보면 그 땅의 성질을 알 수가 있습니다. 질경이, 쇠뜨기, 쑥, 토끼풀, 민들레, 우산이끼 등이 자라는 곳은 산성이 강한 흙입니다. 별꽃, 냉이, 갈퀴덩굴 등이 자라는 곳의 흙은 중성에 가깝습니다.

유황 성분이 많으면서 산성이 강한 흙에는 각시석남 종류나 진달래,

치자나무, 개옥잠화, 은방울꽃, 꽃창포 등이 잘 자랍니다. 진달래나 철쭉이 많이 자라고 그 종류도 다양한 우리나라의 산과 들은 산성이 강한 토양이라는 것을 알 수 있습니다. 산성이 강한 흙에는 스위트피, 거베라(국화과의 꽃), 금잔화 등이 잘 자라고 시금치 등의 채소도 잘 자랍니다.

우리나라와 다른 환경에서 자란 외국의 원예 식물은 약산성이나 중성의 흙에서 자란 품종이 많습니다.

부엽토가 식물에 가장 좋다

그러면 강한 산성 흙을 약산성이나 중성에 가깝도록 만들려면 어떻게 해야 좋을까요? 우선 석회를 쓰는 방법이 있습니다. 석회는 원래 동물의 뼈와 조개 껍데기가 물속에 가라앉아 생긴 딴딴한 바위 같은 것이며 강한 알칼리성입니다. 석회를 흙 위에 얇게 깐 다음, 흙과 같이 일굽니다. 석회는 화원에서 파는데, 풀이나 나무를 태운 재를 흙과 섞어도 좋습니다. 재도 알칼리성이므로 모닥불을 피우고 난 뒤 재를 거두어 뒀다 쓰면 됩니다.

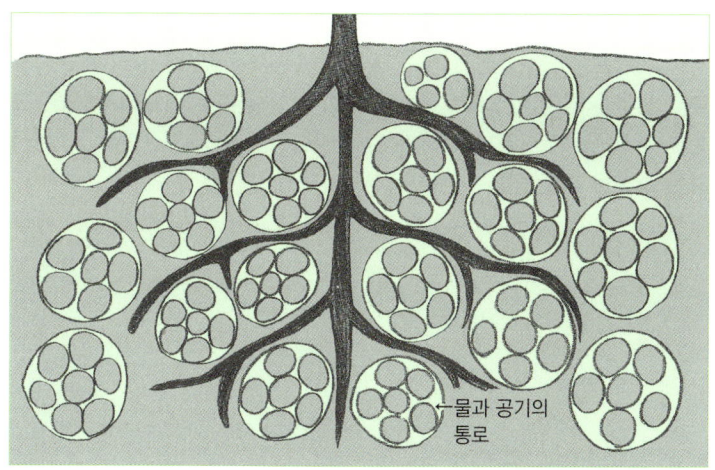
←물과 공기의 통로

좋은 흙이란 하나하나의 알갱이가 몇 개 모여서 단립 구조로 된 흙(여러 알갱이가 모여서 덩어리를 이룬 토양)을 말합니다. 단립 구조의 흙은 큼직한 틈이 있어서 물과 공기가 잘 통합니다. 그 틈으로 물이 들어가면 공기가 밀려 나오고, 물이 줄면 공기가 들어갑니다. 단립 구조가 어떻게 해서 만들어지는가는 아직 명확히 알 수 없지만 지렁이 등 흙 속에 사는 생물이 작용하고 있는 것으로 보입니다. 부엽토같이 단립 구조로 된 흙이 식물에 이상적인 흙입니다.

균형이 잘 잡혀 있는 땅

식물만 살고 있는 땅은 없다

흙 속에는 눈에 보이지 않는 여러 종류의 균들과 미생물, 그리고 우리 눈에도 보이는 진드기, 선충, 땅강아지, 지렁이, 지네, 거미 같은 동물이 살고 있습니다. 땅 표면 가까운 곳, 땅속 깊은 곳 등 살고 있는 장소는 각각 다르지만 그 동물들의 수는 엄청나게 많습니다. 땅속에는 과연 어느 정도의 미생물이 살고 있을까요?

비옥한 밭의 흙 한 줌 속에 수십 억 마리의 미생물이 산다고 합니다. 쉽게 믿어지지 않지만 이것이 사실이라면 땅속은 우리들이 살고 있는 땅 위나 바다 속 만큼이나 많은 생물이 살고 있는 거대한 세계인 것입니다. 땅속에 사는 생물은 땅속 공기를 호흡하고 있습니다. 따라서 흙 속의 빈틈은 공기가 드나드는 장소로서 중요합니다. 지렁이가 살고 있는 작은 구멍, 두더지나 들쥐가 판 땅굴 등 크고 작은 구멍은 그 속에 사는 생물들의 활동을 도와주고 있습니다.

땅속 생물과 함께 생활한다

정원에서 모종삽으로 땅을 파다 보면 지렁이가 나오는 경우가 종종 있습니다. 땅을 건드리기만 했을 뿐인데…. 아마 지렁이는 무서운 두더지가 온 줄 알고 놀랐던 모양입니다. 통통하게 살찐 지렁이가 '나 살려라!' 하듯 도망치는 모습이 재미있기도 하고 한편 '지렁이가 사는 땅이구나.' 하고 마음이 놓이기도 합니다.

그런데 사람들이 해충을 없애기 위해 약을 뿌리면 이야기가 달라집니다. 해충은 죽겠지만 땅속의 미생물도 함께 죽는 결과를 가져오기 때문이죠. 흙의 세계는 땅속에 사는 생물에게 맡겨 두는 것이 제일 좋습니다. 식물이 뿌리를 뻗기에 가장 좋은 상태로 만드는 것은 땅속 생물입니다. 자연 그대로의 땅이 갖고 있는 미묘한 균형은 결코 사람이 만들어 낼 수 없습니다. 땅속 세계의 일은 아직도 사람이 모르는 부분이 많습니다.

지렁이의 역할

땅을 갈아 주는 지렁이

흙은 단립 구조라고 불리는 틈을 갖고 있는 형태가 가장 좋다고 앞에서 말했습니다. 물을 잘 빨아들일 뿐 아니라 물이 잘 빠지고, 다시 말해서 공기와 물이 잘 통하는 그런 흙이 이상적인 흙입니다. 식물이 썩어서 생긴 부엽토에는 빈틈이 많은데, 그 흙을 먹은 지렁이의 배설물(일명 지렁이 똥)은 흙 알갱이가 겹쳐진 단립 구조를 이루고 있습니다. 이 지렁이 똥은 쉽게 볼 수 있습니다.

정원에 오래 놓아두었던 화분이나 돌을 치워 봅시다. 동글동글한 흙 알갱이가 몇 개씩 보이나요? 보인다면 그것이 바로 지렁이 똥입니다. 지렁이는 땅에 구멍을 파고 사는데, 낮에는 그 안에 있다가 저녁이 되면 나와서 낙엽이나 그 밖의 여러 가지 썩은 것을 먹습니다. 그리고 이번에는 땅속 구멍에 머리를 박고 배설물을 땅 위로 내보내죠. 지렁이는 이렇게 흙을 부지런히 잘게 부숴 줍니다. 사람을 위해서 대신 땅을 갈아 주는 셈입니다. 지렁이가 하는 일을 알고 나서는 지렁이가 고맙다는 생각을 하지 않을 수 없을 겁니다.

식물은 지렁이 배설물로 된 흙을 좋아한다

다윈은 지렁이도 연구한 것으로 알려져 있습니다. 그는 영국에 있는 유적이 어떻게 해서 늘 땅속에서만 발견되는지를 의아하게 생각해 왔습니다. 연구 끝에 그것이 지렁이의 활동과 관계가 있을 것이라는 설을 내놓았습니다. 지렁이는 땅에 구멍을 파면서 흙을 땅 위로 내보내고 배설물을 거기에 쌓아 올립니다. 그 양이 엄청난데, 다윈에 따르면 10년 동안이면 약 5cm의 흙이 쌓인다는 것입니다. 그래서 지렁이가 활동하는 지역의 땅에 돌이 있으면 그 돌은 점점 땅속으로 가라앉기 마련이고, 이렇게 해서 땅 위에 있던 유적이 땅속으로 가라앉게 된다는 것입니다.

유적을 묻어 버린 지렁이. 이것을 못 믿는 사람은 상상력이 부족한 사람입니다. 지렁이가 만든 단립 구조의 흙은 식물의 뿌리에는 최고의 흙입니다. 산소와 수분과 양분까지 있기 때문에 뿌리털은 힘차게 그 흙을 향하여 뻗어 나갑니다. 식물을 키우려는 우리들에게 지렁이는 둘도 없는 소중한 친구입니다.

지렁이는 주로 밤에 활동한다.

화원에서 파는 흙

화분에서 키울 때는 특히 흙이 좋아야 한다

식물을 키울 때는 뿌리가 튼튼하게 자랄 수 있는 흙이 있어야 합니다. 어떤 흙이든지 부엽토를 섞기만 해도 토질이 좋아지지만 화분의 경우에는 좀 더 좋은 흙이어야 합니다. 왜냐하면 화분이나 플랜터에 들어가는 흙은 한정되어 있어서, 이를테면 식물이 화분 속의 흙과 맞지 않을 때는 식물이 뿌리를 뻗으려고 해도 뻗을 수가 없기 때문입니다. 정원에 직접 심을 때와 화분에 심을 때는 이 점이 다르다는 것을 주의해야 합니다.

정원에서는 적당한 장소를 정한 뒤 식물을 심고 나머지는 자연에 맡겨도 되지만, 화분의 경우는 이것만으로는 안 됩니다. 화분에 담을 흙이 공기가 잘 통하는지, 보수력(수분을 보존하는 능력)이 어떤지 봐서 부엽토와 모래 등을 섞어 주거나, 물을 주어야 합니다. 때로는 준비된 흙이 모자라서 화원에서 사야 할 때도 있을 것입니다.

화원에서는 몇 가지의 흙을 혼합해서 배양토를 만들어 팔고 있습니다. 화원에서 팔고 있는 흙에 대해서 좀 더 알아봅시다.

일반 토양

모래 – 0.05~2mm 굵기로 양분이 거의 함유되어 있지 않지만 배수가 잘 된다.

참흙 – 모래와 찰흙이 반반씩 섞인 토양이다.

찰흙 – 논흙처럼 흑갈색의 기름진 흙으로 통기성은 별로 좋지 않지만 보수력이 좋다.

특수 토양

속돌 – 화산 기슭에서 난 돌로 작은 구멍이 나 있어서 통기성이 매우 좋고 보수력도 다소 있다. 난 화분에서 쉽게 볼 수 있는 돌이다.

마사토 – 모래보다 굵은 알갱이의 흙으로 보수력은 없지만 통기성은 좋다.

피트모스(토탄이끼) – 습지의 물이끼 등이 퇴적해 썩은 것으로 섬유질이 남아 있어서 보수력과 통기성이 좋다. 말라 있는 상태보다 15배 정도 수분을 흡수한다. 질소 성분이 약간 있다.

물이끼 – 습지대에 사는 물이끼를 건조시킨 것으로 물주머니가 있어 마른 상태의 10~20배까지 수분을 흡수할 수 있다. 강산성이며 난을 심을 때 주로 이용한다. '수태'라고도 부른다.

부엽토 – 낙엽을 쌓아 썩힌 것으로 보수력과 통기성이 모두 좋다.

버미큘라이트 – 운모의 파편이 모아진 질석이라는 돌을 760℃ 고온에서 살균한 것으로 보수력과 통기성이 좋다. 칼륨이 6%, 마그네슘이 20% 포함되어 있다.

펄라이트 – 진주암이라고 불리는 돌을 구운 것으로 870℃ 고온에서 가열하여 만들었다. 비료 성분은 없지만 속돌처럼 구멍이 많고, 보수력과 통기성이 모두 좋다.

배양토 – 위의 여러 가지 재료를 적당히 배합해서 원예 식물을 기르기 좋은 흙으로 배양토를 만들어 판매하고 있다.

화단용 흙 만들기

바람 잘 통하고 보수력이 좋은 흙을 만든다

여기서 말하는 '화단'이란 화분이나 플랜터가 아닌, 땅에 직접 심는 정원을 가리킵니다. 즉, 원래 그 정원에 있는 흙을 써서 화단을 만드는 경우입니다. 처음부터 부드럽고 통기성이 좋은 흙이면 아무 문제없지만, 굳은 흙이면 손질을 해서 좋은 흙으로 만들어야 합니다. 이 일은 1년에 한 번, 겨울에 하는 것이 좋습니다. 눈이 많은 지방이면 초겨울이나 이른 봄에 합니다.

먼저 땅에 부엽토와 퇴비를 깔고 그 위에 석회를 뿌립니다. 그러고 나서 삽이나 괭이로 갈아 줍니다. 그 다음은 봄에 씨를 뿌릴 때까지 그대로 두면 됩니다. 부엽토와 퇴비를 굳은 흙과 섞어서 갈면 흙이 부드러워지면서 물과 공기가 잘 통하게 됩니다. 또 석회는 식물에게 좋지 않은 강한 산성을 약하게 해 주는 작용을 합니다. 이같은 작업은 모두 혼자 힘으로 할 수 있는 일입니다. 즉, 낙엽을 썩혀서 부엽토를 만들고, 음식물 찌꺼기 등으로 퇴비를 만들고, 풀이나 나무를 태워 재를 만들면 석회 대신 쓸 수 있습니다.

좋은 흙, 혼자 힘으로 만들 수 있다

좋은 흙을 만드는 일은 요령만 조금 익히면 모두 혼자서 할 수 있습니다. 만일 만든 양이 부족하면 그때는 화원에서 사다가 보태면 됩니다. 부엽토, 퇴비, 석회 등 전부 쉽게 살 수 있습니다. 그러나 사서 쓰는 것을 좋아하다 보면 언제나 무엇인가를 사야만 합니다. 정원을 가꾸는 재미는 자기가 직접 흙을 만지고 좋은 흙을 만들어 보며 그 효과를 알아내는 즐거움에 있습니다. 더구나 가게에서 파는 흙은 어딘가에서 파 온 흙이 봉지에 담겨 가게에 나와 있는 것입니다. 파낸 곳이 과연 어떻게 되었을까? 혹시 파 온 흙 때문에 자연이 손상되지는 않았을까요?

흙을 사서 써야만 하는 경우라면 그 흙에 대해서 관심을 갖고 친구들과 같이 여러 가지를 알아보는 것도 좋습니다. 자기가 정원을 직접 가꾸기 시작하면 여행을 가서도 그 지방의 정원이 먼저 눈에 들어옵니다. 그리고 이런저런 일들을 배우게 되며, 정원 가꾸는 일을 통해 자신의 세계가 넓어짐을 느낄 수 있습니다.

화분용 흙 만들기

전문가에게 배우는 화분용 흙 만들기

화분에 식물을 키울 때 정원의 흙을 그대로 쓰면 식물이 잘 자라지 못합니다. 그 이유는 화분에는 자주 물을 줘야 하는데, 그럴 때마다 흙 속의 공기가 빠져나가고 빈틈이 메워져서 공기가 잘 통하지 않는 딱딱한 흙이 되고 말기 때문입니다. 뿌리는 흙 틈에 있는 공기와 물을 빨아들여 성장합니다. 화분의 흙은 양이 정해져 있어서 통기성도 좋고 보수력도 좋은 조건을 만들기가 어렵습니다. 그래서 옛날부터 화분용으로 다음과 같은 흙을 만들어 왔습니다.

정원의 흙을 30cm 정도 높이로 쌓은 다음, 그 위에 닭똥, 쌀겨, 뼛가루, 석회 등의 비료를 5cm 정도 얹고 다시 흙을 쌓습니다. 이런 식으로 되풀이해서 1m 정도 높이가 되도록 흙더미를 만들고, 한 달에 한 번 삽으로 뒤섞어 주면서 3개월에서 6개월 두면 훌륭한 화분용 흙이 됩니다. 오랜 경험에서 나온 방법입니다.

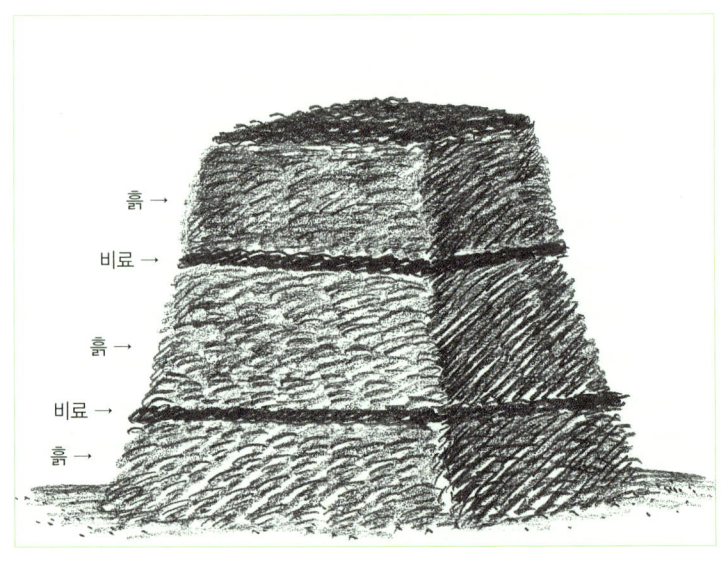

스스로 만드는 화분용 흙

시간이 있을 때 화분에 담을 흙을 만들어 둡시다. 흙을 담을 양동이 2개, 부엽토 담을 양동이 2개를 준비하고 거기에 닭똥, 깻묵, 뼛가루, 석회 등을 컵으로 1~2개씩(구할 수 있는 것만) 넣은 다음, 정원 한구석에 3개월 이상 놓아둡니다. 가끔씩 뒤섞어서 공기를 넣어 주어 미생물이 활발하게 활동할 수 있도록 합니다. 그러나 당장 화분에 넣을 흙이 필요할 때도 있겠죠? 그럴 때는 뜰에 있는 흙에 부엽토만 섞어서 써도 됩니다.

또 화원에 가면 미리 부엽토와 비료를 섞어서 만들어 놓은 배양토를 살 수도 있습니다. 그러나 화분을 여러 개 만들려면 적지 않게 흙이 필요하므로 흙을 장만하는 데도 꽤 많은 돈이 들게 됩니다. 그러므로 자기가 흙을 직접 만들어 두는 것이 제일 좋습니다. 발코니에서 만들 때는 플라스틱 양동이를 써야 바닥이 상하지 않겠죠!

비료가 하는 일

9세기 초의 큰 논쟁

'식물은 무얼 먹고 자라는 것일까?' 이것은 오랜 옛날부터 사람들이 궁금하게 여겨 온 문제였습니다. 흙의 성분을 보면 물과 동식물이 썩은 것밖에 없습니다. 독일의 농학자 테어(1752~1828)는 이런 이유로 퇴비를 넣는 일이 중요하다고 말했습니다. 이들 유기물이 물에 녹아서 뿌리에서 흡수된다고 본 것입니다.

테어의 주장에 대해서 독일의 화학자인 리비히(1803~1873)는 식물의 영양은 유기물이 아닌 무기물의 형태로 흡수된다는 반론을 폈습니다. 즉, 유기물을 구성하는 인, 유황, 칼슘과 암모니아 등의 원소가 무기 화합물로서 흡수된다고 한 것입니다. 특히 잎과 줄기가 자라는 데 빼놓을 수 없는 질소, 꽃과 열매를 만들 때 필요한 인산, 뿌리의 발육을 촉진하고 식물을 튼튼하게 하는 칼륨이 식물 성장에 큰 역할을 한다는 사실을 알게 되었습니다. 이것은 당시에 큰 논쟁으로 이어졌고, 결국은 실험에 의해서 식물의 영양은 무기물 형태로 흡수된다는 것이 증명되었습니다.

비료도 흙의 구조도 모두 중요하다

리비히의 주장은 작물에 의해 빼앗긴 흙의 영양분을 화학 비료로 보충하는, 지금의 농업 방식으로 이어져 왔습니다. 흙 속 작은 생물들은 퇴비 등의 유기물을 먹고 잘게 부숴 무기물로 바꿉니다.

화학 비료는 필요한 무기물을 넣어 주면 된다는 생각에서 만들어졌고, 오늘날까지 화학 비료는 농업을 크게 발전시켜 왔습니다. 그러나 처음에는 작물이 잘 자랐지만 점차 흙 스스로가 영양분을 만드는 힘이 약해져 병충해의 피해를 입게 되고, 그래서 병충해를 막기 위해 농약이 등장하게 되었습니다. 그런데 지금 우리는 농약의 피해에 쩔쩔매고 있습니다. 이렇게 보면 식물과 화학 비료의 관계가 리비히가 생각한 것처럼 그렇게 단순하지는 않은 것 같습니다.

식물이 무기물의 형태로 영양분을 흡수한다고 하는 리비히의 주장은 옳았습니다. 그러나 지금까지 살펴 온 것처럼 흙의 단립 구조 등 흙의 구조 자체도 꽤나 중요한 것입니다. 그 점에 있어서는 퇴비의 중요성을 강조한 테어의 주장도 옳다고 볼 수 있습니다.

흙에 비료를 준다는 것은

식물에게는 여러 가지 요소가 필요하다

리비히의 생각을 기본으로 삼은 많은 연구들 덕분에 우리들은 하나하나의 식물이 무엇으로 이루어졌으며 어떤 방법으로 영양분을 흡수하는지를 자세히 알게 되었습니다. 건조기로 식물을 말린 다음에 수분을 증발시키고 태우면 재가 남습니다. 산소와 탄소, 수소, 질소 등의 유기물이 타는 것입니다. 타고 남은 재에는 칼륨과 인, 칼슘, 마그네슘 등 20여 종에 가까운 원소가 있습니다. 우리들은 흙에 비료를 주면 식물이 그 영양분을 모두 흡수한다고 생각하는데, 사실은 그렇지가 않습니다.

식물은 영양분을 물에 녹은 상태로 흡수하며 흡수할 때는 많은 에너지를 필요로 합니다. 에너지의 근원은 광합성으로 만들어진 탄수화물이므로 태양 빛이 부족해서 생성된 탄수화물의 양이 적을 경우에는 영양분을 흡수하는 뿌리의 힘이 약해집니다. 그리고 작물의 종류에 따라 필요한 비료도 다릅니다. 식물에게는 비료도, 태양 빛도, 공기와 수분이 잘 통하는 흙의 구조도 모두 중요한 것입니다.

자연 환경을 그대로 본받는다

식물에 벌레가 생기거나 병이 들면 사람들은 '약을 뿌려야 하겠군!' 생각합니다. 농약이 그것인데, 이 농약은 독물입니다. 독이기 때문에 벌레와 병원균을 죽일 수 있는 것입니다. 그러나 농약은 없애려는 벌레와 병원균뿐 아니라 땅속에서 땅을 기름지게 하는 생물까지 함께 죽여 버립니다. 뿌려진 농약은 공기 속에 퍼지고 또 비가 오면 땅속으로 스며 들어갑니다. 물론 농약은 우리 몸에도 나쁩니다. 가능하면 쓰지 않는 게 좋습니다.

마음 놓고 밭에서 익은 과일이나 채소를 따 먹을 수 있으면 얼마나 좋을까요? 그렇게 되려면 약해진 땅의 힘을 회복시켜야 합니다. 그 방법이 뭘까요? 말라 죽은 식물과 동물의 배설물과 시체 썩은 것이 땅으로 되돌아가서 땅을 기름지게 하는 자연을 본받으면 됩니다. 즉, 퇴비를 주된 비료로 쓰는 것입니다. 비료를 많이 필요로 하는 채소는 퇴비의 양을 더 늘리면 됩니다. 유기 비료 속에는 화학 비료의 성분뿐만 아니라 그 밖의 것도 많이 들어 있습니다.

퇴비 만들기

채소 가게, 생선 가게 주인과 친구가 되자

퇴비 만드는 법은 96쪽에서도 설명했습니다. 정원을 가꾸기 시작하면 항상 퇴비가 필요하므로 플라스틱으로 된 퇴비 용기를 몇 개 준비해서 바로 쓸 수 있도록 합니다. 용기는 그리 크지 않은 것으로, 적어도 2개 이상 준비합니다. 하나는 지금 사용하는 퇴비를 넣고, 또 다른 하나는 새로운 퇴비를 만듭니다. 너무 크면 모으는 데 시간이 걸리고 썩기까지도 시간이 많이 걸립니다.

채소 찌꺼기와 먹다 남은 음식 찌꺼기 등 무엇이든지 퇴비 용기에 넣습니다. 개나 고양이를 키운다면 그들의 배설물도 좋고, 새를 기른다면 먹이 찌꺼기도 넣습니다. 자연에서 나는 것이면 무엇이든 좋습니다. 재료가 부족하면 동네에서 모아 봅시다. 채소 가게에서는 채소 부스러기를, 생선 가게에서는 생선 뼈를 얻을 수 있습니다. 모두 좋은 퇴비 재료가 됩니다. 미리 부탁해 놓고 그것을 얻어 옵시다. 그것만 넣으면 썩는 냄새가 지독하므로 나뭇가지와 낙엽, 잡초를 모아서 함께 넣으면 좋습니다.

자연 그대로의 것은 흙으로 되돌아간다

낙엽이나 나뭇가지를 산더미처럼 안아 올 수 있다면 가장 좋습니다. 나뭇가지는 잘게 잘라서 퇴비 용기에 넣습니다. 많이 넣을수록 고약한 냄새가 없어집니다. 퇴비 용기에 가득 채워 넣어 며칠 있다가 안을 보면 '어, 그 많던 게 다 어디 갔지?' 하며 놀랄 것입니다. 수분이 빠져나가면 양이 크게 줄게 되므로 퇴비 용기에 넣을 때는 꽉꽉 눌러 가며 계속 넣습니다. 이렇게 해서 가득 차면 퇴비가 될 때까지 쓰지 말고 기다리면 됩니다.

썩는 과정에서 열이 납니다. 이 열 때문에 만일 기생충 알이 있어도 죽어 버립니다. 자동 살균이 되는 것이죠. 2개월 정도 지나서 삽으로 뒤섞습니다. 위의 것이 아래로 가고, 밑의 것이 위로 올라오도록 완전히 뒤집어 주세요. 곰팡이가 피어 있어도 상관없습니다. 결국 모두 흙이 될 테니까요. 3개월 정도 지나면 시커멓게 변하고 썩는 속도도 빨라집니다. 자연 그대로의 것이 흙으로 돌아가는 현장을 지켜보고 있는 것입니다.

비료의 어제와 오늘

사람도 자연 순환의 한 고리

살아 있는 것은 모두 흙으로 돌아갑니다. 사람도 예외가 아닙니다. 죽으면 땅속에 묻히게 되고, 오랜 시간에 걸쳐 썩어서 다시 흙으로 돌아갑니다. 땅속에 묻지 않고 화장을 하기도 하는데, 화장을 하면 재가 되고 그 재가 뿌려지면 결국 자연 속으로 돌아가게 되는 것입니다. 집에서 기르던 동물이 죽으면 땅에 묻어 주는 것은 자연스런 일입니다. 사람도 뭐 특별한 존재는 아닙니다. 자연의 일부일 뿐이죠. 우리 모두가 자연에서의 이러한 사람의 위치를 깨달을 때, '자연 순환'의 참뜻을 알게 됩니다.

옛날 사람들도 작물에 비료를 쓰면 잘 자란다는 걸 알고 있었습니다. 그 비료란 식물을 썩힌 것이거나 동물이나 사람의 오줌, 똥이었습니다. 그것들을 흙에 뿌리고 일궈 주었습니다. 우리 몸에서 나온 것이 모두 비료였습니다.

비료가 모자랐던 옛날

시골 할머니에게 이런 이야기를 들었습니다. 옛날에는 쓸 비료가 모자라서 빈 퇴비 용기에 물을 붓고 그 물마저 밭에 뿌렸고, 멀리 나갔다가도 화장실에 갈 때는 집에 와서 일을 봤다는 이야기였습니다. 믿어지지 않지만 사실이었습니다. 옛날 농민들은 비료를 얻기 위해 이만저만 힘든 노동을 한 것이 아닙니다.

한편 요즘은 도시뿐만 아니라 농촌에서도 오물 처리가 거의 수세식이 되고 배설물은 물에 씻겨 바다로 흘려 보내지고 있습니다. 사람도 자연 순환의 일부였던 시대는 벌써 끝난 걸까요?

정원 일을 하다 보면 비료 하나를 놓고서도 여러 가지 생각을 하게 됩니다. 그리고 옛날 일들을 많이 알고 있는 할아버지 할머니들의 이야기에서 우리는 많은 것을 배우게 됩니다. 무턱대고 편리한 것만 좇는다는 것이 얼마나 무서운 일인가 생각하게 됩니다.

풋거름 만들기

생풀을 흙에 섞는다

풋거름(녹비)이란 '녹색 비료'라는 뜻입니다. 즉, 지금까지 살펴본 비료는 오랜 시간에 걸쳐서 썩힌 것을 가리켰는데, 풋거름이란 생풀이나 생나무 가지를 그대로 흙에 섞어서 비료로 쓴다는 뜻입니다. 풋거름으로 쓰이는 식물은 토끼풀과 유채 등인데, 특히 콩과 식물은 땅을 기름지게 합니다. 콩과 식물의 뿌리에는 뿌리혹박테리아가 살고 있어서 뿌리혹박테리아가 흙 속 공기에서 질소를 받아들여서 질소 화합물을 만듭니다. 콩과 식물의 뿌리에 있는 뿌리혹박테리아는 질소를 흡수할 수 있어 식물에게도 매우 고마운 존재입니다. 뿌리혹박테리아가 어떤 것인지 토끼풀이 있으면 몇 개 뽑아서 살펴보세요.

옛날부터 벼 베기가 끝난 가을에는 토끼풀이나 자운영 씨를 논밭에 뿌렸습니다. 봄이 되면 논밭이 온통 자운영 밭이 되곤 하죠. 기름을 얻기 위해 유채를 심으면 노란 유채 꽃을 볼 수도 있어 좋고, 가축의 사료로 쓰이는 보리와 호밀도 한쪽에 심어 놓으면 이삭을 늘어뜨리고 있는 모습이 일품입니다. 모두 좋은 비료가 됩니다.

정원에 토끼풀과 자운영을 심자

유럽에서는 13세기 무렵부터 같은 땅에 여러 작물을 교대로 심어 왔습니다. 예를 들면 전체 밭을 참밀을 심는 밭, 보리를 심는 밭, 무와 토끼풀을 심는 밭 등 세 부분으로 나눕니다. 그리고 나서 해마다 작물을 번갈아 가면서 재배해 나가는 것입니다. 참외도 좋은 참외를 만들려면 매년 같은 땅에 참외만 심지 말고, 토끼풀과 보리, 그리고 참외를 번갈아 가면서 심어야 한다고 합니다. 이때 토끼풀과 보리를 풋거름으로 쓰는 셈이죠.

우리도 풋거름을 만들어 씁시다. 토끼풀을 뿌리째 파 와서 조금 심습니다. 순식간에 퍼지므로 일부는 베어서 퇴비 만들 때 넣으면 됩니다. 유채 꽃이 피는 봄이 되면 곤충이 이들 꽃을 찾아와서 정원이 한층 밝아집니다. 자리를 봐서 보리, 호밀 씨앗도 뿌려 보세요. 푸르른 잎, 고개를 떨구고 있는 이삭에서 꽃과는 또 다른 멋이 느껴집니다. 이 밖에도 벌노랑이류나 갈퀴나물류도 좋고, 떡갈나무의 연한 잎을 말려서 풋거름으로 사용할 수도 있습니다.

화원에서 파는 비료

효과가 빨리 나타나는 것, 천천히 나타나는 것

퇴비, 닭똥, 소똥, 깻묵, 뼛가루 등 화원에 가면 정말 많은 종류의 비료가 있습니다. 이것들을 '유기 비료'라고 부르며 땅의 힘을 길러 주는 데 쓰입니다. 닭똥, 소똥, 깻묵 등은 우리가 정원에서 퇴비를 만들 때 함께 섞어 쓸 수도 있습니다. 쌀집에서 사 온 쌀겨를 섞어도 됩니다. 값이 비싸지 않으므로 비료 만들 때 많이 활용할 수 있습니다. 이런 유기 비료의 효과는 더디게 나타나는 대신 오래가므로 식물을 심을 때 밑거름(심기 전에 주는 비료)으로 넣습니다. 이에 비해 무기 비료라고 불리는 것은 황산암모늄(질소 비료), 과인산석회(인 비료), 염화칼륨(칼륨 비료), 소석회 등이 있습니다. 무기 비료는 어느 것이든지 모두 효과가 빠릅니다. 비료는 결코 많이 준다고 해서 좋은 게 아닙니다. 어느 비료든지 효과가 강하므로 식물의 뿌리에 직접 닿지 않도록 해야 합니다. 식물은 뿌리에서 물에 녹은 상태로 양분을 빨아들이므로 액체 비료는 흡수가 빠릅니다.

퇴비 – 식물 성분, 동물 성분을 함께 섞어서 썩힌 것이며 땅의 힘을 길러 준다. 밑거름용이므로 듬뿍 넣어 준다.

깻묵 – 유채 기름을 짜고 난 찌꺼기를 으깬 것으로 콩을 쓰기도 한다. 질소 성분을 많이 갖고 있다.

닭똥 – 닭똥을 말린 것으로 발효시켜서 냄새를 안 나게 만든 것도 있다. 질소와 인 성분이 많다.

소똥 – 질소, 인산, 칼륨이 있다. 퇴비와 함께 써야 효과가 있다.

뼛가루 – 동물의 뼈를 찐 다음 가루로 만든 것으로 인산이 많다.

쌀겨 – 벼 찌꺼기로 퇴비에 넣어도 좋다.

석회고토 – 마그네슘(고토)을 포함한 석회로 산성 땅을 중성에 가깝게 만드는 데 사용한다. 대규모 농장에서 주로 사용한다.

소석회(분회) – 마그네슘 성분은 없지만 석회고토와 같은 일을 한다. 소석회 역시 대규모 농장에서 주로 사용한다.

고형 화학 비료 – 효과는 천천히 나타나지만 오래가므로 밑거름으로 사용한다.

액체 비료 – 액체 비료 중에는 그대로 쓰는 것과 물에 타서 쓰는 것이 있다. 효과가 강해서 너무 진하면 뿌리를 손상시키는 경우가 있다. 액체 비료의 좋은 점은 작물이 자라고 있는 중간에 추가로 주어서 효과를 볼 수 있다는 것이다.

액체 깻묵 만들기 – 유기 비료를 물에 녹여서 그 액체를 사용한다. 예를 들면 액체 깻묵의 경우, 양동이에 깻묵 1에 대해서 물 10을 넣고 뚜껑을 덮어 썩힌다. 2~5개월(기온이 높은 여름철은 빨리 썩는다) 후에 윗물을 걷어 10배의 물에 타서 사용한다. 그 정도의 농도로도 효과는 충분하다. 냄새는 좀 나지만 오랫동안 사용되어 온 효과적인 비료다.

여러 가지 흙 가꾸기

가능한 곳부터 시작하자

지금까지 흙을 가꾸고 비료를 만드는 일에 대해 살펴봤는데, 당장 만들지는 못해도 그 일이 얼마나 중요한가를 알았으면 됩니다. 다음은 자신의 정원과 식물에 맞추어 마음대로 적용시켜 봅시다.

내 경우, 덤불을 베어 낸 후 파 일군 땅이었기 때문에 첫해는 토끼풀 씨앗을 사다가 적당히 흩뿌려 놓기만 했고, 채소밭을 갈고 퇴비를 줬는데, 정원에서 할 일이 너무 많아서 제대로 준비하지도 못한 채 씨앗을 뿌린 일도 몇 번 있었습니다. 그런데도 채소들은 놀랄 정도로 잘 자라 주었고, 기대 이상의 성과에 너무 기뻤죠.

만약 실패를 경험했다면 이유를 생각해 보세요. 흙과 비료도 중요하지만 기후도 많은 영향을 끼칩니다. 그러므로 '전혀 준비가 안 되었으니까 내년부터 해야지!'라고 미루지 말고, 지금 당장 시작해 보세요. 식물 스스로의 강한 생명력을 한번 믿어 보는 거죠.

퇴비가 땅을 변화시킨다

여기저기 흩뿌렸던 토끼풀이 그 일대에 융단처럼 퍼져 있습니다. 또 풋거름으로 사용할 컴프리도 잘 자라서 우거졌습니다. 이렇게 키운 토끼풀과 컴프리는 필요할 때마다 베어서 퇴비에 넣어 쓰면 됩니다. 두 식물이 모두 너무 잘 자라서 '이곳이 정말 아무 것도 없었던 땅이었나?' 하고 놀랄 정도입니다. 노랑나비가 꿀을 찾아 토끼풀 밭에 날아와 잎에 알을 낳고 가기도 하고, 컴프리에도 나비와 벌들이 많이 찾아옵니다.

거칠고 딱딱했던 땅이 퇴비를 주었더니 다음 해에는 한결 부드러워졌습니다. 첫해에는 땅을 갈기가 너무 힘들어서 여기저기에 퇴비를 뿌리기만 했는데 퇴비의 힘을 실감할 수 있었습니다. 땅이 좋으면 정원에서 일하는 것이 쉬워집니다. 공기와 물을 머금은 땅속에서 뿌리가 쭉쭉 뻗어 나가는 모습이 보이는 듯합니다.

우리 몸과 흙의 관계

같은 채소 씨앗을 뿌려도 자라는 땅이 다르면 맛도 달라진다고 합니다. 15km 떨어진 곳으로 옮겨 갔을 뿐인데 감자 맛이 다르다는 농부의 말을 들은 적이 있습니다. 흙이 달라져서 같은 것을 심었어도 맛에 차이가 난 것입니다.

식물은 땅으로부터 수분과 영양분을 흡수하는데, 토지에 따라서 흙의 성분이 다르고 물도 다릅니다. 그 식물을 먹고 자라는 것이 가축이므로 가축의 고기 맛도 또 달라집니다. 그렇게 해서 채소와 고기를 둘 다 먹는 우리들의 몸도 영향을 받게 되지요. 옛날부터 우리들의 건강은 땅과 깊은 관계가 있다고들 했지만 최근까지 그다지 심각하게 받아들여지지 않았습니다.

'신토불이'라는 말의 깊은 뜻을 알게 된 것도 바로 최근입니다. 교통이 발달한 오늘날은 먼 지방에서 나온 채소도 순식간에 전국으로 운반되어 우리들은 매일 여러 고장에서 재배된 것들을 먹고 있습니다. 살고 있는 고장에서 나는 채소와 고기만을 먹던 시대는 벌써 십수 년 전 얘기며, 지금은 외국에서 들여온 채소까지 우리 식탁에 오르고 있습니다.

같은 호박인데 자신이 직접 키운 호박과 다른 지역의 농가에서 키운 호박, 그리고 미국에서 수입해 온 호박은 모두 맛이 다릅니다. 흙과 물과 비료의 성분이 맛과 미묘하게 관계되어 있습니다. 땅에서 나는 먹거리란 그런 것입니다. 여러 나라의 먹거리를 맛보는 것은 좋습니다. 그러나 우리들이 살고 있는 토지에서 작물을 키운다는 것은 대단히 중요합니다. 우리들이 안전을 의심하지 않고 먹을 수 있는 작물이 있다는 것은 아주 큰 기쁨이자 행운이겠죠!

제 5 장

뜰 만들기를 시작해 보자

어떤 정원을 만들까?

마음에 드는 정원은?

흙이 준비됐으면 곧바로 정원을 만들 수가 있습니다. 다만 그 전에 어떤 꽃이 피는 정원으로 할 것인지 계획을 세워야 합니다. 앞일을 상상하며 계획을 세우는 시간은 매우 즐겁습니다.

우선 원예나 여행, 인테리어 잡지 등을 다시 뒤져 보며 멋지다고 생각되는 정원을 찾아냅니다. 잡지와 책만이 아니라 학교를 오가는 길에 남의 집 정원을 유심히 보면서 좋아 보이는 정원을 찾아낼 수도 있습니다. 그런 가운데 마음에 드는 정원이 있으면 그 정원이 왜 마음에 드는지 구체적으로 생각해 보세요. 포도 덩굴 시렁이 좋을 수도 있고, 장미 덩굴이 맘에 들 수도 있습니다. 과일나무가 있어도 좋을 테고, 창가에 늘어지게 꽃 화분을 매달 수도 있습니다. 들풀의 자연스러움이 좋을 수도 있겠죠? 이런 생각들을 하는 가운데 자기가 만들고 싶은 정원의 이미지가 떠오릅니다.

나만의 성역을 지키자

마당의 일부를 마음대로 써도 좋다는 허락을 아버지로부터 받았을 때의 기쁨은 지금도 잊혀지지 않습니다. 그런 행운이 따르지 않으면 화분을 이용하여 창가 꽃밭 만들기부터 시작해도 좋습니다. 일을 시작할 때, '그렇게 하면 안 돼!', '이쪽에 심는 게 낫겠다.', '잡초를 먼저 뽑아야 해.'라는 이야기를 자주 듣습니다. 물론 맞는 말입니다. 그런데 잠깐! 이럴 때 일일이 따르면 안 됩니다. 내 정원은 누구에게도 간섭받지 않는 성역이라는 원칙을 갖고 자기 생각대로 해 나갑시다. '1년간은 내 마음대로 하도록 해 주세요!'라고 약속 받는 것도 방법입니다.

정원이란 금방 만들어지는 것이 아닙니다. 처음에는 꽃이 피는 것이 정원의 완성이라고 생각할지 모르지만 사실은 그렇지 않다는 것을 얼마 있으면 알게 되지요. 정원 만들기의 참맛은 씨를 뿌리는 순간부터 시작됩니다.

화원 구경하기

계절 식물을 심는다

꽃은 각각 피는 시기가 다르므로 봄, 여름, 가을 등 계절에 따라서 어떤 꽃이 피면 좋을까를 생각합니다. 그리고 꽃에 따라 오랫동안 피어 있는 것과 일주일이면 지는 것이 있습니다. 예를 들면 봄부터 여름에 걸쳐서는 제비꽃, 팬지, 데이지, 샤스타데이지 등이 피고, 초여름부터 가을에 걸쳐서는 아프리카봉선화, 사철채송화, 채송화, 페튜니아, 노랑코스모스, 백일홍, 천일홍, 매리골드(천수국) 등이 핍니다. 그리고 가을에는 샐비어(사루비아), 코스모스, 국화 종류가 오랫동안 꽃이 핍

니다. 1년 내내 아름다운 꽃을 볼 수 있도록 풍요로운 정원을 설계해 보세요.

그리고 도라지나 개옥잠화 같은 여러해살이 식물이면 뿌리가 계속 살아 있기 때문에 매년 꽃이 피고 손도 많이 가지 않습니다. 서리가 내리지 않는 따뜻한 지방이면 겨울에도 제라늄이나 블루데이지 등의 여러해살이 식물을 즐길 수 있습니다. 자, 정원의 꽃 디자인을 시작해 보세요.

화원에서 계절의 꽃을 알게 된다

화원에서는 계절에 관계없이 다양한 종류의 씨앗과 묘목, 화분 식물을 팝니다. 특히 봄과 가을은 그 수가 부쩍 늘어납니다. 꽃으로 가득한 화원 안을 돌아보노라면 어느 것을 사야 할지 망설이게 되죠. 꽃 묘목은 값이 쌀수록 그 지방 토양에 맞아서 잘 자라는 종류가 많습니다. 수가 많고 흔한 것일수록 값이 쌉니다. 값에 따라서 식물의 가치가 정해지는 것이 아니므로 오히려 같은 예산으로 많이 살 수 있는 식물을 선택하는 것도 좋습니다.

때로는 꽃이 막 지고 난 화분을 놀랄 정도로 싼값에 살 수 있습니다. 여러해살이 식물과 알뿌리 식물을 사서 심어 두면 다음 해에 또 다시 예쁜 꽃을 즐길 수 있습니다. 화원에 가서 '처음 심는 데 요즘엔 어떤 식물을 키우면 좋을까요?' 하고 물어 보세요. 친절하게 알려줄 것입니다. 가게에 들른 손님으로부터 그 밖의 다른 정보를 얻을 수 있을지도 모릅니다. 화원을 찾는 사람들은 누구니 식물에 대해 이야기히기를 좋아하니까요.

한해살이 식물을 심으려면?

봄에 뿌리는 한해살이 식물, 가을에 뿌리는 한해살이 식물

'한해살이 식물'이란 이름 그대로 그해만 살 수 있는 식물로 봄에 싹이 나고 자라서 꽃이 피고 말라 죽기까지의 전체 기간이 1년 이내인 식물을 말합니다. 나팔꽃, 해바라기, 백일홍, 맨드라미, 코스모스 등은 봄에 씨를 뿌리는 한해살이 식물입니다. 이에 비해 스위트피, 수레국화, 금잔화, 개양귀비 등은 가을에 씨를 뿌려 다음 해 봄에 꽃이 피는 것으로, 가을에 씨를 뿌리는 한해살이 식물이라고 합니다. 둘 다 씨를 뿌려 자라기까지의 기간이 짧고, 수가 부쩍부쩍 늘어나므로 정원 가꾸기를 시작하기에 더없이 좋습니다.

반면, 땅 위에 나온 부분은 말라도 뿌리는 죽지 않고 매년 꽃이 피는 것을 '여러해살이 식물'이라고 부릅니다.

식물이 좋아하는 계절과 싫어하는 계절

식물이 원래 어떤 기후에서 자란 것인지 알면 그 식물의 성질을 알 수 있습니다. 도감을 보면 원예 식물의 원산지는 서아시아, 지중해 지방, 남아프리카, 멕시코 지방 등 세계 여러 곳에 퍼져 있습니다. 자기가 키우고자 하는 식물의 원산지를 도감에서 찾아보고, 그 식물에게 맞지 않는 계절에는 특별히 손을 봐주면 됩니다.

우리나라는 북반구의 온대 기후로 사계절의 변화가 뚜렷합니다. 전반적으로 여름은 기온이 높고 비가 많으며, 겨울에 차가운 북서계절풍이 불어와 춥고 눈이 내립니다. 그리고 지역차 뿐만 아니라 같은 지역도 고도에 따라서 기상 조건이 달라집니다.

원산지에서는 여러해살이 식물인 샐비어, 일일초, 분꽃 등은 추위를 싫어해서 우리나라에서는 봄에 씨를 뿌리는 한해살이 식물로 키웁니다. 그러나 겨울 동안 실내에서 따뜻하게 해 주면 말라 죽지 않고 여러해살이 식물의 성질을 발휘합니다.

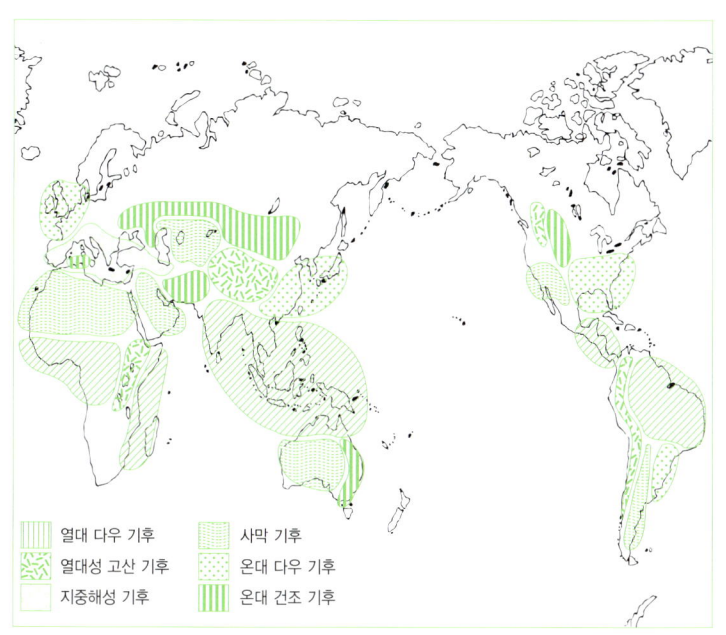

원예 식물의 원산지와 기후

열대 다우 기후 – 베고니아, 페튜니아, 샐비어, 분꽃, 일일초, 맨드라미, 수세미오이, 카틀레야, 인도고무나무 등
열대성 고산 기후 – 백일홍, 프리뮬러, 해바라기, 코스모스, 아프리카제비꽃, 군자란 등
지중해성 기후 – 아네모네, 크로커스, 수선화, 튤립, 글라디올러스, 무스카리 등
사막 기후 – 선인장, 유카, 알로에, 칼라코에 등
온대 다우 기후 – 벚나무, 모란, 동백, 등, 애기동백, 백합 등
온대 건조 기후 – 팬지, 안개꽃, 물망초, 독일은방울꽃, 푸크시아 등

두해살이 식물이란?

씨를 뿌린 다음 해에 꽃이 핀다

'두해살이 식물'이라는 말은 어떤 식물을 가리키는 것일까요? 두 가지로 쓰이는데, 하나는 뿌리 씨앗이 겨울을 넘기고 자라서 꽃이 피는 것을 말합니다. 그렇게 따지면 가을에 씨를 뿌리는 한해살이 식물도 두해살이 식물 종류에 들어갑니다. 다른 하나는 싹이 나서 꽃이 피고 말라 죽기까지의 전체 기간이 1년 이상에서 2년 이내인 식물을 가리키기도 합니다. 수는 많지 않지만 루나리아, 디기탈리스, 종꽃, 접시꽃 등이 있으며, 원예에서는 두해살이 식물로 부르고 있습니다. 예를 들어 루나리아는 4월 말부터 5월 초에 진한 붉은 자주색과 흰색의 꽃이 피고 그 후에 동글납작한 열매가 열립니다. 이 납작한 열매 안에 4~6개의 검은 씨앗이 있는데, 그해 가을에 이 씨앗을 뿌려도 싹은 나지 않습니다. 다음 해 5월까지 기다려서 씨를 뿌리면 그것이 자라서 작은 모종으로 겨울을 나고, 다음 해 5월경에 꽃을 피우는 것입니다. 씨를 뿌리기 전까지 열매는 드라이플라워로 즐길 수 있습니다.

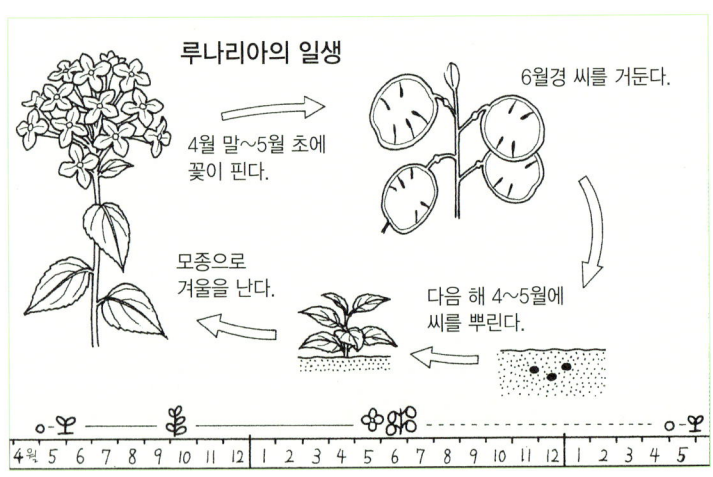

씨가 떨어져 저절로 불어나는 두해살이 식물

루나리아처럼 씨를 챙겨 두었다가 다음 해 5월에 뿌려서 키우는 것으로 종꽃, 접시꽃 등이 있습니다. 모두 꽃이 예쁩니다. 종꽃은 5월부터 6월에 종 모양으로 생긴 보라색과 흰색 꽃이 핍니다. 접시꽃은 키가 1m가 넘고, 6월경에 진분홍색과 흰색 꽃이 피는데 그 꽃이 8월까지 갑니다.

두해살이 식물 가운데 디기탈리스와 안츄사가 있습니다. 이 두 가지 꽃은 한 번만 심으면 그냥 두어도 저절로 떨어진 씨앗으로 수가 부쩍부쩍 늘어갑니다.

디기탈리스는 장갑 모양의 꽃이 다닥다닥 붙은 모습이 볼 만한데 이것도 초여름에 핍니다. 안츄사는 컴프리와 같은 종류로 도라지꽃 같은 남보라색의 꽃이 시원한 느낌을 줍니다. 초여름부터 9월 초까지 꽃을 즐길 수 있습니다. 원예에서 두해살이 식물이라고 불리는 식물은 그 수는 적지만 정원에 하나 있으면 한해살이 식물과는 또 다른 식물의 생활을 볼 수 있습니다.

그 밖의 두해살이 식물

종꽃 디기탈리스

싹이 트려면?

싹이 트게 하려면 물을 충분히 준다

식물의 싹이 트는 3대 요소는 물과 산소와 온도입니다. 이 세 가지 조건만 갖춰 주면 봄에 씨를 뿌리는 화초든 가을에 씨를 뿌리는 화초든 관계없이 화분에 심고 흙을 살짝 덮은 후 물을 충분히 주면 대부분 싹이 나옵니다. 싹이 나오기까지의 날짜는 종류에 따라 다른데, 대체로 일주일에서 열흘 정도 걸립니다. 싹이 틀 때까지는 마르지 않도록 계속 물기를 보충해 줍니다. 씨앗의 싹이 트기 위한 첫째 조건은 물을 충분히 주어야 한다는 것입니다.

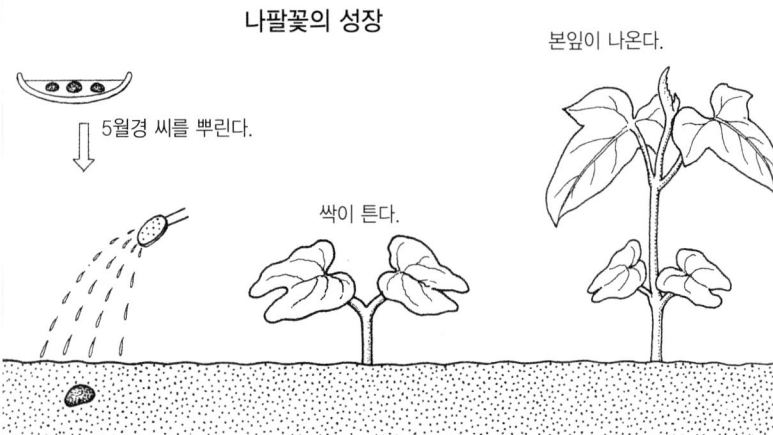

나팔꽃의 성장

나팔꽃과 스위트피, 고수 등 알이 굵고 딱딱한 씨앗은 몇 시간 물에 담갔다가 심으면 싹이 잘 나옵니다. 연꽃 씨앗은 더 크고 딱딱하므로 칼이나 줄로 약간 깎은 다음 심으면 좋습니다. 자연 상태에서 땅에 떨어진 딱딱한 씨앗에서는 몇 년간 씨앗 표면이 깎이고 물을 빨아들일 수 있게 된 다음에야 비로소 싹이 틉니다. 한꺼번에 싹이 트면 동물에게 먹히거나 자연 재해로 인해 전멸할 수도 있기 때문이죠. 씨앗은 여러 가지 방법으로 자신을 지키고 있습니다.

식물에 싹이 트는 데 알맞은 온도

싹트기의 둘째 조건은 산소! 싹이 나올 때쯤이면 씨앗의 호흡량이 많아지므로 흙 속에 작은 공간이 있어서 공기가 많이 들어가야 합니다. 따라서 흙도 점토보다는 모래가 좋습니다.

싹트기의 셋째 조건은 온도! 원산지가 온대 지방인 식물은 12~25℃, 열대 지방 식물이면 25~35℃의 온도에 싹이 잘 나옵니다. 봄에 씨를 뿌리는 식물은 높은 온도에서 싹이 트는 것이 많습니다. 특히 나팔꽃, 유홍초, 페튜니아, 수세미오이, 표주박 등은 높은 온도를 좋아해서 초

봄에 뿌리면 좀처럼 싹이 안 나옵니다. 아주 따뜻해진 다음에 씨를 뿌립시다. 또 가을에 씨를 뿌리는 식물 가운데 수레국화와 금잔화 등은 20℃ 정도, 꽃미나리아재비와 참제비꽃 등은 15℃ 정도에서 싹이 틉니다. 가을이라고 생각해서 9월 말쯤 씨앗을 뿌리면 땅 표면의 온도가 너무 높아서 싹이 트지 않습니다. 씨앗은 자신에게 알맞은 온도를 기다리고 있습니다. 넉넉한 물과 산소, 그리고 알맞는 온도가 되어야만 싹을 내미는 것입니다.

씨를 뿌리는 시기는?

봄 파종은 벚꽃이 필 때, 가을 파종은 석산이 필 때

봄이라고 해도 남쪽과 북쪽이 조금씩 차이가 납니다. 따뜻한 지방에서는 3월 말경부터 씨를 뿌리고 북쪽의 추운 지방에선 5월 초가 좋습니다. 그 기준은 왕벚나무 꽃이 필 무렵입니다. 북쪽 지방에서는 4월에 꽤 따뜻하다고 해도 서리가 내릴지도 모릅니다. 싹이 튼 다음 서리를 맞으면 살지 못합니다(면지 '서리와 재배일수' 참고). 서두르지 말고 완전히 따뜻해진 다음에 씨를 뿌립시다. 봄에 씨를 뿌리는 식물 대부분은 낮의 길이가 11시간 30분보다 짧아질 무렵 꽃눈이 나오는데, 이런 식물을 '단일성 식물'이라고 합니다.

가을에 씨를 뿌리는 식물의 경우는 석산이 필 때가 기준이 됩니다. 석산이 없는 곳에서는 추분을 기준으로 해서 따뜻한 지방은 이보다 늦게, 추운 지방에서는 조금 일찍 뿌리면 됩니다. 그러면 겨울까지 어느 정도 자라서 겨울을 나고 봄에 크게 자랍니다. 가을에 씨를 뿌리는 식물의 대부분은 낮이 13~14시간보다 길어지면 꽃눈이 나오는데, 이런 식물을 '장일성 식물'이라고 합니다.

씨 뿌리는 시기

봄에는 왕벚나무의 꽃이 필 무렵

가을에는 석산이 필 무렵

씨를 뿌리는 날짜를 조금 늦춰 본다

봄에 씨를 뿌리는 날짜를 늦추면 어떻게 될까요? 예를 들어 코스모스를 7월에 뿌리면 꽃눈이 나오기까지의 기간이 짧아지므로 키가 자라지 않은 상태에서 꽃이 핍니다. 봄에 싹이 튼 코스모스는 가을에 2m 가까이 자라는데, 7월에 뿌린 것은 1m 정도입니다. 이보다 더 늦게 뿌리면 키가 더 작을 때 꽃이 핍니다. 백일홍과 매리골드 등도 씨를 뿌리는 시기가 늦어지면 채 자라지 않은 상태에서 꽃이 핍니다.

그러면 가을에 씨를 뿌리는 식물의 씨앗을 이번에는 봄에 뿌리면 어떻게 될까요? 이 경우는 금방 낮이 길어지므로 식물의 몸이 성장하기도 전에 꽃이 피게 됩니다. 그리고 달갑지 않은 여름이 닥쳐와서 식물은 전체적으로 생기가 없습니다. 다만 추위가 심한 북쪽 지방에서는 가을에 씨를 뿌리는 식물을 봄에 뿌리기도 합니다. 보통 가을에 씨를 뿌리는 청대완두를 추운 지방에서는 봄에 뿌리는 일이 많습니다. 여름에도 서늘해서 잘 자라기 때문이죠. 씨를 뿌리는 시기는 식물을 키우는 지방의 날씨와도 관계가 있습니다.

가을에 씨를 뿌려 3cm 정도에서 꽃이 핀 만수국

씨를 뿌리는 방법

흩어뿌리기, 점뿌리기, 줄뿌리기

씨앗은 정원에 직접 뿌려서 키우는 경우와 '모종판'이라고 부르는 별도의 장소에 뿌려서 키운 다음, 그 모종을 정원에 옮겨 심는 경우가 있습니다. 모종판은 장소가 좁은 만큼 한눈에 살필 수 있고 물을 주기도 쉽습니다. 내가 좋아하는 이웃집 할머니는 정원 한쪽에 모종판을 만들어 늘 꽃모종을 키우십니다. 꽃을 좋아하는 사람에게 선물하기 위해서지요.

씨를 뿌리는 방법으로는 씨앗이 너무 작은 경우는 전체적으로 넓게 흩

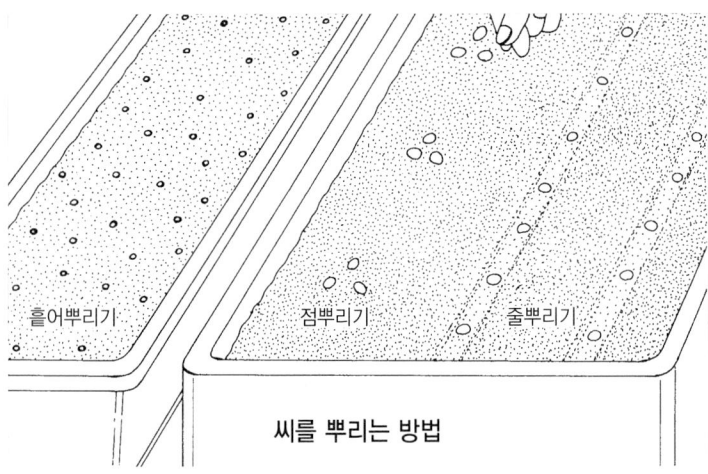

씨를 뿌리는 방법

어뿌리기를 합니다. 그런 다음 흙을 체로 쳐 가며 씨 위에 덮고 물을 줍니다. 이때 물을 너무 세게 주면 씨가 사방으로 흩어지므로 조심해서 되도록 물을 살살 뿌립니다. 화분을 이용한 모종판이면 분무기로 물을 뿌리는데, 흠뻑 젖을 정도로 뿌립니다. 씨앗이 굵을 경우는 나뭇가지나 나무젓가락 등으로 구멍을 내고 거기에 몇 알씩 심고(점뿌리기) 흙을 덮습니다. 이 밖에 살짝 줄을 긋고 거기에 씨를 뿌린 다음 흙을 덮는 줄뿌리기 방법도 있습니다.

옮겨 심으면 잘 자라지 못하는 식물도 있다

식물에 따라 밭이나 화분에 직접 씨를 뿌리지 않으면 자라지 않는 것이 있습니다. 뿌리가 곧고 곁뿌리가 없는 경우는 수분을 빨아들이는 뿌리털이 적어서, 옮겨 심으면 금방 약해지죠. 스위트피와 노랑루핀 같은 콩과 식물, 개양귀비와 캘리포니아포피 같은 양귀비과 식물, 그리고 해바라기 등이 그렇습니다. 따라서 이런 식물들은 키우려고 마음먹은 장소에 처음부터 직접 씨를 뿌려야 합니다.

씨를 뿌린 후에는 마르지 않도록 그 위에 씨앗 크기의 약 2배 두께로

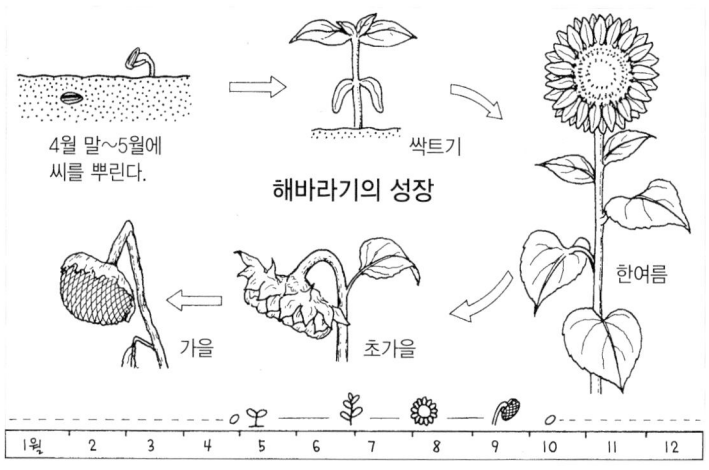

흙을 덮습니다. 즉, 씨앗이 작을수록 흙을 살짝 덮는 것입니다. 그러나 너무 얇게 덮어서 햇빛이 비치면 싹이 나지 않는 경우도 있습니다. 예를 들어 복수초, 맨드라미, 색비름, 유리당초 등은 씨가 저절로 땅에 떨어져 자라는 경우가 거의 없습니다.

저절로 씨가 땅에 떨어져 자라는 식물은 빛을 아주 좋아하는 것들입니다. 씨앗 봉투에 있는 '씨 뿌릴 때 주의해야 할 점'을 반드시 읽고 나서 씨를 뿌립시다.

모종 옮겨심기

모종과 모종 사이를 널찍이 띄워 심자

씨를 뿌리고 얼마 지나면 작은 싹이 나옵니다. 그런데 새싹들이 한군데로 뭉쳐 나와서 '저런, 넓게 뿌린다고 했는데!' 하며 실패를 반성하는 것도 이때입니다. 아무리 씨앗이 작아도 하나하나가 크게 자라기 때문에 뿌리 주변의 공간이 넉넉해야 합니다. 그래서 촘촘히 붙은 모종을 몇 개 뽑아서 솎아 주거나, 모종판에 심은 경우에는 본잎이 몇 장 나오고 나서 옮겨 심어 주거나 합니다.

어느 날 끈끈이대나물의 씨를 뿌렸는데, 씨앗의 크기가 너무 작아서 들러붙었던 것 같습니다. 거기서 새싹이 한데 뭉쳐 나와서 솎아 내려고 했지만 서로 붙어 있어서 옆에 있는 새싹까지 같이 뽑혔습니다. 그래서 어떻게 되나 보려고 그냥 두었더니 그 상태로 자라서 꽃이 피긴 하더군요.

그런데 키도 작고 힘도 하나도 없었습니다. 다른 곳에 제대로 뿌린 끈끈이대나물은 싱싱하고 크게 자라서 아름다웠는데 말이죠. '별거 아닌 것 같았는데….' 하고 놀란 적이 있습니다.

끈끈이대나물

뿌리가 상하지 않게 옮겨 심는다

어린 모종을 옮겨 심을 때는 조심해서 살살 다뤄야 합니다. 아주 작은 것은 숟가락으로 뿌리째 떠서 파낸 다음, 곧바로 옮겨 심도록 합니다. 그보다 더 작은 것은 핀셋을 이용해도 됩니다. 햇볕이 닿아서 마른다면 곧바로 시들게 되므로 되도록이면 저녁에 옮겨 심으면 됩니다. 바람이 세게 부는 날도 피해야 합니다. 어쩔 수 없이 낮에 모종을 옮겨 심어야 할 경우에는 잎사귀가 달린 나뭇가지 등으로 햇볕을 가려 줍니다. 이것은 바람막이 역할도 합니다.

뿌리가 내리고 겨우 자리잡은 식물을 옮기는 것이므로 어린 모종이 새로운 흙에 익숙해질 때까지 계속해서 보살펴 주어야 합니다. 옆에 있는 모종과 뿌리가 뒤엉켜 있거나 할 때는 한쪽을 가위로 잘라 줍니다. 그런데 모종과 모종 사이는 어느 정도 간격으로 심으면 좋을까요? 간격은 식물의 크기에 따라 달라지는데, 팬지라면 약 10cm, 국화나 백일홍은 약 20cm, 키가 큰 달리아나 칸나는 약 50cm를 기준으로 하면 될 것입니다.

여러해살이 식물을 심으려면?

내버려 두어도 해마다 꽃이 피는 식물

꽃이 피고 열매가 맺히고 잎과 줄기가 말라 죽은 다음에도 뿌리는 살아서 해마다 꽃이 피는 식물을 '여러해살이 식물'이라고 부릅니다. 여러해살이 식물로는 도라지, 국화, 동자꽃, 모란, 작약, 개옥잠화 등이 있습니다. 그냥 내버려 두어도 정원을 아름답게 꾸며 주므로 공들이지 않고도 키울 수 있는 식물입니다. 다만 너무 불어나면 뿌리가 건강하게 자라지 못해서 생기가 없어집니다. 그때는 포기나누기(256쪽)를 해줘야 합니다.

여러해살이 식물은 대부분 겨울에는 땅 위의 잎과 줄기가 말라 죽게 되는데, 따뜻한 실내에 두면 싱싱하게 겨울을 나는 것이 있습니다. 제라늄, 블루데이지, 헬리오트로프, 란타나 등입니다. 그리고 기온이 높은 곳에서 겨울을 나면 좋은 식물로 마거리트, 베고니아, 선인장 종류, 그리고 난 종류가 있습니다.

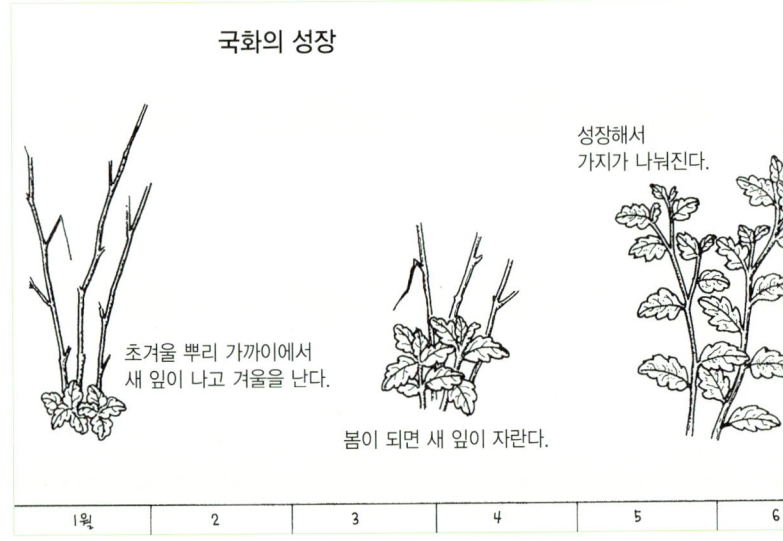

추위에 강한 식물과 약한 식물

보통 열대 지방이 원산지인 식물은 겨울에 실내나 온실에 들여놓고 키웁니다. 마거리트의 원산지는 대서양의 카나리아 제도인데 서리가 내리지 않는 지방에서는 포기가 크게 자랍니다. 서리가 내리고 안 내리고는 식물에게는 매우 중요한 일입니다. 서리는 기온이 영하로 내려갔을 때 수증기가 얼어서 생기는 것으로, 이것은 결국 식물 안에 있는 수분을 얼게 할 염려가 있다는 것을 의미합니다.

가을, 겨울에 첫서리가 내릴지도 모른다는 일기예보가 있으면 밖에 내놓은 것 중 추위에 약한 식물의 화분은 바로 집 안으로 들여놓아야 합니다. 그렇지 않으면 죽고 마니까요. 또 봄에 실내 모종판에서 키운 모종을 정원에 옮겨 심을 때도 서리가 내릴 염려가 있다면 하지 않습니다. 추운 지방에서는 5월까지도 서리가 내리므로 봄, 가을에도 서리에 대한 대비를 해야 합니다.

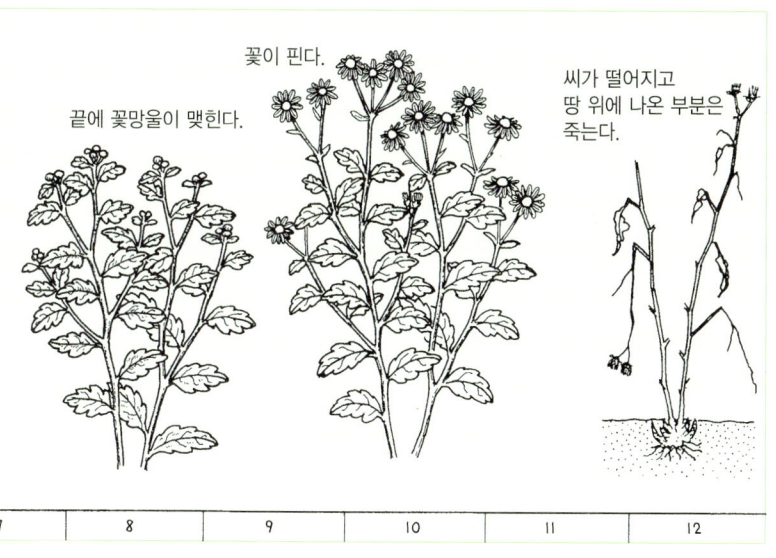

1년 내내 꽃 피는 정원 계획 I

1월	2월	3월	4월	5월	6월
팬지·제비꽃	팬지·제비꽃	팬지·제비꽃	팬지·제비꽃	샤스타데이지	샤스타데이지
꽃양배추	프리뮬러	프리뮬러	프리뮬러	안개꽃	안개꽃
데이지	데이지	데이지	데이지	붓꽃	붓꽃
시클라멘	프리지어	프리지어	프리지어	패랭이꽃	패랭이꽃
수선화	수선화	수선화	개양귀비	개양귀비	칼라
복수초	복수초	복수초	마거리트	마거리트	마거리트
게발선인장	스노우드롭	스노우드롭	금어초	금어초	금어초

1년 내내 꽃이 피어 있는 정원을 만들려는 생각에서 키우기 쉬운 것을 모아 보았습니다. 이 중에서 키우고 싶은 꽃을 고른 다음, 언제 씨를 뿌리면 좋은지 다음 쪽에서 찾아보세요.

7월	8월	9월	10월	11월	12월
샤스타데이지	코스모스	코스모스	코스모스	코스모스	팬지 · 제비꽃
매리골드	매리골드	매리골드	매리골드	매리골드	꽃양배추
꽃창포	백일홍	백일홍	백일홍		포인세티아
패랭이꽃	페튜니아	페튜니아	페튜니아	페튜니아	시클라멘
칼라	샐비어	샐비어	샐비어	샐비어	수선화
거베라	거베라	거베라		국화	국화
한련	한련	한련	한련	게발선인장	게발선인장

1년 내내 꽃 피는 정원 계획 II

1년 꽃 계획표

※ 표시는 실내에서 키우는 식물

	1월	2월	3월	4월	5월	6월	7월	8월	9월	10월	11월	12월
붓꽃					❋	❋			◖	◖		
거베라				◖	◖		❋	❋	❋	❋		
안개꽃					❋	❋			◖	◖		
칼라				◖	◖	❋	❋					
국화				♣	♣					❋	❋	❋
금어초				❋	❋	❋			◖			
코스모스				◖	◖			❋	❋	❋	❋	
샐비어				◖	◖			❋	❋	❋	❋	
※시클라멘	❋				♣	♣						❋
※게발선인장	❋			♣	♣						❋	❋
샤스타데이지					❋	❋	❋		◖	◖		
수선화	❋	❋	❋						◖	◖		❋
스노우드롭			❋	❋					◖	◖		
패랭이꽃				❋	❋	❋				◖		

- 🌱 씨 뿌리는 시기
- 🧅 알뿌리를 심는 시기
- 🌿 모종이나 포기를 심는 시기
- ✺ 꽃이 피는 시기

꽃양배추 꽃은 4~5월에 피지만, 겨울에는 색깔 고운 잎을 즐길 수 있다.

	1월	2월	3월	4월	5월	6월	7월	8월	9월	10월	11월	12월
데이지	✺	✺	✺	✺					🌱	🌱		
한련					🌱	✺	✺	✺	✺			
꽃창포						✺🌿	✺🌿					
꽃양배추	✺					🌱				🌿		✺
팬지·제비꽃	✺	✺	✺	✺					🌱	🌱		✺
개양귀비				✺	✺					🌱	🌱	
백일홍					🌱	🌱		✺	✺	✺	✺	
복수초	✺	✺	✺	🌿								
프리지어		✺	✺	✺					🧅	🧅		
프리뮬러		✺	✺	✺	🌱	🌱				🌿		
페튜니아				🌱	🌱			✺	✺	✺	✺	
※포인세티아				🌿	🌿	🌿	🌿				✺	✺
마거리트			🌿	✺	✺	✺				🌿		
매리골드				🌱	🌱		✺	✺	✺	✺	✺	

알뿌리 식물 심기

영양분이 가득 차서 부풀어 오른 것

알뿌리 식물은 땅 위에 있는 부분은 말라 죽었어도 알뿌리는 살아 있으므로 여러해살이 식물의 일종입니다. 알뿌리는 앞으로 잎이 될 것, 줄기가 될 것, 그리고 뿌리가 될 것 등이 한 덩어리를 이루고 그 안에 영양분을 저장해서 부풀어 오른 것입니다. 알뿌리의 모양은 여러 가지인데 튤립과 수선화, 크로커스는 물방울이 수백 배로 커진 듯한 둥근 모양이고, 프리지어는 약간 모난 모양입니다.

원산지는 대부분 유럽 중남부에서 지중해 연안, 남아프리카 등 건조한 날이 오래 계속되는 지방입니다. 즉, 비가 오기 시작하면 활동하기 시작하고 꽃이 피고 건조해지면 활동을 멈춥니다. 이 시기에 원산지 사람들은 알뿌리를 파서 세계 각지로 보내는데, 알뿌리 식물이 모두 유럽 등 외국 원산인 것은 아닙니다.

우리나라와 중국, 일본 등이 원산지인 알뿌리 식물도 있습니다. 말나리, 참나리, 털중나리, 땅나리, 하늘말나리와 같은 나리의 종류들이 그것입니다.

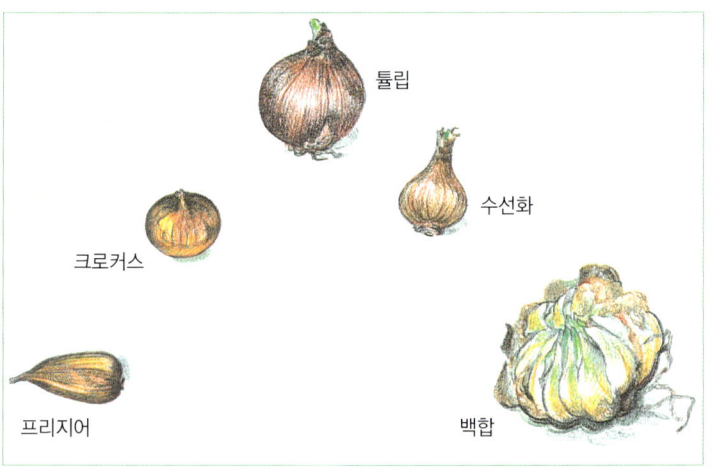

봄에 심는 알뿌리와 가을에 심는 알뿌리

알뿌리는 봄에 심는 것과 가을에 심는 것이 있습니다. 봄에 심는 알뿌리는 달리아, 칸나, 글라디올러스, 아마릴리스, 꽃생강 등 주로 열대 지방이 원산지인 것이 많습니다. 초여름부터 가을에 걸쳐서 꽃이 피고 서리가 내리면 땅 위의 부분은 말라 죽습니다. 그대로 두면 알뿌리도 얼어 죽으므로 겨울이 오기 전에 알뿌리를 파내서 왕겨나 톱밥 속에 넣어 적당한 온도(5℃ 이상)에서 보관해야 합니다.

가을에 심는 알뿌리는 수선화, 튤립, 히아신스, 프리지어, 무스카리 등 원산지가 온대 지방인 경우가 많은데, 봄에 꽃이 핀 후에 여름이 되면 뿌리의 발육이 멈춰 버립니다. 그러나 내버려 두어도 봄에 심는 알뿌리와는 달리 여름 더위에 죽는 일은 없습니다. 10년 동안이나 아무렇게나 두었던 수선화가 앞다투어 피어서 탐스럽게 무리를 이루는 것을 본 적이 있습니다. 하지만 알뿌리가 지나치게 불어나면 서로 성장을 방해하게 될 수도 있습니다. 따라서 몇 년에 한 번씩은 알뿌리를 파내서 옮겨 심어 주는 것이 좋습니다.

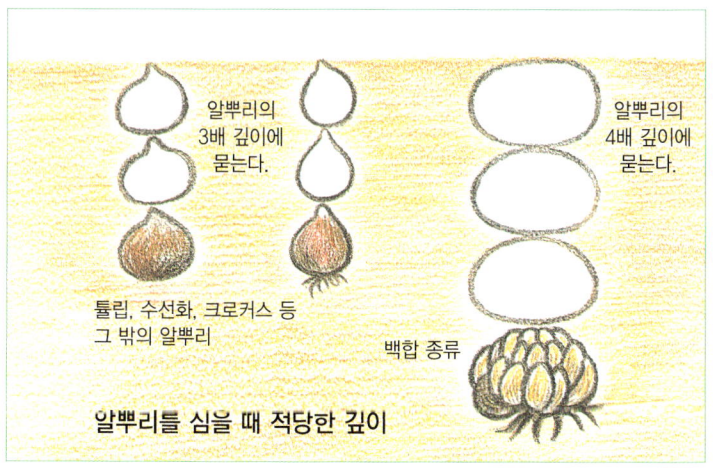

알뿌리를 심을 때 적당한 깊이

알뿌리 식물로 정원 꾸미기

알뿌리 식물을 키우는 재미

씨를 뿌리면 꽃이 피듯이 알뿌리를 심어도 꽃이 핍니다. 꽃이 핀다는 점은 같지만 사실 여기에는 큰 차이가 있습니다. 왜냐하면 알뿌리의 경우, 봄에 '또 튤립이 피었네.' 할 때 그 말은 지난해에 피었던 같은 튤립이 폈다는 뜻입니다. 리네아의 《신기한 식물일기》라는 책에서도 그 놀라움을 적고 있습니다. '바싹 마른 갈색 알뿌리에서 어떻게 이런 크고 탐스런 아마릴리스 꽃이 피는 걸까?' 하며 기뻐하는 것이죠. 알뿌리에서 해마다 피어나는 꽃은 지난해 피었던 꽃의 환생이라고 할 수 있습니다.

그러나 씨앗은 식물의 자식입니다. 코스모스나 해바라기의 씨는 그 꽃의 자식이므로, 그 씨를 뿌려 피어난 꽃은 부모와 닮기는 했어도 완전히 다른 꽃이죠. 내가 엄마와 닮았지만 엄마가 아니듯이 말이죠. 똑같아 보이는 꽃에도 이런 비밀이 있습니다.

알뿌리를 파내서 보관한다

영양분을 잔뜩 저장해서 부풀어 오른 알뿌리는 작은 씨앗과 비교하면 훨씬 믿음직스럽습니다. '알뿌리에 저장된 영양분이 이렇게 많으니 반드시 자랄 수 있을거야!' 라고 기대할 수 있기 때문이죠.

'무스카리를 정원 가장자리에 쭉 둘러 심고, 뒤에는 무릇과 얌전한 느낌을 주는 은방울수선화를 많이 심어야지!' 이런저런 생각을 하며 알뿌리를 심으면 꽃이 피었을 때 광경을 상상할 수 있어 무척 즐겁습니다.

가을에 심는 알뿌리는 추운 지방에서는 조금 일찍, 따뜻한 지방에서는 11월 들어서 심어도 됩니다. 봄에 꽃이 다 피고 난 다음에 파낼 때는 잎이 시들어 누렇게 되는 시기를 기준으로 하면 됩니다. 통풍이 잘 되는 그늘에서 말려서 서늘한 곳에 보관해 둡시다. 봄에 심는 알뿌리는 잎이 시든 다음에 파서 말린 다음, 왕겨나 톱밥 등에 넣고 5℃ 이상 되는 곳에 보관합니다.

알뿌리 식물의 수경 재배

뿌리가 어떻게 자라는지 자세히 볼 수 있다

히아신스, 크로커스, 수선화 등을 수경 재배해 봅시다. 알뿌리는 꽃이 필 때까지 필요한 영양분을 그 안에 갖고 있어서 물만 있으면 흙이 없어도 자랍니다. 땅에서 자라는 식물도 땅속의 영양분을 물에 녹은 상태로 흡수하기 때문에 비료를 녹인 물만 있으면 어느 식물이나 키울 수 있습니다. 실제로 수경 재배는 각종 식물과 채소 재배에 이용되고 있습니다. 수경 재배할 때, 뿌리가 물에 너무 많이 잠기면 호흡을 할 수 없으므로 펌프로 공기를 뿜어 넣거나 뿌리가 공기에 닿을 수 있게 해 줍니다.

물에 녹아 있는 영양분, 그리고 호흡할 수 있는 산소가 식물에게 중요하다는 사실을 알아 둡시다. 그러나 꽃 피는 것만 보려고 할 때는 비료가 없어도 됩니다. 수경 재배할 때 쓰는 그릇은 컵을 이용해도 좋고 화원에서 팔고 있는 것을 사서 사용할 수도 있습니다.

히아신스
수경 재배 그릇
알뿌리

뿌리 끝은 물속에, 뿌리 밑동은 공기에 닿게 한다

수경 재배는 수온이 15℃ 이하로 내려갔을 때 시작하는 것이 좋습니다. 수온이 오르면 박테리아가 생기고 물이 오염되어 식물의 뿌리가 썩게 되니까요. 따라서 12월경까지는 어둡고 서늘한 곳에 두고, 뿌리가 자란 뒤에는 뿌리 끝은 물에 잠기게, 뿌리 밑동은 공기가 닿을 수 있도록 조절합니다. 뿌리가 다 자라고 나면 기온이 0℃ 정도 되는 곳에 두었다가 1월 말부터 따뜻한 곳으로 옮겨 햇볕을 받으면 이번에는 잎이 자랍니다. 이렇게 하면 2월 말경부터 줄기 끝에 예쁜 꽃이 핍니다. 알뿌리가 클 경우, 두 송이가 피기도 합니다.

알뿌리 재배는 잎이 자랄 때까지 온도를 낮게 유지하는 것이 중요합니다. 가을에 심는 알뿌리로 수경 재배하는 것도 이런 이유에서입니다. 봄이 되어 기온이 올라가면 알뿌리를 물이 잘 빠지는 흙에 묻어 주고, 화분에서 키웁니다.

나무 심기

양달을 좋아하는 나무, 응달을 좋아하는 나무

우리가 나무를 심는 데는 여러 가지 목적이 있습니다. 꽃이 좋아서, 열매를 따기 위해서, 바람막이나 그늘을 만들기 위해서 심기도 합니다. 그런데 나무는 그 성질에 따라 맞는 장소가 따로 있습니다. 무궁화, 장미, 수수꽃다리, 벚나무, 복사나무, 매실나무, 명자나무, 자귀나무 등은 양지바른 곳에서 잘 자랍니다. 집 남쪽에 명자나무나 무궁화를 심어 울타리를 만들면 정말 멋있습니다. 한편 식나무, 팔손이, 죽절초, 백량금 등은 응달에서 잘 자랍니다. 동백나무, 치자나무, 남천, 수국, 망종화 등은 볕이 드는 시간이 적어도 괜찮기 때문에 큰 나무 그늘에서도 잘 자라죠.

평소 집 뜰에 해가 어느 정도 드는지 알고 있으면 식물을 심을 때 도움이 됩니다. 그리고 똑같이 볕이 잘 드는 뜰이라고 해도 도시냐 시골이냐에 따라 햇빛의 강도가 크게 다릅니다. 그러나 햇빛의 강도가 별로 신통치 않은 도시에서도 동백나무, 치자나무, 남천, 철쭉, 편백 등으로 멋진 정원을 만들 수 있습니다.

나무 심는 순서

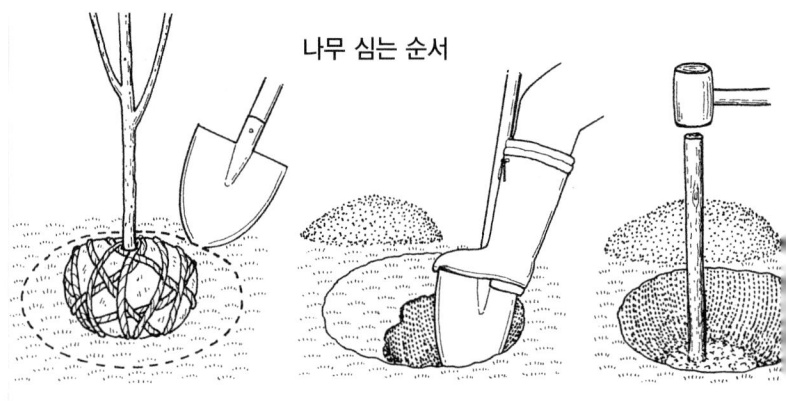

파낼 자리에 표시를 한다.   구덩이를 깊게 파고 버팀목을 세운다.

뿌리가 쉬는 시기를 고른다

차나무와 철쭉으로 산울타리를 만들까 아니면 열매를 먹을 수도 있는 과일나무를 심을까? 뜰에 나무가 하나만 있어도 분위기가 크게 달라집니다. 나는 달짝지근하게 술을 담글 욕심으로 앵두나무와 향이 좋은 모과나무를 심었습니다. 보통 과일나무는 가을이나 눈이 녹기 시작하는 이른 봄에 심습니다.

나무는 뿌리가 쉬는 시기를 골라 심는 것이 원칙입니다. 뿌리가 활동을 시작한 뒤 옮겨 심으면 식물이 약해집니다. 묘목이 충분히 들어갈 수 있도록 구덩이를 크게 파고 거기에 묘목을 세운 다음, 파낸 흙으로 다시 덮습니다. 반쯤 흙을 덮었으면 양동이로 물을 떠다 흠뻑 붓고, 발로 밟아서 흙 속의 공기가 빠지도록 해 줍니다. 나머지 흙을 3~4번으로 나눠 덮고, 물을 붓는 식으로 계속 반복합니다. 나무의 뿌리를 제대로 뻗게 하려면 뿌리와 흙이 잘 어우러지게 하는 것이 매우 중요합니다. 또 바람에 흔들리지 않도록 이때 버팀목을 세워 끈으로 묶어 주면 좋습니다.

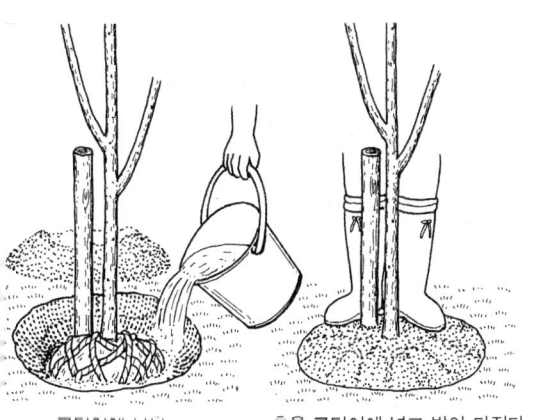

구덩이에 물을 넉넉히 붓는다.

흙을 구덩이에 넣고 밟아 다진다.

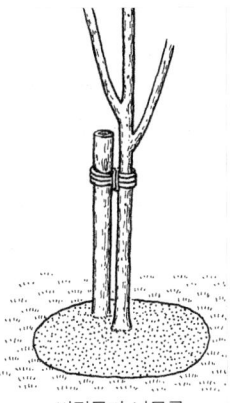

버팀목과 나무를 묶어 준다.

과일나무를 심을 때 주의할 일

한 그루만으로는 열매가 열리지 않는 나무

꽃을 즐기고 열매도 맛볼 수 있는 나무가 정원에 있으면 참 좋습니다. 그런데 이런 나무를 심을 때 알아야 할 것은 한 그루만으로는 열매를 맺지 못하는 나무가 있다는 점입니다. 매실, 버찌, 사과, 복숭아, 자두, 배, 살구 등의 나무가 대표적인데, 이런 과일나무를 심을 때는 적어도 두 그루, 그것도 품종이 다른 것을 심어야 합니다.

시기는 가을부터 3월경까지가 가장 좋습니다. 화원에서는 열매 달린 것을 팔기도 하는데 그것은 뿌리치기를 해서 미리 잔뿌리가 많게 만든 묘목이므로 그대로 심어도 잘 자랍니다. 구덩이에 퇴비를 먼저 넣고 흙을 약간 덮은 다음, 묘목을 세워 심습니다. 나무가 자라서 열매를 딴 다음에는 가을에서 겨울을 걸쳐 나무 주위에 구덩이를 몇 개 파서 그 안에 퇴비를 넣어 줍니다. 저는 열매를 딸 때마다 '맛있게 먹을게. 고마워.'라고 인사를 하곤 합니다.

발코니에서 과일을 키우자

발코니에서 과일을 키워 보고 싶은 사람은 덩치가 그다지 크지 않은 과일나무를 심어 보세요. 라즈베리, 서양까치밥나무, 블루베리, 금감, 쉬나무, 재래종 사과나무 등이 그것입니다. 지름 18~24cm 화분으로도 발코니에서 키울 수 있습니다. 화분이 크면 흙이 많이 들어가서 식물에게는 좋지만 운반하기가 어렵습니다. 흙은 화분용 흙 만들기(140쪽)를 참고하세요.

선반을 만들어 키위를 키울 때는 암나무와 수나무 한 쌍이 있어야 합니다. 꽃이 피면 벌과 나비 대신, 꽃 하나를 잘라서 그 수술의 꽃가루를 다른 꽃의 암술에 묻혀 가루받이해 줍니다. 나무를 손질할 때 주의할 일이 있습니다. 가지를 쳐 줄 때는 꽃눈을 자르지 않게 주의해야 합니다. 당연한 이야기지만 꽃이 피지 않으면 열매가 열리지 않으니까요. 그래서 가지치기는 수확이 끝난 다음에 해 주는 것이 좋습니다.

덩굴 식물을 심으려면?

작은 땅을 이용해서 푸르름을 연출한다

포장된 도로에 콘크리트 건물, 땅은 아무 데도 보이지 않는데 건물 벽은 푸른 담쟁이덩굴 잎으로 덮여 있습니다. 벽의 녹색을 따라 한참 헤매다 보면 아주 좁은 땅 위 한 줌 흙과 만나게 됩니다. 덩굴 식물의 매력은 손바닥만한 넓이라도 땅만 있으면 식물이 크게 뻗어 나간다는 점입니다. 담 밑에 능소화를 심어 놓으면 여름에 주홍색 꽃으로 벽이 온통 꽃밭이 됩니다.

그러나 직접 벽을 타고 뻗어 올라가게 내버려 두면 집이 망가지므로 가능하면 벽 앞에 덩굴이 뻗을 수 있게 울타리를 대 주세요. 예를 들면, 격자무늬로 판자를 짜서 벽과 조금 떨어뜨려 세우는 거죠. 덩굴장미, 노박덩굴 등도 예쁜 꽃이 피는 덩굴 식물입니다. 이들은 해마다 꽃을 피웁니다. 또 나팔꽃 같은 한해살이 식물에는 버팀목을 세워 주거나 줄을 쳐 줘서 올라가게 해도 좋습니다.

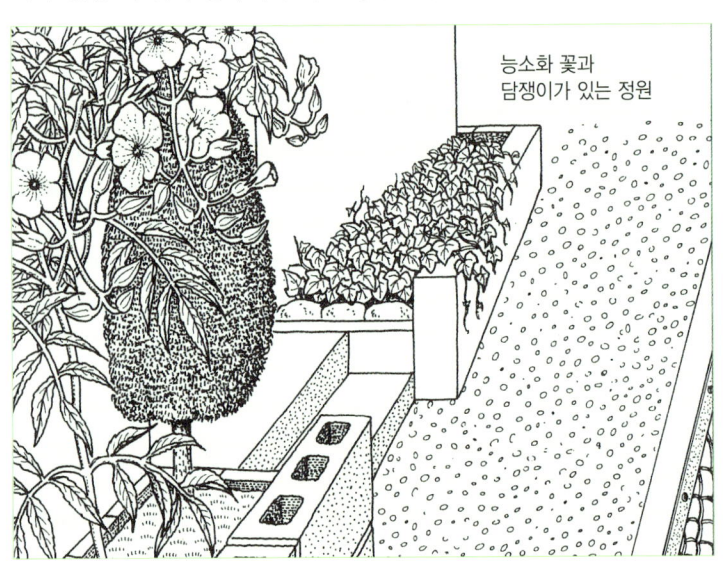

능소화 꽃과 담쟁이가 있는 정원

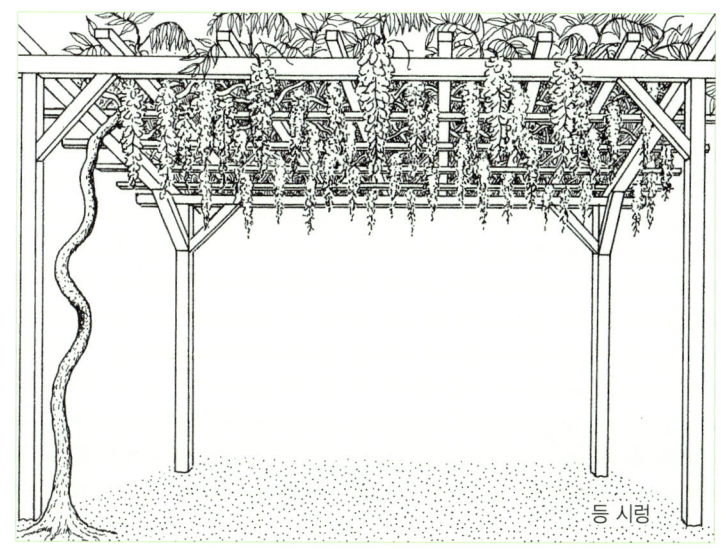

등 시렁

시렁에 올려 시원한 그늘을 만든다

덩굴 식물이 한없이 뻗어 가는 것을 보면 참 재미있습니다. 뭐든지 덩굴손에 잡히기만 하면 타고 오르는 스위트피. 완두콩과 붉은강낭콩은 꽃과 열매를 함께 즐길 수 있어 좋습니다. 수세미오이와 표주박을 선반에 올리면 그 그늘에서 멋지고 시원한 여름을 보낼 수 있습니다. 열매를 수확한 뒤에는 각각 수세미와 바가지를 만들어 쓸 수 있습니다.

수세미오이는 1~2주 동안 물에 담가서 부드러운 부분을 썩게 하면 수세미가 됩니다. 또한 바가지는 표주박을 길게 반으로 잘라 속과 씨를 긁어내고 말리면 됩니다. 바가지 겉에 재미있는 그림을 그려 넣으면 더 좋겠죠!

꽃이 예쁜 등과 으름덩굴도 선반에 올려 키울 수 있습니다. 시렁을 세울 장소가 없을 때는 덩굴이 자라는 족족 잘라 주면 줄기가 굵어져 전체적으로 키가 낮게 자라면서 꽃이 핍니다.

채소 키우기

팔기 위한 채소, 먹기 위한 채소

원예 책을 보면 채소 재배는 정말 공이 많이 들고 만만치 않은 일이라는 생각이 듭니다. 심기 전에 비료를 주고 어느 정도 자라고 난 뒤에도 여러 차례로 나눠서 추가 비료를 줍니다. 그리고 병이 생기면 약을 뿌려야 하고 벌레가 있으면 살충제를 사용해서 죽여야 한다고 되어 있습니다. 파드득나물이나 차즈기, 파같이 튼튼해 보이는 채소에 대해서도 마찬가지로 살충제를 사용해야 한다고 적혀 있습니다. 그러나 책에 나와 있는 설명은 대량으로 재배해서 시장에 내놓는 '상품'으로서의

채소 재배 방법입니다. 상품이 되려면 크기나 품질을 고르게 만들어야 하며 병이 생겼거나 벌레 먹은 것은 상품으로서의 가치가 떨어지기 때문입니다.

그런 전문적인 재배 방법과 우리들이 직접 먹기 위해 채소를 키우는 마음가짐은 다를 수밖에 없습니다. 우리가 채소를 재배하려는 것은 재미 반, 실용 반이므로 채소의 크기가 일정하지 않아도 되고, 벌레가 조금 먹었다고 해서 기분 나빠할 필요도 없습니다.

채소의 특성을 미리 알아두자

토마토, 가지, 피망, 오크라 등은 어느 정도 자라면 곁눈을 따라고 책에 쓰여 있습니다. 예를 들어 방울토마토를 그냥 두면 가지가 사방팔방으로 뻗쳐서 마치 정글처럼 되니까요. 안쪽에 열린 토마토는 쪼그리고 앉아서 팔을 뻗어야 딸 수 있을 정도입니다. 그렇긴 해도 내 경험으로 방울토마토는 그냥 둬도 여름부터 10월 말까지 따 먹을 수 있을 정도로 잘 자랍니다. 다만 지나치게 엉켜 있는 곳만 가지를 몇 개 자르고 통풍이 되도록 해 주면 됩니다. 곁눈을 꼭 따지 않아도 오크라,

피망, 가지 등은 별문제 없이 수확할 수 있었습니다. 즉 채소를 키울 때, 법칙은 없다는 거죠.
식물은 원래 자기 힘으로 꽃을 피우고 열매를 맺습니다. 자손을 남기기 위해서입니다. 그래서 채소 재배에서 필요한 것은 그 채소가 갖는 특성, 즉 햇볕을 좋아한다든지, 비료를 많이 줘야 한다든지 하는 내용을 미리 아는 것도 좋겠지만, 지나치게 결과를 걱정할 필요는 없습니다. 대부분의 채소는 웬만한 땅에서 잘 자랍니다.

채소 재배와 이어짓기

이어짓기란 무엇일까?

처음에는 저도 같은 장소에서 같은 종류의 채소를 해마다 심으면 안 된다고 하는 이어짓기 문제로 고민했습니다. 같은 영양분이 빠져나가므로 흙 성분의 균형이 깨져 병충해가 생기기 쉽다는 것이죠. 토마토를 심었던 곳에는 3~4년간은 가지과 식물을 심지 말라고 여러 책에 나와 있습니다.

나의 경우, 지난해에 익어서 그 자리에 떨어진 방울토마토 씨가 건강하게 자라서 올해도 주렁주렁 열렸습니다. 근처 밭에서는 봄에 감자를

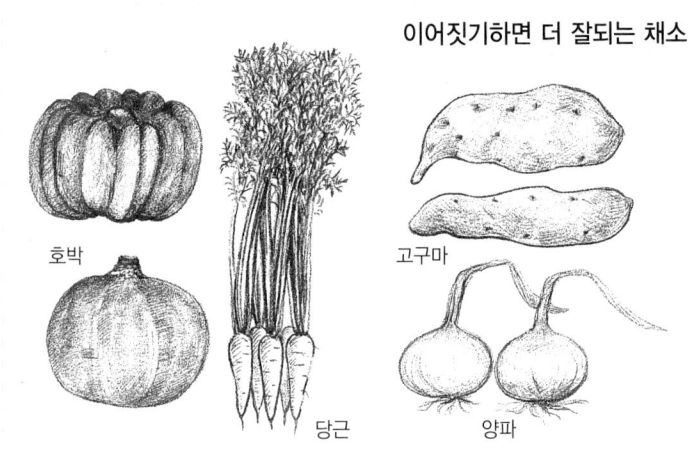

이어짓기하면 더 잘되는 채소

호박
당근
고구마
양파

심고 그것을 수확한 다음에 무를 심었는데 이렇게 하기를 10년 이상 계속했습니다. 그래도 문제없는 걸 보면, 이어짓기 문제를 너무 심각하게 생각할 필요는 없는 것 같습니다. 실제 밭에서는 계속해서 같은 채소를 심으면 병이 생기거나 선충이 뿌리에 혹을 만들어 성장을 방해하는 일이 일어나서 심각한 문제를 일으키기도 합니다. 그러나 여러 종류의 작물을 심는 작은 텃밭의 경우는 아직 모를 일입니다.

퇴비로 흙을 건강하게 만들자

이어짓기 문제가 생기는 것은 같은 종류의 채소를 많이 재배하는 농가에서의 얘기입니다. 그중에서도 가장 피해가 심한 것이 무, 토마토(방울토마토가 아니다), 오이입니다. 전체 재배량의 약 10% 정도의 비율로 병이 생긴다고 합니다. 그리고 같은 채소라도 심는 계절에 따라 병이 생기는 때와 그렇지 않은 때가 있습니다. 제철에 심지 않으면 병이 날 확률이 더 크다고도 합니다.

반대로 호박이나 당근, 고구마는 이어짓기를 해야 더 맛있다고 하는데

왜 그런지는 밝혀지지 않았습니다. 그리고 병의 원인이 채소의 이어짓기 때문인지, 아니면 농약 때문에 흙이 나빠져서인지도 아직 결론이 나지 않았습니다. 그러나 채소를 대량으로 재배하는 밭과 우리들의 작은 밭과는 조건이 다르므로 이어짓기에 대해서는 그렇게 문제삼지 않아도 될 것입니다. 그보다는 영양분이 많은 땅을 만들어 주는 것이 더 중요합니다. 퇴비를 계속 만들어 땅에 뿌려 주는 일만 게을리 하지 않으면 나머지는 걱정하지 않아도 됩니다.

우리 집 정원에 맞는 채소 가꾸기

잘 생각해서 채소를 정한다

부담 없이 채소를 키우려면 먼저 우리 뜰에 어떤 채소가 좋을지 정해야 합니다. 첫해에는 생각나는 대로 심어 보고, 다음 해부터는 잘 자라는 채소를 심는 방법도 좋습니다. '해가 잘 들지 않는 곳이니 채소 재배가 어려울 거야.'라며 단념하는 사람이 있다면 파드득나물이나 양하, 파를 심어 보세요. 이들은 하루종일 그늘지는 곳에서도 잘 자라며, 한 번 심어 놓으면 신경을 쓰지 않아도 해마다 다시 나옵니다.

양하의 꽃눈을 찾아 따는 일도 재미있고, 또 따 주지 못해서 꽃이 피더라도 꽃이 참 예쁩니다. 이랑을 만들 필요도 없고 그저 빈 땅에 심어 놓기만 하면 됩니다.

반나절 정도 볕이 든다면 파, 양파, 양상추, 시금치, 쑥갓, 유채 등이 적당합니다. 그 밖의 채소도 웬만하면 잘 자랍니다. 화분이나 플랜터에 채소를 키우면 필요할 때 옮길 수도 있어 편리합니다.

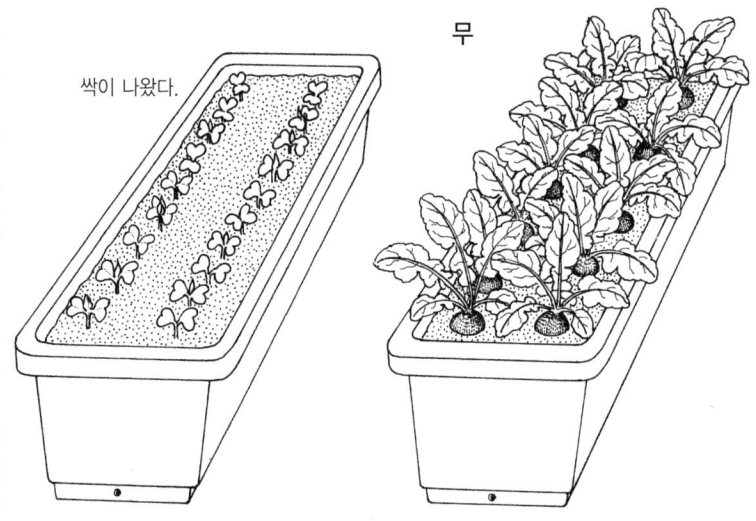

바람이 적고 물이 잘 빠지는 곳

햇볕 다음으로 생각할 것이 바람과 배수 문제입니다. 키가 작은 채소는 문제없지만, 대부분의 채소는 바람이 센 곳에서는 흔들려서 제대로 자라지 못합니다. 땅에 공기가 잘 통해야 좋은 것도 사실이지만 바람이 세게 부는 것과는 별개의 문제입니다. 바람이 센 장소에서 태풍이라도 불면 한순간에 채소밭은 엉망이 되고 맙니다. 될 수 있으면 바람이 직접 닿지 않는 곳을 채소밭으로 정하고 그것이 어려우면 다른 나무로 울타리를 만들어 가려 주어야 합니다.

또 하나 채소를 기를 때 생각해야 할 문제가 배수 문제! 뿌리 주위에 물이 고이면 뿌리가 썩습니다. 물이 잘 빠지게 하려면 두둑을 만들어 흙을 높여 주고 이랑을 내는 것이죠. 밭 자체를 주위 땅보다 한 단계 높여 주고 가장자리를 돌로 싸 주는 것도 방법입니다. 이렇게 하면 허리를 펴고 일할 수 있어 평평한 곳에 심었을 때보다 힘이 덜 듭니다.

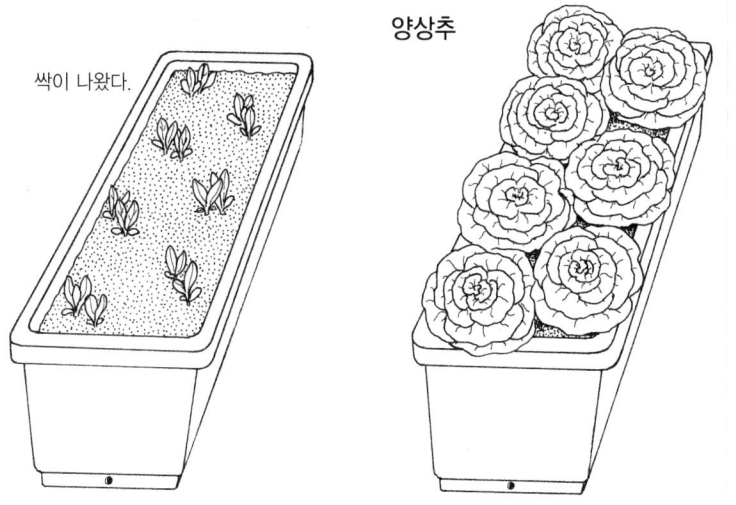

채소의 원산지

더운 곳에서 잘 자라는 채소, 추위를 좋아하는 채소

대부분의 채소는 봄이나 가을에 씨를 뿌립니다. 봄이냐, 가을이냐는 구분은 그 채소의 원산지가 어딘가에 따라 결정되는데, 더운 나라에서 온 것은 더운 계절에만 자랍니다. 우리나라는 온대 기후에 속하고 여름에는 꽤 덥습니다. 그래서 원산지가 열대 지방인 채소는 서리가 내리지 않는 봄부터 여름 사이에 키울 수 있는 것입니다. 또 온대 지방이나 추운 지방이 원산지인 채소는 여름 더위와 건조한 기후에 약하므로 가을에 키우거나 가을에 씨를 뿌려 겨울을 나고 봄에 키우거나 합니다. 이것은 채소뿐만 아니라 모든 식물이 그렇습니다. 식물은 자기에게 맞는 기후에서 잘 자랍니다.

재배 식물의 대이동

현재 세계에서는 약 2300종의 식물이 재배되고 있습니다. 인간이 오랜 세월에 걸쳐서 야생 식물을 조금씩 변화, 개량시켜 재배하고 있는 것입니다. 이들 재배 식물의 야생종은 대체 어디에서 왔을까요? 1883년 발간된 《재배 식물의 기원》이라는 책에서 스위스의 식물학자 캉돌은 249종 식물의 기원을 밝히고 있습니다.

먼저 그는 재배 식물의 야생종을 알아보고, 그것이 거기에 자생하고 있던 것이었는지 다른 데서 온 것인지를 조사했습니다. 그리고 249종의 식물 가운데 200종은 구대륙(유럽, 아시아, 아프리카), 49종은 신대륙에서 기원하였고, 1492년 콜럼버스의 신대륙 발견이 재배 식물을 대대적으로 이동시키는 계기가 되었다는 것을 밝혀 냈습니다. 신대륙에 있던 감자, 옥수수, 고추가 구대륙으로 전파되었고, 한편 구대륙의 참밀, 보리, 커피나무는 신대륙으로 전해졌습니다. 그 후 캉돌의 이론을 바탕으로 연구가 더욱 진전되었는데, 오늘날 재배 식물의 기원을 크게 여섯 개 지역으로 나누고 있습니다.

재배 식물의 기원

지중해 · 서남아시아 – 참밀, 보리, 완두콩, 양배추, 양파, 당근, 무, 사과나무 등

아프리카(서아프리카와 에티오피아 고원) – 동부, 오크라, 수박, 멜론, 커피나무, 표주박 등

중국(중국과 주변 온대 지역) – 피, 수수, 조, 콩, 팥, 복사나무, 밤나무, 호두나무, 배나무, 개암나무, 고추냉이, 초피나무 등

동남아시아 · 인도 – 벼, 토란, 가지, 오이, 코코스야자, 바나나, 망고, 육두구, 차, 사탕수수 등

중앙아메리카(멕시코 중심) – 옥수수, 고구마, 고추, 호박, 해바라기, 아보카도 등

남아메리카(안데스 산맥 주변) – 도마토, 땅콩, 강낭콩, 파인애플, 카사바, 캐슈넛, 감자, 담배 등

채소 가꾸는 재미

채소를 솎아 먹는다

채소는 무처럼 한 달이면 수확할 수 있는 것도 있지만 대개 2~3개월이 걸립니다. 그러나 상추, 시금치, 배추같이 잎을 먹는 채소와 무, 당근 등은 다 자라지 않은 것도 먹을 수 있습니다.

채소 씨앗을 뿌리면 작은 싹이 서로 자리다툼을 하며 뭉쳐 나오므로 채소를 크게 키우려면 솎아 주어야 합니다. 이것을 '솎음질'이라고 하는데 채소가 다 자랐을 때의 상태를 고려해서 충분한 공간을 주려는 것입니다. 조금 자란 당근이나 무를 뽑아서 된장이나 마요네즈에 찍어 먹어 보세요. 당근 잎사귀로 감자 수프나 당근 잎사귀 튀김을 만들 수도 있습니다. 또 무 싹이 돋아난 것을 '무순'이라고 하는데, 이때 솎아 낸 것은 비빔밥에 넣어 먹거나 샐러드에 이용하면 됩니다. 상추 같은 잎 채소는 잎이 무성해지면 먹을 만큼만 바깥쪽 잎부터 살짝 따 먹으면 됩니다.

한겨울,
청경채가 크는 창가

겨울에도 실내에서 채소를 키운다

심기만 하면 해마다 수확할 수 있는 것으로 파, 파드득나물, 파슬리, 부추, 생강, 아스파라거스 등이 있습니다. 화분이나 플랜터에 몇 개씩 심으면 됩니다. 그리고 대부분의 잎채소는 봄부터 가을까지 언제든지 키울 수 있습니다. 단, 여름에는 볕이 너무 뜨거워서 씨앗의 싹이 잘 안 나오고, 모종을 키우기가 어렵습니다.

꽃이 핀 후 열매를 수확하는 것은 기온과 해의 길이에 영향을 많이 받지만, 꽃이 피기 전에 잎을 먹는 것은 언제든지 키울 수 있어서 겨울에도 실내 화분 재배가 가능합니다. 겨울철 창가에 상추, 시금치 화분이 놓여 있는 모습은 보기에도 흐뭇합니다. 비료는 화분용 흙 만들기(140쪽)를 참고로 하여 퇴비를 조금 넉넉하게 넣어 만듭니다. 뜰에서 기울 경우에 콩, 고구마, 메밀은 비료를 주지 않아도 괜찮습니다. 그러나 열매를 먹는 채소는 퇴비를 많이 주는 것이 좋습니다.

실내에서 키우는 식물

쉽게 키우는 실내 식물

방 안이나 창가에 화분이 있으면 방 분위기가 그만큼 밝아집니다. 실내에서도 태양과 전기 조명의 빛이 있고 습도도 어느 정도 있어서 온도만 맞으면 별문제 없이 자라는 식물이 많습니다. 일반적으로 꽃을 보는 식물은 충분한 빛이 필요합니다. 빛만 충분하면 페튜니아, 아프리카봉선화, 매리골드, 팬지, 미니장미 등은 쉽게 키울 수 있어서 실내를 환하게 만듭니다. 유자나무, 아마릴리스, 히아신스, 수선화, 크로커스 등은 실내에서 키워도 꽃이 잘 핍니다.

한편 실내에 볕이 드는 시간이 짧아도 잘 자라는 것으로는 선인장 종류와 관엽 식물이 있습니다. 선인장에게 빛은 필요하지만 물은 별로 필요하지 않습니다. 한편 원산지가 열대 지방인 베고니아, 양치식물, 야자나무처럼 잎을 보기 위해 키우는 식물을 '관엽 식물'이라고 하는데, 직사광선은 별로 없어도 되지만 습기가 부족하면 자라지 못합니다. 같은 실내 식물이라고 불러도 저마다 특징이 있다는 것을 고려해서 키워야 합니다.

빛, 온도, 습도

빛은 모든 식물에게 반드시 필요한 것입니다. 그리고 필요한 빛의 양은 식물에 따라 다릅니다. 베고니아, 시클라멘, 아잘레아(진달래 종류) 등은 하루에 직사광선을 두어 시간만 쏘여도 꽃이 잘 핍니다.

한편 사람들이 감기에 걸리지 않으려면 실내 온도를 알맞게 유지해야 하듯이 식물도 마찬가지입니다. 낮에는 18~20℃ 정도, 밤에는 10~13℃가 적당합니다.

다음으로 습도인데, 겨울철 실내는 보통 난방이 되고 있어서 따뜻하지만 반면에 매우 건조합니다. 그래서 분무기로 매일 식물에게 물을 뿌려 주어야 합니다. 꽃에 물이 닿으면 상할 수가 있으므로 잎에 뿌려줍니다. 또 식물은 뿌리로 수분을 흡수해서 공기 중으로 내보냅니다. 화분 하나보다 화분 여러 개가 한 자리에 있으면 그만큼 그 일대에 습기가 많다는 이야기가 됩니다. 아래 사진과 같은 큰 유리 상자 안에 화분을 넣고 뚜껑을 덮어 주면 그 안에 수증기가 많이 고이는 것을 눈으로도 볼 수 있습니다.

관엽 식물과 다육 식물

푸른 잎이 볼 만한 관엽 식물

아디안툼(고사리 종류), 스파티필룸, 접란, 고무나무, 유카 등이 대표적인 관엽 식물입니다. 관엽 식물은 보통 식물과 같은 방법으로 키우면 됩니다. 물이끼를 깔아 주면 보수력이 좋아지는데 화분용 흙 만들기(140쪽)를 참고로 해서 부엽토를 넉넉하게 담아 주면 물이끼를 덮지 않아도 됩니다.

화분 밑바닥에는 자갈이나 부서진 화분 조각을 화분의 4분의 1정도 넣으면 물이 잘 빠집니다. 식물의 잎이 원래 하얗거나 노랗게 얼룩진 잎사귀는 그만큼 엽록소가 적다는 뜻이므로, 잎이 푸른 식물에 비해서 햇볕을 많이 쪼여 줘야 합니다.

비료는 보통 화분 식물에 주는 것과 같은 식으로 직접 뿌리에 닿지 않도록 가장자리에 놓아 줍니다. 일주일에 한 번 액체 비료를 주면 좋고, 겨울에는 비료를 줄 필요가 없습니다.

돌나물과 식물은 여러해살이 식물이므로 추위에 강하다.

멕시코가 원산인 다육 식물은 추위에 약해서 겨울에는 실내에 들여놓는다.

건조한 땅에서 난 다육 식물

'다육 식물'이란 돌나물처럼 잎과 줄기가 도톰하고 수분을 많이 지닌 식물을 통틀어 부르는 말인데 원산이 아프리카 남부의 것이 많고, 그 밖에 아메리카 서남부에서 멕시코에 걸쳐 많이 있는 식물입니다. 건조 지대인 땅속에서는 수분을 흡수하기가 어렵기 때문에 몸 안에 수분을 저장하고 그것이 빠져나가지 않도록 잎에 있는 기공이 작아져서 잎 표면이 단단합니다. 고온 다습한 기후에 약하므로 장마철에 썩지 않도록 물이 잘 빠지는 흙에 심어야 합니다.

선인장도 다육 식물 가운데 하나입니다. '선인장'이라고 하면 바로 열대 사막을 떠올리기 쉬운데, 실제로는 사막 지대에서 나는 것은 아주 적고, 북아메리카에서 남아메리카에 걸쳐 널리 분포하고 있습니다. 선인장 종류는 대부분 꽃이 화려하고 곱습니다. 물을 많이 주지 않도록 주의하고, 겨울에는 영하로 내려가지 않게만 하면 탈 없이 자랍니다.

온실에서 키우는 식물

겨울 추위에 약한 식물

열대 지방이 원산인 관엽 식물, 다육 식물, 선인장, 양란 등은 추위에 약해서 겨울철에 그냥 내버려 두면 얼어 죽는 경우가 많습니다. 이들은 따뜻한 곳에서 겨울을 나게 해야 하는데, 물이 얼지만 않으면 견디는 식물과 물이 얼지 않는 온도보다 더 높아야만 사는 식물이 있습니다. 자신이 키우고 있는 식물이 어느 쪽에 들어가는지 도감을 보고 알아둬야 합니다.

겨울에도 기온이 15℃ 이상 되는 곳에 두어야 하는 것으로 카틀레야, 아프리카제비꽃 종류, 콜레우스, 안수리움 등이 있습니다. 이에 비해서 란타나, 제라늄, 시클라멘, 심비디움, 접란, 몬스테라 등은 1~5℃ 정도면 겨울을 날 수가 있는 저온에 강한 열대 식물입니다. 기온이 높아야 되는 식물은 열을 빼앗기지 않을 만한 장소를 찾거나 온실에 들여놓으면 안심할 수 있습니다. 낮이나 난방이 되는 동안은 따뜻하다가 밤에 기온이 뚝 떨어지면 사람과 마찬가지로 식물에게도 몹시 해롭습니다.

개성 있는 온실을 만들자

남쪽 창가에 화분을 놓아둘 때는 밤에 찬 공기가 화분에 닿지 않도록 두꺼운 커튼을 치거나, 큰 상자를 덮거나 해서 낮 동안의 온기가 계속 유지되도록 해 줍니다. 커다란 유리 상자 안에 화분을 넣고 뚜껑을 덮으면 훌륭한 미니 온실이 됩니다. 온실은 따뜻하기도 하거니와 습도를 유지할 수 있어서 좋습니다. 특히 양란은 습기가 늘 필요하므로 항상 물을 뿌려 주어야 하는데, 온실에 있으면 식물에서 밖으로 나온 수분이 더는 밖으로 빠져 나가지 않기 때문에 습도를 일정하게 유지할 수 있어서 좋습니다.

시중에서 파는 온실은 철골과 알루미늄으로 틀을 짜고 유리나 비닐로 덮은 것입니다. 바깥의 찬 바람이 들어오는 것을 막고 태양열로 따뜻하게 하는 간단한 것에서부터 전기로 온도를 높여 주는 것까지 여러 가지 모양과 크기가 있습니다. 값이 비싸므로 화분이 많지 않을 때는 실내에 들여놓고 겨울을 나게 하거나, 직접 유리를 이용한 온상(234쪽)을 만들어서 쓰도록 합니다.

유기 농법이란 무엇일까?

유기 농법을 처음 주장한 사람은 앨버트 하워드(1873~1947)라는 영국 사람입니다. 그는 늘 '땅, 작물, 가축, 그리고 인간은 각각 자연 복합체의 일부인데, 다른 것과의 관계를 무시하고 일부만을 떼 놓고 연구하는 것은 위험하다.'고 말했습니다. 일부만을 연구해서 만들어진 것이란 살충제, 농약, 화학 비료 등을 말합니다.

하워드는 1905년부터 약 30년간을 인도에서 지내면서 농민들과 함께 어떤 토지에 병충해가 많은지, 또 땅을 비옥하게 하려면 어떻게 해야 하는지를 연구했습니다. 그리고 물이 잘 빠지고 통기가 잘 되는 땅에는 미생물의 활동이 왕성해서 땅을 기름진다는 사실을 발견했습니다. 미생물이 살아가기 위해서 필요한 것이 유기물인데, 유기물이란 퇴비를 말하며, 퇴비를 이용해서 땅에 영양을 주는 법을 가리켜 '유기 농법'이라고 말합니다. 즉, 잡초와 작물에서 쓸데없는 부분, 그리고 가축의 배설물과 흙을 한층한층 번갈아 쌓아 놓으면, 박테리아가 번식하면서 열이 나게 됩니다. 그 온도는 65℃가 넘습니다. 이렇게 하면 기계가 없어도 식물의 줄기와 잎이 박테리아의 활동으로 잘게 부셔져서 좋은 비료가 됩니다.

하워드가 살았던 인도 지방은 가난해서 수입품이던 화학 비료를 살 수 없어서 연구를 시작한 것인데 오히려 부작용 없는 농사 방법을 탄생시켰습니다. 자연의 리듬을 깨지 않으려는 노력에 의해서 곤충을 비롯한 여러 생물들이 함께 살 수 있습니다. 하워드의 주장은 《농업 성서》라고 하는 그의 저서에 요약되어 있습니다. 이 방법은 그 후, 제롬로델에 의해서 전 세계로 퍼져 나갔습니다.

화학 비료의 부작용이 문제가 되면서 무공해 농법 또는 유기 농법의 중요성이 강조되는 현상을 우리는 깊이 살펴야 할 것입니다.

제 6 장

건강하게 키우기 위해서

식물의 건강 체크

반나절은 일하고, 반나절은 바라보고

정원사로 70년이 넘게 일해 왔다는 사람과 일주일 동안 일을 같이 한 적이 있습니다. 아흔이 넘은 나이에도 그 할아버지가 식물을 다루는 솜씨가 너무나 섬세해서 놀라웠습니다. "뿌리는 햇볕을 쬔 적이 없으니까 바로 심을 수 없을 때는 되도록 응달에 둬야 해.", "큰 나무를 옮길 때는 먼저 가지를 많이 잘라 내는 게 필요한데, 뿌리가 잘려서 작아졌으니까 윗부분도 작게 만들어야 하는 거라구." 위아래의 균형이 맞지 않으면 나무에게 나쁘다는 이야기였습니다. "옛부터 '반나절은 일하고, 반나절은 바라본다.'는 말이 있는데 원예 일은 바라보는 일이 아주 중요하지. 보고 있으면 식물이 어떤 상태인지 알게 되거든. 요즘 사람들은 정원사가 나무를 바라보고 있으면 게으름 피운다고 못마땅해 하겠지만." 하며 웃으셨습니다.

식물이 잘 자라고 있는가 아닌가는 보고 있으면 알 수 있습니다. 잎이 시들었으면 나무를 자세히 살펴보세요. 벌레가 나무줄기에 구멍을 뚫어 놓아서인지, 단지 목이 말라서 그런지.

식물은 스스로 살아난다

식물만큼 혼자 힘으로 살 수 있는 생물도 없습니다. 인간은 먹지 않으면 죽지만, 식물은 자기 몸 안에서 영양분을 만들어 낼 수가 있어서 다른 생물에게 의지하지 않더라도 살아 나갑니다. 우리가 할 수 있는 것은 도움을 주는 일뿐입니다. 예를 들면 오랫동안 비가 오지 않을 때 물을 준다든지, 벌레가 잎을 갉아먹기 시작하면 그 벌레를 잡아 주는 일, 그늘에 가려서 햇볕을 제대로 쬐지 못할 때는 볕을 가리고 있는 것을 치우거나, 열대 식물이라면 기온이 내려갈 때 집 안으로 들여놓는 등의 도움을 말합니다. 그 작은 도움으로 식물은 금방 기운을 회복합니다.

저절로 땅에 떨어진 씨가 싹을 틔우고 힘차게 자라는 것은 그 씨가 토양과 환경에 맞는다는 뜻이겠죠? 이런 경우는 우리가 걸어다니는 길거리에서 많이 볼 수 있습니다. 보도블럭 사이를 뚫고 나온 민들레 한 포기를 가져다 화분에 심어 보세요. 얼마 안 가서 자기 힘으로 자란 훌륭한 야생화를 감상할 수 있습니다.

서리를 알자

식물에게 치명적인 서리

온대, 아열대, 열대 지방에서 자라는 식물에게 서리는 생사에 관계되는 큰 문제입니다. 기온이 영하로 내려가면 물이 얼게 되는데, 그 말은 식물 체내에 있는 수분도 얼어 버린다는 뜻입니다. 사람도 겨울 산에 오르거나, 남극에 갔을 때 지독한 추위 때문에 동상에 걸리는 일이 있습니다. 세포 내의 수분이 얼어서 세포가 죽어 버리는 것이죠. 그와 똑같은 현상이 식물에게도 일어납니다.

지난 늦가을 '내일은 베고니아 화분을 들여놔야지.' 했는데 갑자기 추워지면서 서리가 내려 하룻밤 사이에 얼어 죽어 버렸습니다. 움직이지 못하는 식물에게 못할 짓을 한 것 같아 가슴이 아팠습니다. 겨울의 시작을 알리는 서리는 이처럼 식물에게는 치명적입니다. 또 봄에는 언제 서리 걱정을 안 해도 되는지 아는 것도 중요한 일입니다. 온대나 열대 지방의 식물을 '이젠 괜찮을 테지.' 하고 좀 일찍 심었다가 후회하지 말고, '이제 서리 걱정은 없다.' 하고 확신할 때까지는 비닐 덮개 안이나 실내에서 키워야 합니다.

서리가 내리지 않을 때 덮개를 걷는다.

식물이 지닌 강한 생명력

서리 내리는 시기는 지방에 따라 다릅니다. 또 같은 지방이라도 첫서리의 시기는 해마다 다릅니다. 서리가 자주 내리는 지방에서는 식물을 싸 주거나 실내에 들여놓는 등 첫서리에 대비해야 합니다. 비교적 추위에 강한 청경채나 시금치 등은 눈을 직접 맞지 않게 비닐하우스를 만들어 주면 탈 없이 자랍니다. 또 서리를 맞아 죽은 것처럼 보이는 화분도 성급하게 단념해서는 안 됩니다. 뿌리가 살아 있을지도 모르니까요. 윗부분은 죽었어도 뿌리를 파내서 화분에 옮겨 들여놓았더니 새싹이 돋아나는 것을 여러 번 보았습니다. 식물은 어떻게든 살려고 하는 강한 생명력을 가지고 있습니다.

한편, 그렇다면 추위는 식물에게 있어서 항상 나쁜 조건일까요? 그렇지 않습니다. 가을에 심는 대부분의 식물은 일정한 기간 동안 기온을 낮게 유지해야만 비로소 꽃눈이 나옵니다. 심지어 벚나무, 감나무, 붓꽃 등의 씨에서 싹이 트기 위해서는 0℃ 이하의 낮은 기온에서 한 달 이상 있어야 합니다.

서리가 내리기 전에 덮개를 해 주자.

잡초 활용법

땅이 마르지 않게 해 준다

정원일이나 밭일을 시작하면 잡초 뽑는 것이 큰일이라는 말을 자주 듣게 됩니다. 오랜 기간에 걸쳐 개량한 원예 식물이나 채소에 비하면 야생 잡초는 억세게 잘 자랍니다. 봄부터 여름에 걸쳐서는 놀랄 정도로 빨리 번져서 뽑아 주지 않으면 그 주변을 다 덮어 버립니다. 특히 화본과에 속하는 잡초의 번식이 빠릅니다. 그런데 이런 잡초도 사실 도움이 되는 경우가 많습니다.

잡초가 있으면 땅이 패이지 않습니다. 비바람이 땅 표면의 흙을 쓸어

토끼풀

내려서 낮은 지대로 흙이 옮겨지는 현상은 지금 전 세계 농경지에서 큰 문제가 되고 있는데, 풀이 없는 땅에서는 특히 이렇게 흙이 쓸려 내려가기 쉽습니다. 그러나 잡초가 있는 곳은 뿌리가 흙을 단단히 잡아 주기 때문에 아주 세찬 비가 오기 전에는 괜찮습니다. 또 하나, 풀을 전부 뽑아 버린 곳은 땅이 쉽게 말라 버리지만 풀이 있는 곳은 항상 습기를 지니고 있습니다. 그리고 시들어 버린 잡초는 비료가 되어 그 땅을 기름지게 합니다.

정원이 잡초로 뒤덮이게 한다

작고 예쁜 꽃이 피는 잡초들이 많습니다. 황새냉이, 망초, 광대나물, 자주괴불주머니, 닭의장풀, 개여뀌 등은 귀여운 꽃이 피는 식물이지만 흔히 잡초라고 해서 뽑혀 버리는 종류입니다. 그러나 이런 잡초의 꽃과 씨앗도 실제로는 곤충과 새가 살아가는 데 중요한 먹이가 되고 있습니다. 그렇다면 여러 잡초 가운데 정원을 꾸미는 데 활용할 수 있는 것은 없을까요?

정원이 잡초로 뒤덮이는 것이 싫으면 잡초가 자라지 못하게 만드는 다

컴프리

른 풀로 마당을 온통 가득 차게 해 보세요. 이런 때는 토끼풀이 권할 만합니다. 뿌리혹박테리아와 공생하면서 흙을 더 좋게 해 주며, 번식력이 대단합니다. 그리고 필요 없는 곳의 토끼풀은 잘라 내서 퇴비로 쓰면 됩니다. 잎과 뿌리를 약으로 쓰는 컴프리도 다른 잡초의 침입을 막아 줍니다. 이것도 성장이 빠르므로 자주 잘라 퇴비로 사용합니다. 집초를 뽑는 일로 힘들이지 않아도 되고, 예쁜 꽃과 퇴비도 생기는 셈이므로 여러 가지로 좋습니다.

잡초가 나지 않게 하려면?

농가에서 사용하는 방법을 따라 한다

잡초의 여러 가지 좋은 점에도 불구하고 '잡초는 싫어!'라는 사람은 별수 없이 잡초를 못 자라게 해야겠죠. 원예 용어로 '멀칭(덮는다는 뜻)'을 활용하면 됩니다. 멀칭을 하면 잡초를 막고, 여름에는 땅이 마르거나 온도가 높아지지 않으며, 겨울에는 반대로 땅이 얼지 않습니다. 농가에서는 채소 재배 때, 검은 비닐을 자주 사용합니다. 기차를 타고 가다가 간혹 본 적이 있을 겁니다. 두둑 위에 검은 비닐을 씌우고 비닐 가장자리를 흙으로 눌러 바람에 날리지 않게 한 뒤, 구멍을 뚫어 씨를 뿌리거나 모종을 심는 것이죠.

멀칭을 할 때 이용하는 것에는 여러 가지가 있습니다. 잘라 낸 잡초로 모종 주위를 덮어 주기만 해도 같은 효과가 있습니다. 또 반쯤 썩은 퇴비로 덮어도 됩니다. 비가 오면 퇴비에서 흘러내린 물이 땅속으로 스며들어 그것이 좋은 비료가 됩니다. 풀 멀칭, 퇴비 멀칭, 그리고 꽃이 지고 시든 가지를 잘게 썬 것 등 자연 소재라면 무엇이든 멀칭으로 이용할 수 있습니다.

낙엽을 이용한 멀칭

잡초 위에 밭을 만든다

우리 채소밭에는 잡초가 많은데 나는 그것을 가끔 잘라서 모종 주위에 덮어 주곤 합니다. 또 신문지로 이렇게 할 때도 있습니다. 두둑에 신문지를 차례로 펴면서 가장자리를 흙으로 눌러 줍니다. 여기에 구멍을 내고 씨를 뿌리는데, 이렇게 하면 확실히 잡초가 적게 납니다. 썩지도 않는 비닐보다 신문지는 땅에 해롭지 않고, 무엇보다 따로 돈이 들지 않으므로 좋습니다.

외국의 어떤 원예 책에 멀칭을 이용하여 밭을 가꾸는 방법이 나와 있어서 한번 해 보았습니다. 잡초가 나 있는 곳에 통나무로 칸을 만들고 안에 있는 잡초 위에 입지 않는 옷가지(면과 모 등 자연 소재로 된 것)나 납작하게 만든 라면 상자를 얹습니다. 그것을 발로 밟고 그 위에 부엽토와 퇴비와 흙을 차례로 얹어서 무릎 높이의 네모 밭을 완성했는데, 거기에 무씨를 뿌렸더니 무가 잘 자랐습니다. 자연을 소재로 하는 방법이 멀칭에도 좋다는 것을 알았습니다. 자기 나름대로 아이디어를 내 보세요.

잡초가 많이 나는 곳에 통나무나 돌 따위로 둘레를 만들고, 상자를 덮는다.

그 위에 흙과 비료를 올리고 물을 충분히 준 뒤에, 무씨를 뿌렸더니 잘 자랐다.

화분 갈이

1년에 한 번은 화분을 바꿔 주자

화분에 심은 식물이 기운 없어 보일 때가 있습니다. 그동안 물도 잊지 않고 줬고 해가 잘 드는 곳에 두었는데 밑의 잎이 누렇고 전체적으로 건강해 보이지 않습니다. 그럴 때는 화분에 담긴 흙이 오래되지 않았는지 생각해 봅시다. 화분에 담긴 흙은 양이 한정되어 있기 때문에 1년이 지나면 식물은 흙의 영양분을 다 섭취해 버립니다. 화분을 들어 올려 봐서 밑바닥으로 뿌리가 나와 있으면 벌써 화분 전체가 뿌리로 가득 차 있다는 표시입니다.

뿌리가 화분에 가득하다.

화분 갈이는 꽃이 피어 있을 때를 피하고 식물이 활동하지 않는 시기에 해 줍니다. 먼저 화분 주위를 두드려 안의 흙과 화분 사이가 뜨게 하고, 식물 밑동을 잡고 들어 올리면 빠집니다. 잘 나오지 않을 때는 물을 많이 주고 잠시 그대로 두었다가 빼내면 됩니다. 뿌리 상태를 보면 식물이 얼마나 고통스러웠는지 한눈에 알 수 있습니다. 새 화분에는 자갈을 밑에 깔고 준비된 흙을 담고 화초를 옮긴 다음, 화분과 뿌리 덩어리 사이를 흙으로 채워 주면 됩니다.

물이 스며들고 공기가 통하는 질그릇 화분

프리뮬러, 마거리트 같은 화초에 비해 아잘레아, 각시석남 종류 등 꽃나무를 화분에 심을 경우는 원래 크게 자라는 식물이기 때문에 화분에 비해 식물이 너무 컸다고 해서 한없이 큰 것으로 바꿔 줄 수도 없습니다. 나중에는 뿌리를 잘라 내야 합니다. 우선 화분에서 꺼내서 가장자리 흙을 털어 내고 뿌리 전체 부피의 5분의 1 정도를 가위로 자른 후, 원래 화분에 다시 옮기는데, 잘라 낸 뿌리 부피만큼 새로운 흙이 필요합니다. 화분용 흙(140쪽 참고)을 체로 쳐서 흙을 고르게 하여 넣으면

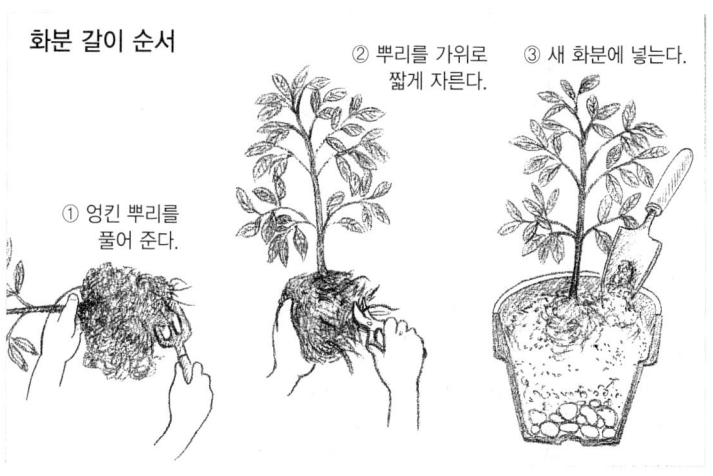

화분 갈이 순서
① 엉킨 뿌리를 풀어 준다.
② 뿌리를 가위로 짧게 자른다.
③ 새 화분에 넣는다.

공기가 잘 통합니다.

화분은 질그릇으로 된 것이 식물에게 가장 좋습니다. 질그릇 화분은 물과 공기가 잘 통하기 때문에 뿌리가 호흡하기 쉽습니다. 그러나 요즘에는 가벼운 플라스틱 화분이 많이 사용되고 있습니다. 플라스틱 화분은 질그릇 화분에 비해 공기가 잘 통하지 않으므로 특별히 공기가 잘 통하는 흙을 넣어 주어야 합니다. 흙을 체로 쳐서 사용하는 것도 이런 이유 때문입니다.

가지치기

통풍이 잘 되도록

꽃이 잘 피고 열매가 많이 열리며 또 나무의 크기를 조절하기 위해서 나뭇가지를 잘라 줍니다. 나무는 사람이 손질을 안 해 주면 가지가 많이 생기고 뿌리 밑에서 가지가 나오기도 합니다. 이것을 '움돋이'라고 하는데, 자연 상태에서는 벌레나 동물에게 먹히기도 하고 자연 재해로 가지가 부러지는 일이 많기 때문에 이런 일에 대비해서 나무 스스로가 미리미리 많은 가지를 뻗는 것입니다. 하지만 마당에 심은 나무는 그렇게 많은 가지가 필요하지 않습니다. 가지가 많으면 바람이 잘 통하지 않고 햇볕도 잘 들지 않습니다. 그래서 우리가 가지치기를 해 주는 것이죠.

나무 전체를 잘 보고 필요 없는 가지를 살펴보세요. 먼저, 시든 가지와 필요 이상으로 우거진 가지를 잘라 줍니다. 그리고 안쪽으로 뻗은 가지, 한가운데에서 위로 뻗은 가지, 밑을 향해 뻗은 가지를 자릅니다. 두 손을 위로 벌린 것처럼 하고 있는 가지를 남겨 두면 좋습니다. 그리고 가지가 겹쳐 있으면 하나를 잘라 줍니다.

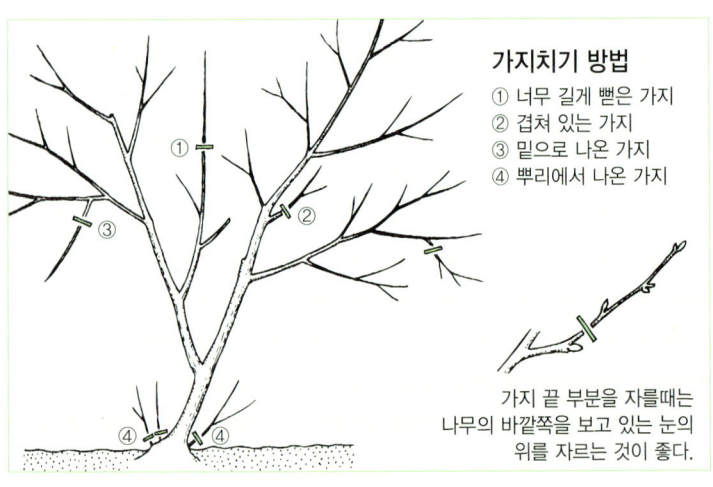

가지치기 방법
① 너무 길게 뻗은 가지
② 겹쳐 있는 가지
③ 밑으로 나온 가지
④ 뿌리에서 나온 가지

가지 끝 부분을 자를때는 나무의 바깥쪽을 보고 있는 눈의 위를 자르는 것이 좋다.

꽃이 상하지 않게 자른다

그런데 가지치기를 할 때도 알맞은 시기가 있습니다. 모처럼 움이 튼 꽃눈을 잘못해서 잘라 버리면 안되기 때문이죠. 꽃눈이 트는 시기는 식물에 따라 다릅니다. 동백나무와 진달래는 꽃이 지고 나서 6월 말부터 꽃눈을 만듭니다. 또한 매실나무, 벚나무, 복사나무 등은 7월 말부터 시작해서 10월이 지날 무렵에는 벌써 꽃눈이 맺힙니다. 그래서 가을에도 갑자기 날씨가 따뜻해지면 제철이 아닌데 꽃이 피기도 하는 것입니다.

그러면 식물의 어느 부분이 꽃눈일까요? 꽃눈은 잎눈에 비해서 포동포동합니다. 그리고 종류에 따라 꽃눈이 나오는 곳이 정해져 있습니다. 가지 끝에만 꽃눈이 생기는 진달래와 각시석남, 애기동백, 자목련, 미국산딸나무 등은 특히 주의해서 다루어야 합니다. 여름이 끝날 무렵이면 벌써 꽃눈이 모두 움터 있습니다. 따라서 가지치기는 꽃이 핀 직후에 하는 것이 좋습니다. 다른 나무들도 꽃이 피고 나서 가지치기를 하면 잘못해서 꽃눈을 자르는 일은 없을 것입니다.

동백나무, 진달래, 자목련 등 — 가지의 끝 부분에 있는 것과 그 밑의 1~2개가 꽃눈

수국 등 — 가지의 끝 부분에 있는 것과 그 밑의 4~5개가 꽃눈

매실나무, 벚나무, 복사나무 등 — 마디마디에 생기는 꽃눈

채소 기르는 요령

두둑을 만들어 높게 해 준다

채소를 재배할 때 땅보다 높게 두둑을 만들어 주면 그것만으로도 좋은 효과가 꽤 있습니다. 두둑에는 볕이 잘 들고 빨리 따뜻해지며, 물도 잘 빠지기 때문입니다. 밭이랑을 내는 방법은 괭이로 흙을 파내서 만들면 됩니다. 끝까지 파고 갔으면 방향을 바꾸어 반대로 서서 같은 식으로 괭이를 넣어 이랑의 폭을 넓혀 갑니다. 다 된 이랑에 퇴비 등의 비료를 넣은 뒤 이번에는 그 이랑을 메워 갑니다. 파낸 흙을 이랑에 다시 메우는 식으로 해서 먼저 이랑이던 부분이 주위의 지면보다

20cm 정도 높아지면 완성됩니다. 두둑 표면을 괭이의 등으로 평평하게 해 줍니다.

밭이랑의 폭은 두둑의 폭을 어느 정도로 하는가에 달렸지만 40cm 정도가 좋습니다. 괭이 사용이 익숙하지 않아 밭이랑이 비뚤비뚤하더라도 채소를 키우는 데는 아무 문제가 없습니다. 그래도 곧고 예쁘게 만들고 싶을 때는 나무 막대기에 끈을 매고 미리 줄을 쳐 놓고 이랑을 내면, 보기 좋게 만들 수 있습니다.

개성 있게 밭이랑을 디자인한다

밭 만들기가 힘든 일로 여겨질지도 모르지만 넓지만 않다면 그리 어려운 일이 아닙니다. 긴 밭이랑이 아니라도, 채소의 종류에 따라 짧게 만들기도 하고 네모나게 두둑을 만들어도 상관없습니다. 밭의 위치가 자기 집 뜰의 어느 부분에 있는지를 생각해서 되도록 남향으로 만드는 것이 좋습니다. 그리고 햇볕을 좋아하는 식물이 앞에 오게 심어서, 나중에 키가 크는 식물 때문에 그늘로 가려지지 않게 합니다. 두둑과 두둑 사이가 넓으면 볕이 잘 듭니다.

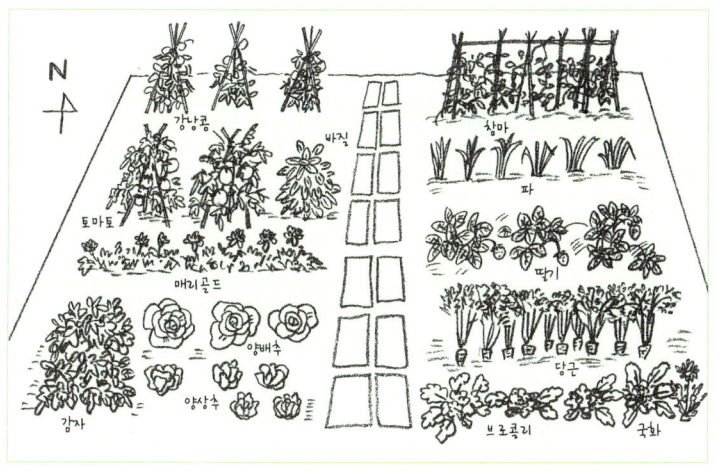

밭이 다 된 다음은 그 위를 밟고 가는 일이 없도록 주의합시다. 모처럼 일궈 놓은 곳이 다시 굳어지면 헛일이 되니까요. 자, 밭을 멋있게 디자인해 봅시다. 우리 집 가까이 사는 어떤 아주머니는 직사각형 두둑에는 토란, 정사각형에는 무, 사다리꼴 두둑에는 파, 그리고 그 둘레에는 딸기를 심는 등 두둑을 채소로 디자인하고, 거기다가 두둑 사이에는 계절별로 피는 꽃을 심어 1년 내내 꽃이 끊이지 않는 멋진 정원을 꾸몄습니다.

식물이 아플 때는?

앓는 원인을 알기가 쉽지 않다

자연 속에서 식물이 살아갈 때는 여러 가지 일이 일어납니다. 씨를 심었는데 싹이 트지 않고, 모종이 잘 자라지 않습니다. 줄기가 바람에 꺾이기도 하고, 사람이나 동물에게 잘리기도 합니다. 식물이 순조롭게 자라나는 걸 방해하는 요소들입니다. 사람으로 비유하자면 병이 나고, 몸살이 나거나, 스트레스를 받고, 팔다리가 부러지는 일 등에 해당되겠죠.

이런 경우 사람은 치료를 받습니다. 그래서 사람들은 식물에 병이나

해충이 생겼을 때, 사람을 치료할 때처럼 적당히 소독하고 약을 뿌리면 된다고 생각합니다. 그러나 식물이 왜 아픈지, 그 원인을 알아내는 것은 아주 어렵습니다. 뿌리에 벌레가 생겼는지 곰팡이가 슬었는지 또는 그 밖의 다른 병인지…. 원인을 모르면 어떤 약을 쓰면 좋은지도 알 수 없습니다. 약만 적당히 뿌려서는 효과가 없고 오히려 해가 됩니다. 자기가 병이 났을 때, 원인도 모른 채 아무 약이나 적당히 아무 때나 먹는 사람이 있을까요?

예방이 최고, 건강한 흙을 만든다

우리들은 보통 건강할 때는 병에 걸리지 않지만, 수면 부족이거나 일을 너무 많이 해서 몸이 약해져 있을 때는 병에 걸리기 쉽습니다. 식물도 마찬가지입니다. 비가 계속 내려 습기가 너무 많거나, 가지가 너무 자라서 부담스럽거나 하면 나무가 약해지는데, 이럴 때 병균이 침입하는 일이 많습니다.

병을 예방하는 제일 좋은 방법은 퇴비가 충분히 들어간 좋은 흙을 깔아 주고, 바람이 잘 통하게 해 주는 것입니다. 식물에 병이 드는 원인

은 많이 있지만 가장 주요한 원인이 되는 건 바로 우리들입니다. 물 주는 것을 잊어버려서 모종을 마르게 하거나, 줄기를 버팀목에 묶을 때 너무 세게 묶어서 꺾어지게 할 수도 있습니다. 그러므로 병이나 해충이 생겼다고 해서 과민 반응을 보이기 전에 먼저 내가 어떻게 해 주었던가를 생각해 보는 일이 중요합니다. 또 우선은 식물이 병이나 해충 등과 어떤 식으로 관계를 맺으며 성장하는지를 지켜보는 일도 필요합니다.

살충제를 사용하면 안 되는 이유

곤충과 새가 함께 사는 정원으로 가꾸자

사람들은 해충에 대해 지나치게 예민하게 반응합니다. 곤충이 붙어 있는 것을 보면 그 식물이 금방 죽기라도 할 것처럼 걱정합니다. 그러나 곤충이 나뭇잎 몇 장 먹는다고 식물이 죽지는 않습니다. 잎을 먹는 곤충이 있으면 잡아 주면 되죠. 일찍 발견해서 잡으면 일은 간단하지만 상당히 먹힌 뒤라도 나머지 곤충을 잡아 주면 식물은 다시 원기를 되찾습니다.

식물은 혼자서 살아가는 생물이 아닙니다. 꽃이 피면 곤충이 와서 꿀을 빨아 꽃가루를 옮기고, 그 꽃가루 덕분에 열매를 맺습니다. 그래서 곤충이 있다고 해서 약을 뿌리면 다른 곤충도 같이 죽게 되고, 열매를 맺지 못하는 수도 있겠죠! 게다가 우리가 해충이라고 부르는 곤충도 새들에게는 귀중한 먹이가 됩니다. 새가 나무 열매를 먹고, 열매 속의 씨가 똥과 함께 배설되어 우리 집 앞마당에 싹을 틔우는 것, 그 나무가 자라 우거지고 아름다운 정원을 이루는 것은 상상만으로도 멋지지 않으세요?

진딧물이 생기면?

곤충 중에서 가장 많은 피해를 주는 것이 진딧물입니다. 진딧물이란 진디의 떼를 가리키는데, 진디는 진드기라고도 하며 애벌레는 식물의 잎과 줄기에서 수분을 빨아 먹습니다. 바람이 안 통하고 무더운 상태가 진드기가 가장 좋아하는 환경입니다. 집 안에 둔 화분이 상태가 나빠지는 원인은 이 진드기 때문인 경우가 많습니다. 최근에는 겨울에도 집 안이 따뜻해서 진드기가 생기기 쉽습니다. 따뜻한 곳에 둔 화분은 가끔 잎을 뒤집어서 진드기가 있는지 봅시다.

가꾸는 식물에서 진딧물이 보인다면 물을 담은 그릇을 밑에 받치고 붓으로 털어서 물에 떨어뜨립니다. 진딧물이 꽤 많이 붙어 있을 때는 엷게 탄 비눗물을 묻히는 방법도 있습니다. 자연 성분 비누로 거품을 내서 바르고, 그 후에 깨끗한 물로 씻어 줍니다. 또 고추즙을 발라서 효과를 보았다고도 하므로 자극이 있는 것이면 효과가 있는 듯합니다. 이러한 액체를 바른 뒤에는 한동안 식물이 약해지지만 차츰 건강을 되찾게 됩니다.

해충 잡기

애벌레는 봄과 여름에 불어난다

채소를 키워 보면 나비나 나방의 애벌레가 잎을 갉아 먹어서 속상한 일이 있습니다. 예를 들면 양배추, 배추, 브로콜리 등 십자화과에 속하는 식물에는 배추흰나비가 알을 낳습니다. 특히 5~6월경은 애벌레가 한창 자라날 때이므로 그냥 방치해 두면 잎을 전부 먹어 버릴지도 모릅니다. 이것을 막기 위해서는 애벌레가 작을 때 잡아 없애야 합니다. 직접 손대기가 싫은 사람은 그릇을 밑에 두고 잎을 탁 쳐서 떨어뜨려 잡는 방법이 있습니다. 애벌레가 보이면 벌레를 하루 2번 정도 없어질 때까지 계속 잡아 줘야 합니다. 대개는 4~5일 후면 많이 줄어듭니다. 또 배추흰나비가 성장하는 봄부터 여름에 걸쳐서 이런 채소 재배를 하지 않는 것도 하나의 방법입니다.

또 나비가 활동을 시작하기 전인 이른 봄이나, 수가 적어진 가을에 채소를 재배하면 벌레 먹을 걱정이 없습니다. 양배추 종류는 추위에 강해서 여름을 피해서 키우는 것이 더 좋습니다. 잡은 벌레는 연못에 떨어뜨려 주면 물고기와 수서 곤충의 먹이가 됩니다.

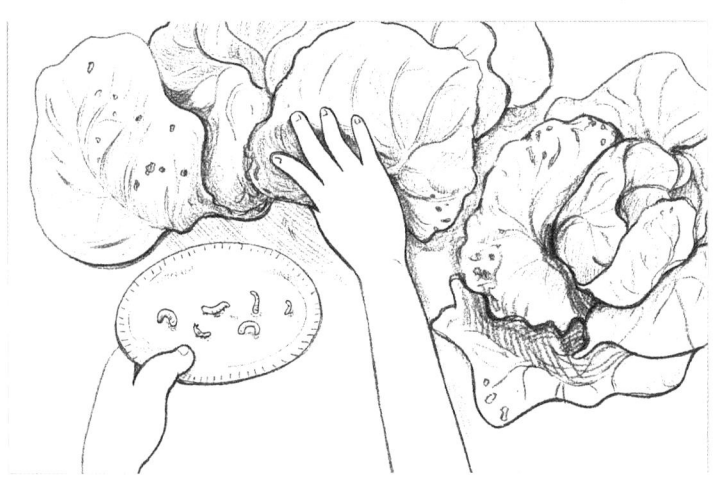

밤에 활동하는 애벌레는 땅속에서 찾는다

낮에 채소 잎에 붙은 애벌레가 눈에 띄면 배추흰나비의 애벌레와 마찬가지로 그릇에 떨어뜨려 잡으면 됩니다. 나비를 좋아하는 사람은 유채를 심어 보세요. 배추흰나비가 마당으로 끊임없이 날아들겠죠! 당근이나 파드득나물의 잎에 붙어 있는 호랑나비의 애벌레는 죽이지 말고 멧두릅이나 미나리에 옮겨 주면 됩니다. 옮길 때에는 손으로 잡지 말고 붓을 이용하도록 합니다. 호랑나비의 어른벌레가 마당을 이리저리 날아다니는 모습은 정말 아름답습니다.

한 가지 문제는 밤에 활동하는 애벌레로, 밤나방의 애벌레가 대표적입니다. 밤나방의 애벌레는 잡식성이기 때문에 여러 가지 식물을 먹습니다. 아침에 줄기가 똑 부러져 있는 것은 이 녀석의 짓일 수 있습니다. 잎을 먹고 있는 것이 눈에 띄지 않을 때는 밤나방의 애벌레일 확률이 높습니다. 낮에 줄기의 주위를 조금 파 보면 어딘가에 숨어 있을 것입니다. 잎이 뜯겨 있을 경우에는 어딘가에 원인을 만든 벌레가 있습니다. 찾아서 잡는 것이 가장 좋은 방법입니다.

해충을 막으려면?

해충의 천적을 함께 키운다

정원에 해충을 잡아먹는 어떤 생물이 있으면 해충 때문에 겪는 골칫거리가 덜어집니다. 자연계에서는 이런 일은 흔히 벌어집니다. 말하자면 딱정벌레나 먼지벌레는 밤이면 돌 밑이나 수풀 속에서 기어 나와 나비나 모기의 애벌레를 먹습니다. 거미도 작은 곤충을 잡아먹습니다. 또 연못이 있으면 개구리가 살고 그 개구리는 연못 주위의 작은 곤충을 먹습니다. 나뭇잎에 붙어 있는 애벌레는 새에게도 좋은 먹잇감입니다. 그래서 해충을 잡아먹는 생물이 살 수 있는 환경을 만들어 주면 해충 피해는 훨씬 적어집니다.

해충의 천적이 살 수 있는 환경이란, 잡초가 조금 남아 있거나 낙엽이 쌓인 곳, 돌을 쌓아 둔 곳 등입니다. 그러면 벌레나 개구리가 살기 좋은 장소가 됩니다. 이왕이면 그 돌 옆에 딸기라도 심으면 돌의 열로 딸기가 잘 자라겠죠! 새에게는 말뚝이나 버팀목이 있으면 그곳이 좋은 쉼터가 됩니다. 생물이 정원이나 밭 주위에 많을수록 자연 상태는 균형이 잡히고, 해충도 줄어들게 됩니다.

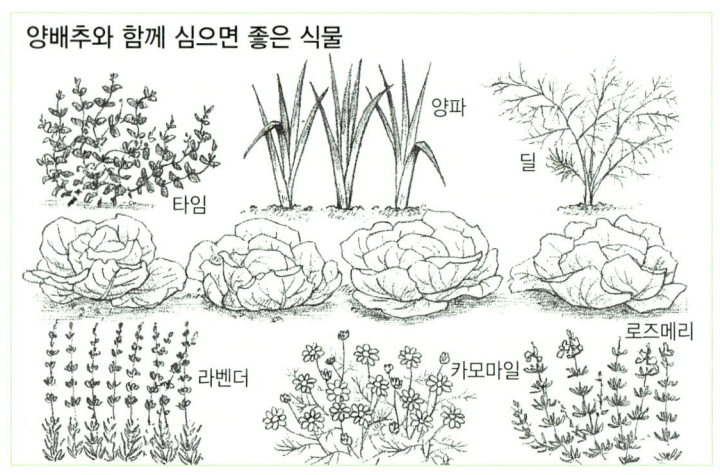

양배추와 함께 심으면 좋은 식물

식물 배치만 잘해도 해충과 병균을 예방한다

유럽이나 미국에서는 1970년경에 벌써 혼합 재배 연구를 해 왔으며 그 결과가 알려지고 있습니다. 이 연구는 어떤 식물과 어떤 식물을 서로 가까운 곳에 심으면 하나만 심는 것보다 더 잘 자라는지를 알아내는 연구입니다.

혼합 재배 연구 결과, 매리골드를 채소 옆에 심으면 선충(동식물에 기생하는 기다란 해충)이 붙지 않고, 마늘을 오이와 토마토, 시금치 옆에 심으면 병에 잘 걸리지 않을 뿐만 아니라 진딧물이 생기지도 않는다고 합니다.

또한 토마토 옆에 바질을 심으면 역시 병이 예방되며, 양배추 가까이에 타임을 심으면 배추흰나비가 오지 않는다고 합니다. 매우 흥미 있는 연구인데 해충 예방뿐 아니라, 당근과 차이브, 콩 종류와 당근, 브로콜리와 로즈메리, 브로콜리와 세이지를 각각 옆에 심으면 두 식물이 함께 잘 자란다고도 합니다. 실제로도 효과가 있는지 정원에서 한 번 실험해 보세요.

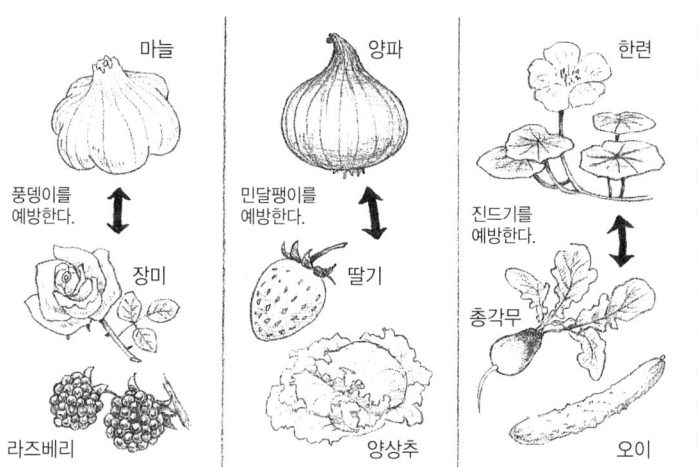

식물의 여름나기

더위에 약한 식물은 응달로 옮긴다

여름은 식물의 잎이 무성해지고 힘차게 자라는 계절입니다. 그러나 온대나 아한대 지방의 식물 중에는 더운 여름을 견디지 못하는 종류가 있습니다. 예를 들면 팬지나 제비꽃은 더위에 약합니다. 그래서 꽃이 다 지고 씨가 맺히면 가을에 뿌리는 한해살이 식물로 키우는 경우가 많은데, 여름에도 기온이 많이 높지 않은 지방에서는 시들지 않고 사는 것도 있습니다.

데이지나 프리뮬러도 여름철 더위에는 약하지만 역시 북쪽 지방에서는 시들어 버리는 일이 없습니다. 여름이 더운 지방에서도 서늘한 장소에 두면 죽는 일은 없습니다. 여름에는 나무 그늘이 생기고, 겨울에는 잎이 떨어지는 낙엽수의 밑이면 그대로 둬도 상관없습니다. 또 실내에서 키우던 심비디움이나 군자란은 여름에는 밖에 내놓아도 좋지만, 오후 2시가 지나면 응달로 옮겨 줘야 합니다. 더위가 문제되지 않는 열대 지방 원산의 식물도 하루종일 더운 곳에 있으면 약해지기 때문입니다.

여름철에는 아침 저녁으로 물을 준다

발코니 화분을 옮길만한 마땅한 장소가 없으면 발을 쳐서 햇볕을 가려 줍니다. 꼭 발이 아니라도 이를 대신할 만한 천이나 가리개가 있으면 됩니다. 땅에 직접 심은 식물은 뿌리를 땅속 깊이 내리고 물을 빨아올리기 때문에 웬만한 가뭄도 문제없지만, 화분에는 흙이 한정되어 있기 때문에 물이 금방 마릅니다. 그래서 화분의 흙 상태를 항상 체크해 줘야 합니다.

한편, 땅에 직접 심은 식물도 방금 심은 것은 뿌리가 자리를 잡지 못했을 때 햇볕을 오래 쬐면 시들기 쉽습니다. 이런 때에도 주위에 간단한 해 가리개를 만들어 주는 것이 좋습니다.

그리고 심은 식물 주위에 낙엽이나 부엽토, 자른 풀 등을 얹어 놓으면 물을 준 다음에도 금방 마르는 걸 막을 수 있습니다. 여름에는 물을 주어도 곧 증발하므로 대낮은 피해서 오전 8시경, 시원할 때나 해질 무렵에 충분히 주도록 합니다. 식물이 기운차게 잘 자라는 데는 물 주기가 한몫을 차지합니다.

식물의 겨울나기 I

찬 바람과 서리의 피해를 막으려면

추위에 강해서 밖에 내놓고 겨울을 날 수 있는 식물도 그 지역이 얼마나 추운지, 식물이 아직 어린지 아니면 다 컸는지에 따라 겨울을 나는 방법이 달라집니다. 찬 바람을 막아 주기만 해도 식물에게는 큰 도움이 됩니다. 대나무나 조릿대 가지를 꺾어서 바람이 자주 불어오는 쪽의 주변에 울타리처럼 몇 개를 꽂아 놓아도 찬 바람을 막는 효과가 있습니다. 식물이 작은 묘목이면 판자나 스티로폼을 벽처럼 세워 주는 것도 좋습니다.

서리에 대비해서는 낙엽이나 부엽토, 짚을 주위에 깔아 주는 것이 제일 좋습니다. 나무나 풀을 태운 재를 뿌려도 땅 표면이 어는 것을 막아 줍니다.

서리가 자주 내리는 지방이라면 미리 흙을 북돋아 주어야 합니다. 그렇지 않으면 서릿발이 서서 작은 묘목의 경우 10cm 정도는 간단하게 위로 들어 올려 버립니다. 그리고 해가 나면 서리가 녹고 묘목은 뿌리를 드러낸 채 말라 죽게 되죠.

온상 안에서 겨울을 나게 한다

밖에 그대로 두면 얼어 죽는 온대나 열대 지방 원산의 식물 중에서 마당에 심은 것은 화분에 옮겨서 집 안에 들여놓아야 합니다. 그러나 밖에 온상이 있으면 그 안에서 겨울을 나게 할 수도 있습니다. 식물을 더위와 추위, 비, 바람 등으로부터 보호하기 위해 만드는 것이 온상입니다.

나무나 벽돌, 블록 등으로 벽을 만들고 그 위에 유리를 덮은 온상이면 매서운 바람을 막을 수 있고 유리를 통해 햇볕도 받아들일 수 있습니다. 이것으로도 열대산 식물을 제외한 여느 식물들은 겨울나기가 가능합니다.

온상은 추운 겨울날, 식물을 안전하게 지켜주기도 하지만 초봄에 묘목이 빨리 자라게 하고 싶을 때도 쓰입니다. 이때는 온상 밑에 깊이 50cm 정도의 큰 구덩이를 파고 완전히 썩지 않은 퇴비를 채워 두면 그 퇴비가 썩으면서 생기는 발효열로 온상 안이 더워져서 묘목이 더 빨리 자랍니다.

식물의 겨울나기 Ⅱ

남향 창가는 볕이 잘 들고 따뜻하다.

청경채는 겨울 창가에서도 잘 자란다.

화분을 창가에 모았다.

밤에 기온이 얼마나 떨어지는지 알아두자.

창 바깥쪽을 이용해서 만든 온상

어항을 이용해서 만든 작은 온상

마거리트의 겨울나기

온상 유리 위에 서리가 하얗게 내렸지만 뚜껑을 열어 보니 온상 안은 얼지 않았다.

우리는 식물을 돌보는 의사 선생님

이 책에서는 식물의 병에 대해서 별로 얘기하지 않았습니다. 병을 예방하려면 식물이 자라는 땅을 건강하게 하는 것이 우선이기 때문입니다. 퇴비를 충분히 준 땅에서 자란 식물은 대체로 건강합니다. 하지만 실제로 꽃과 채소를 키우다 보면 병에 걸리는 경우가 많아 애를 태우게 되죠.
잎의 색이 변해 무늬가 생기는 병, 잎이 오그라드는 병, 하얀 분가루를 뒤집어쓴 것 같은 병, 잎이 누렇게 되어 검은 곰팡이가 피는 병 등인데, 어느 것이든지 일단 병에 걸리면 약을 써도 사람처럼 금방 건강하게 되지는 않습니다. 원인도 모르고 약을 썼거나 때가 이미 늦었기 때문이죠.
그러면 병에 걸린 식물은 어떻게 하면 좋을까요? 병은 점점 다른 식물에게까지 퍼져 가므로 막는 것이 중요합니다. 우선 병에 걸린 나무를 뽑아내어 태워 버려야 합니다. 뽑은 것을 그대로 두면 병균이 다른 데로 옮아가니까요. 그러나 병에 걸린 것이 아니고 벌레 때문인 경우도 많으므로 잘 관찰해야 합니다. 가지 끝이 시들고 있을 때 잘 살펴보면 줄기에 벌레가 있기도 하고 알을 낳아 둔 것도 있습니다. 그럴 때는 벌레를 잡으면 괜찮아집니다.
식물의 기운이 없어 보이면, 구석구석 살펴보고 그 원인을 찾아내는 게 중요합니다. 왜 아픈지 이유를 알아야 의사가 환자를 치료하겠죠! 정원을 만들고 있을 때의 의사는 바로 우리 자신입니다.

제 7 장
식물이 늘어나는 즐거움

여러 가지 씨앗들

잇꽃

딜

호박

고수

염주

병아리꽃나무

풍접초

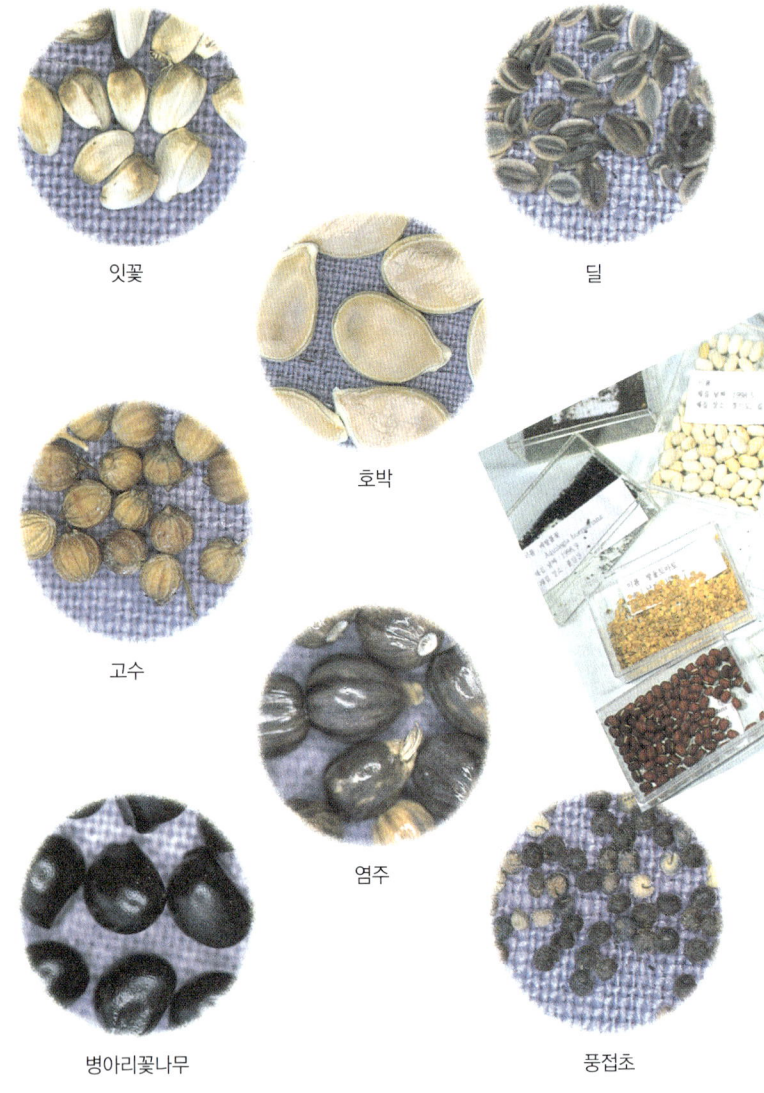

회향

노랑코스모스

오이

붓꽃

방울토마도

스위트피

매리골드

씨를 모으자

이렇게 많은 씨앗이!

식물은 꽃이 피면 씨가 생기기 마련입니다. 씨는 식물에게 있어서 자손을 남기기 위해 아주 중요한 것이죠. 그 씨를 들여다보면 꽃과는 또 다른 아름다움에 놀라게 됩니다. 봄에 꽃이 다 피고 나면 나는 팬지, 제비꽃, 앵초, 매발톱꽃 등의 씨앗 모으는 일에 시간을 보냅니다. 받은 씨는 건조한 곳에 보관했다가 가을에 뿌립니다. 처음에는 다 익었는지 제대로 된 씨인지 알 수 없었지만, 씨는 70%만 익어도 싹이 튼다고 합니다.

여름이 끝나고 나서부터 가을에 걸쳐서는 여름에 핀 꽃의 씨를 모읍니다. 풍접초, 페튜니아, 매리골드, 패랭이꽃, 노랑코스모스 등입니다. 꽃이 오래 피는 식물은 꽃을 계속 감상하고 한편으로는 먼저 씨가 앉은 것부터 씨를 받습니다. 언젠가 그 씨의 수를 세어 보니, 매리골드 꽃 하나에서 71개, 페튜니아에서는 무려 297개의 씨가 나왔습니다. 씨는 크기가 클수록 숫자가 적은 법입니다. 놀랄 만한 씨의 세계를 탐구해 보세요.

매리골드

꽃은 보면서 즐기고, 씨는 받으면서 즐긴다

봉선화, 아프리카봉선화, 팬지 등의 씨는 건드리기만 해도 튀기 때문에 조심해서 씨를 받아야 합니다. 튀는 것이 재미있다고 장난치다 보면, 씨는 얼마 모으지 못하겠죠! 그러나 멀리 튄 씨가 땅에 떨어져 다음 해 뜰 여기저기서 새싹으로 돋아나는 걸 보는 것도 하나의 즐거움이라고 할 수 있습니다.

또 팬지와 제비꽃은 콩깍지가 누래지기 전에 따서 콩깍지째 그릇에 담아 두면, 마른 씨가 온통 방 안을 어지럽힐지도 모릅니다. 깍지는 버리고 씨만 받아서 그릇에 넣어 둡시다. 보통 다음 해에 충실한 꽃을 감상하려면 씨가 완전히 익기 전에 씨를 걷는 것이 좋다고 합니다. 오래 두면 나중에 생기는 씨가 충실하지 않다고들 하더군요. 그래도 나는 일부러 씨를 일찍 걷지는 않습니다. 나의 정원에서는 이른 봄부터 여름까지 계속해서 꽃이 피어납니다. 그리고 가을이 되면 먼저 떨어진 씨에서 새싹이 나오고 꽃이 또 피죠. 이 과정이 눈이 내릴 때까지 계속됩니다.

코스모스

채소 씨 받기

내가 받은 씨로 채소를 키운다

채소의 씨는 어떤 것일까요? 호박이나 고추 씨는 누구나 금방 생각해 낼 수 있을 것입니다. 요즘 채소 가게에서 파는 오이와 가지에는 씨가 들어 있는 것이 적어졌습니다. 한편 완두콩이나 강낭콩, 옥수수는 씨 그 자체를 먹는 채소입니다. 옛날에는 어느 농가나 자기가 재배한 채소 중에서 잘된 것을 골라 씨를 받았습니다. 그러나 그 씨를 뿌려도 지난해와 같이 수확할 수 있는 건 아닙니다. 더 나은 것도 있고 덜한 것도 있습니다.

사람들은 채소의 품질을 고르게 하려고, 더 달게 하려고, 모양을 좋게 하려고 품종을 개량합니다. 모두 상품으로 팔기 위해서죠. 그러나 우리가 정원에서 채소를 키울 때는 그런 욕심을 부릴 필요가 없습니다. 모종을 사서 심어도 좋고, 직접 기른 채소에서 씨를 따로 받아 두었다가 다음 해에 씨를 뿌려 키워도 좋습니다. 채소 씨를 받아 보세요. 호박이나 방울토마토, 그리고 콩 종류면 씨를 뿌려서 키워도 웬만하면 잘 자랍니다.

채소 씨를 받는 방법

콩 종류면 콩깍지가 누렇게 되기까지 내버려 두었다가 그것을 땁니다. 알맹이를 꺼내 종이 위에 펼쳐 놓아 잘 말리고, 팥이나 콩은 줄기가 붙은 채로 거꾸로 매달아서 말려도 좋습니다. 일부는 씨로 보관하고 나머지는 밥할 때 넣어서 구수한 콩밥을 만들어 먹을 수도 있겠죠? 단팥죽은 어떠세요?

토마토나 오이의 씨를 채소 속에서 막 꺼냈을 때는 무르기 때문에 말려야 합니다. 그렇지 않으면 금방 곰팡이가 슬죠. 씨를 신문지 위에

펴 놓고 손바닥으로 문지르듯 휘저어 물기를 빨아들이게 합니다. 이렇게 여러 번 하세요. 신문지를 갈면서 되풀이합니다. 피망, 고추, 오크라의 씨는 그다지 무르지 않으므로 말리기가 쉽습니다. 호박씨도 끈적이는 것을 닦아 내고 나서 말립니다. 그리고 양배추, 배추, 양상추 등 잎을 먹는 채소나 콜리플라워, 브로콜리 등 꽃봉오리를 먹는 채소는 다 먹지 말고 한 개는 남겨 두세요. 그래야 꽃이 피고 씨를 얻을 수 있습니다.

산책길에 씨를 모은다

마음에 드는 꽃에 씨가 생기길 기다린다

씨는 화원에 가면 살 수 있습니다. 그러나 화원에서 살 수 없는 씨도 있습니다. 품종을 개량하기 전의 원래 꽃씨는 팔지 않습니다. 그리고 집 주변에 피어 있는 아름다운 들꽃의 씨도 마찬가지입니다. 들꽃의 씨를 모아서 친구끼리 교환하면 자기에게 없는 씨도 얻고, 그 친구와도 친해지니까 일석이조겠죠!

산책을 하면서 어디에 어떤 꽃이 피어 있는지 눈여겨봅시다. 마음에 드는 꽃이 있으면 씨가 생기기를 기다렸다가 모아 봅시다. 다른 사람의 정원에 있는 것이면 물론 허락을 얻어야 합니다.

나도 산책길에서 달맞이꽃, 털여뀌, 술패랭이꽃 등의 씨를 모아 지금 가지고 있습니다. 친구들과 씨를 교환하는 동아리를 만들면 원예에 필요한 지식과 정보가 점점 늘어납니다. 그리고 받은 씨를 빈 병이나 깡통, 주머니에 넣고 이름을 써서 잘 보관해 두면, 이게 바로 '씨 박물관'이겠죠! 내가 살고 있는 마을에 어떤 식물이 많은지 아는 것도 재미있습니다.

체를 사용하면 씨 고르기가 쉽다

식물에서 씨를 손으로 하나하나 떼 내야 하는 것도 있지만, 쉽게 떨어지는 것도 있습니다. 차즈기와 박하, 개박하, 끈끈이대나물, 샤스타데이지, 달맞이꽃, 유채, 배추, 무 등의 씨는 모두 쉽게 떨어집니다.
바닥에 신문지를 깔고 마른 줄기를 잘라 거꾸로 해서 흔들거나 손으로 훑거나 하면 '후두둑' 소리를 내면서 떨어지죠. 정말 굉장한 숫자입니다. 금방 씨가 수북이 쌓입니다. 이 작업을 집 밖에서 한다면 필요 없는 꽃잎이나 티끌 등은 바람에 날아가 버립니다. 특히 코스모스나 매리골드는 이렇게 해서 씨 모으기를 하면 작업이 간단하게 끝납니다. 바람 없는 날에 툇마루에서 선풍기를 약하게 틀고 해 보았더니, 이 방법도 괜찮았습니다.
씨에 아직 잡티가 섞여 있을 때는 체를 사용해 보세요. 체의 눈이 성긴 것부터 촘촘한 순서대로 사용하면 씨를 고르는 일이 쉽게 끝납니다. 모든 씨는 저마다 특징이 있어서 자세히 들여다볼수록 아름답고 신기합니다.

체를 쳐서 씨를 골라낸다.

씨 보관하기

먼저 충분히 말린다

씨를 받으면 곧바로 씨에 묻어 있는 물기를 없애야 합니다. 날씨가 좋고 건조한 날에는 종이 위에 펼쳐 놓고 통풍이 잘되는 곳에서 말려도 좋지만, 그렇지 않을 때는 실리카겔 같은 건조제를 사용하여 말립니다. 씨를 종이에 펼쳐서 한 차례 말린 뒤, 빈 병에 실리카겔과 같이 넣고 뚜껑을 닫습니다. 실리카겔을 많이 넣을수록 수분을 빨리 없앨 수 있습니다. 습도계가 있으면 재 보세요. 습도가 45~50% 정도 되면 충분합니다.

이렇게 해서 씨가 뽀송뽀송하게 마르면 이번에는 씨를 뿌리기 전까지 잘 보존해야겠죠? 종이봉투에 씨를 넣고 식물 이름과 채집 장소, 채집 날짜를 적어 넣습니다. 그리고 나서 씨앗 봉투를 건조제와 함께 빈 병이나 빈 깡통에 넣으면 됩니다. 씨앗이 든 병이나 깡통을 바람이 잘 통하고 서늘한 곳에 두면 좋습니다.

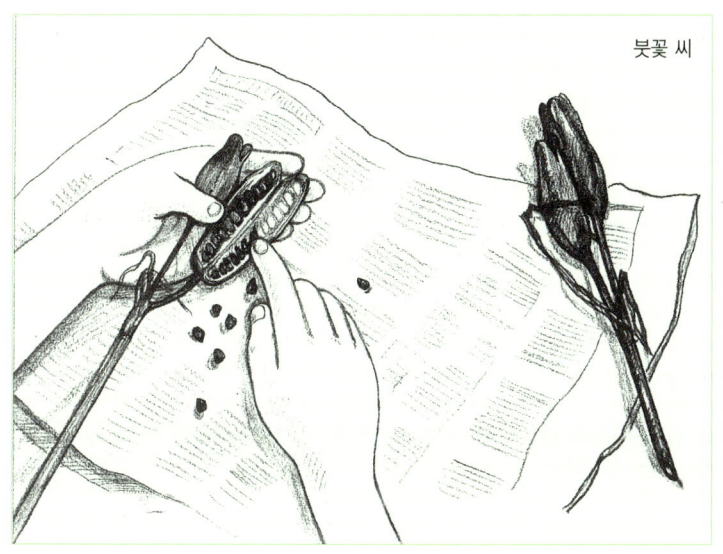

붓꽃 씨

젖은 채로 보관해야 하는 씨

대부분 한해살이 식물에서 씨를 받지만 백합, 수선화 같은 알뿌리 식물과 붓꽃, 도라지, 앵초 등 여러해살이 식물에도 씨는 있습니다. 이들 씨를 받아 두었다가 뿌리면, 이듬해에는 어렵지만 몇 년 지나면 꽃이 핍니다. 잊어버렸을 즈음에 예상하지 않던 싹이 터 즐거움으로 찾아옵니다. 알뿌리나 포기나누기로 늘리면 같은 성질의 꽃이 많아져서 좋지만, 씨로 번식시키면 선조가 지닌 그 어떤 성질이 나올지 알 수 없습니다. 품종 개량을 하고 싶은 사람에게 씨는 귀중한 재산입니다.

그런데 대개의 씨는 건조시켜서 보존하지만, 그중에는 말리면 안 되는 것도 있습니다. 동백나무, 애기동백, 복사나무, 서양자두, 밤나무, 호두나무 등 눈 부분이 크고 기름기가 많은 씨는 금방 심지 않을 경우 모래에 파묻이시 일정한 온도를 유지해야 합니다. 묻어 둔 곳에서 싹이 나오면 살짝 옮겨 줍니다.

한해살이 식물 늘리기

일부분을 잘라 내서 늘린다

식물을 늘리는 데는 씨를 뿌리는 방법과 식물의 일부분을 떼어 내어 늘리는 방법이 있습니다. 씨를 뿌리는 경우는 하나하나가 조금씩 다른 성질을 갖게 되지만, 후자의 경우는 완전히 같은 성질의 식물이 늘어 가는 것입니다. 가지의 일부분을 잘라 흙에 꽂는 '꺾꽂이', 다른 식물을 토대로 삼아 붙이는 '접붙이기', 가지의 일부분을 휘어서 땅속에 묻고 그곳에서 뿌리가 나온 뒤에 분리하는 '휘묻이', 그리고 늘어난 포기를 나누는 '포기나누기', 늘어난 알뿌리를 생장점이 붙은 부분으로 절단하여 나누는 '알뿌리나누기' 등이 있습니다.

꺾꽂이 중에서 끝눈꽂이 방법을 알아봅시다. 끝눈꽂이는 눈이 있는 부드러운 가지의 끝 부분을 잘라서 젖은 모래나 흙에 꽂아 가지 끝에서 뿌리가 나오게 하는 것입니다. 마거리트, 카네이션, 제라늄 등을 늘릴 때 이 방법을 사용합니다.

타임의 끝눈꽂이

칼 자리가 깨끗하게 자른다

식물 중에서도 마거리트는 씨가 생기지 않는 희귀한 식물입니다. 그러므로 가을이나 봄에 끝눈꽂이로 늘려 줘야 합니다. 가지 끝에 꽃눈이 붙어 있지 않은 것을 골라서 가위로 5~6cm 길이로 자르고, 땅에 물을 흠뻑 준 다음 꽂습니다. 잘 드는 가위로 잎이 붙어 있는 마디 밑을 자르는데, 자른 면이 거칠거나 찌부러지거나 터지면 썩기 쉬우므로 먼저 가위로 자른 뒤, 면도칼로 다시 잘라 냅니다.

꺾꽂이할 그릇으로는 스티로폼 딸기 상자나 플라스틱 상자, 빈 병 등을 이용하면 됩니다. 바닥에는 구멍이 없는 것이 좋고, 화분을 사용할 때는 바닥의 구멍을 돌이나 나뭇조각으로 막은 다음 체로 친 흙이나 모래를 넣습니다. 끝눈꽂이는 여러 개를 해야 합니다. 20~25℃ 정도의 온도에서는 대개는 2~3주일 지나면 뿌리가 나옵니다. 뿌리가 나오면 화분에 옮겨 심습니다.

끝눈꽂이 방법으로 뿌리가 나온 타임

줄기꽂이로 늘리기

줄기꽂이는 활동을 멈춘 때나 장마 때가 좋다

줄기꽂이는 건강한 나무의 작은 가지를 잘라서 늘리는 것으로 끝눈꽂이와 방법은 같습니다. 수국, 공조팝나무, 가는잎조팝나무, 무궁화, 명자나무, 위령선 등 우리 가까이에 있는 많은 나무를 이 방법으로 간단하게 늘릴 수 있습니다. 그러면 줄기꽂이는 언제 하면 좋을까요? 낙엽이 지는 나무의 경우는 활동을 막 시작하려는 시기 바로 전에 하면 좋습니다. 이른 봄에 하면 뿌리가 나오고 금방 기온이 올라가서 전체가 활발하게 성장합니다. 그러나 활동이 활발하지 않은 가을부터 이른 봄까지는 언제 해도 상관없습니다.

가지치기한 것으로 줄기꽂이를 하면 꿩 먹고 알 먹고, 도랑 치고 가재 잡는 격이 되지요. 긴 가지면 그것을 약 20cm로 잘라 줄기꽂이를 여러 개 합니다. 그러나 새싹이 돋고 이미 활동을 시작한 것은 줄기꽂이를 해도 뿌리가 거의 나오지 않습니다. 또 동백나무, 영산홍, 치자나무, 회양목, 서향, 금목서, 식나무 같은 늘푸른나무는 장마 때 줄기꽂이를 하면 잘 자랍니다.

계절별 줄기꽂이 방법

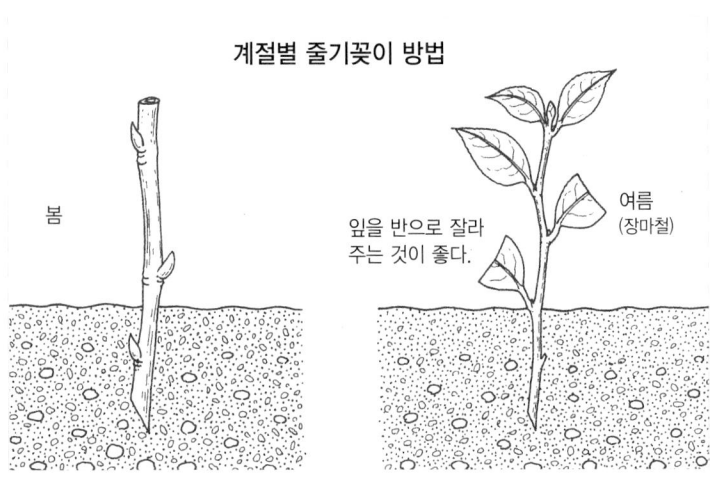

원하는 숫자보다 좀 넉넉하게 줄기꽂이를 한다

줄기꽂이는 직접 땅에 해도 좋지만, 건조하지 않도록 물을 줘야 하기 때문에 화분이나 플랜터에 꺾꽂이를 하는 것이 좀 더 관리하기 쉽습니다. 뿌리가 나오면 옮길 것이므로 옆의 것과 가깝게 꽂아도 상관없습니다. 흙은 모래나 양토를 체로 쳐서 사용하면 가장 좋지만, 화단이나 화분에 담긴 흙에 여러 개를 꽂아 두어도 대부분 뿌리가 나옵니다. 그렇지만 꼭 필요한 숫자보다는 여유 있게 줄기꽂이를 해 두는 것이 좋습니다.

줄기꽂이를 하기 위해서는 새로 뻗은 가지를 골라 먼저 전정가위로 자르고, 잎이 붙어 있으면 줄기 밑 쪽에 붙은 잎을 잘라 냅니다. 잎이 붙어 있지 않은 시기에 가지를 자르면 위아래가 헷갈리기 쉬우므로 주의해서 심습니다. 가지의 방향을 거꾸로 심으면 뿌리가 나지 않습니다. 흙에는 물을 흠뻑 주고 뿌리가 나오는 2주에서 1개월 사이에는 흙이 마르는 일이 없도록 주의합니다. 하루 이틀쯤 물을 넣은 컵에 꽂아서 물을 충분히 빨아들이게 한 다음 심는 것도 좋은 방법입니다.

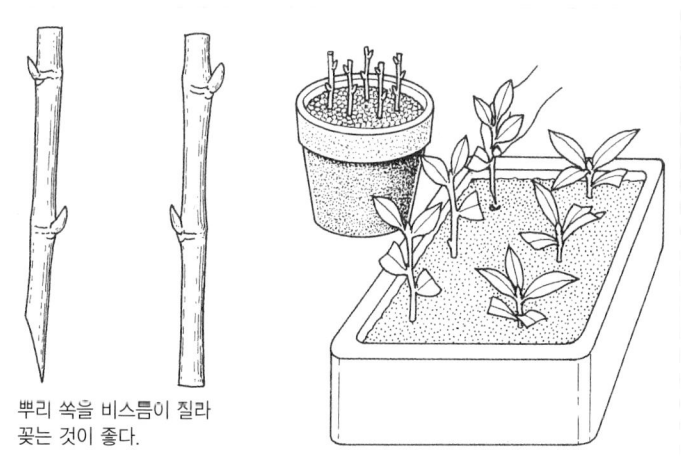

뿌리 쪽을 비스듬이 잘라 꽂는 것이 좋다.

휘묻이로 늘리기

먼저 뿌리를 나오게 한 다음 잘라 낸다

휘묻이는 가지에서 뿌리가 나오게 해서, 그것을 잘라 내어 키우는 방법입니다. 꺾꽂이처럼 잘라 낸 뒤에 뿌리가 나오기를 기다리는 것이 아니고, 이미 뿌리가 나온 것을 심는 것이므로 확실하죠. 꺾꽂이를 할 수 있는 나무면 거의 다 휘묻이를 할 수 있습니다.

나무뿐 아니라 한해살이 식물 중에서도 길게 자란 줄기가 쓰러져 땅에 묻히면 뿌리가 나오는 경우가 있습니다. 한번은 꺾꽂이로 키우는 페튜니아가 자라기는 했는데 멀쑥하게 키만 크고 밑에는 거의 잎이 붙어 있지 않았습니다. 그래서 그것을 눕혀서 줄기의 가운데 부분을 흙으로 묻어 주었더니 뿌리가 나와 건강해지고 잎도 크게 자란 적이 있습니다. 블랙베리나 덩굴장미는 가을에 줄기 끝을 흙으로 덮어 두면 거기서 뿌리가 나옵니다. 가지 끝을 흙에 묻어 두면 뿌리가 나오다니 정말 신기한 일이죠? 딸기의 기는줄기도 휘묻이의 한 형태라고 할 수 있습니다. 식물은 기회만 있으면 여기저기에 뿌리를 내리고 자신을 늘리려고 합니다.

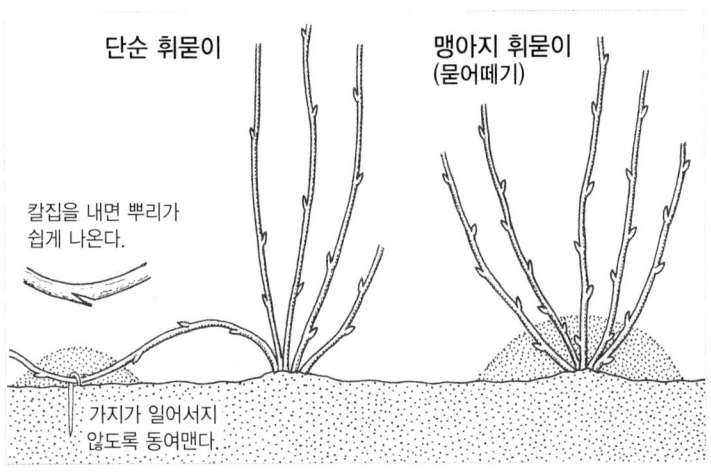

가지의 중간에서 뿌리가 나오게 하는 방법

어느 부분에 뿌리가 나오게 하는가에 따라 휘묻이의 방법도 여러 가지입니다. 진달래, 명자나무, 공조팝나무, 황매화 등 가지가 밑에서 위로 가면서 많이 나 있는 것은 뿌리 밑동에 흙을 높게 쌓아 올려, 가지 중간에서 뿌리가 나오는 '맹아지 휘묻이'를 합니다.

나무딸기나 수국 등은 뿌리가 잘 나오는 식물인데, 가지를 수평으로 눕히고 흙을 덮어 두는 '단순 휘묻이'를 하면 마디 부분에서 뿌리가 나옵니다. 이때 눕힌 가지가 일어서지 않도록 고정시켜 줘야 합니다.

가지 윗부분에서 뿌리가 나오게 하는 '공중 휘묻이'도 있습니다. 가지 껍질을 칼로 벗기고 그곳을 젖은 물이끼 등으로 감싼 다음, 비닐로 감고 다시 끈으로 묶어 두는 방법입니다. 묶어 둔 부분이 계속 마르지 않도록 하는 것이 중요합니다. 이렇게 하면 상처가 난 부분에 잎에서 생긴 영양분이 올라와 고이고, 거기서 뿌리가 나옵니다. 이 방법은 장마 때 하는 것이 제일 좋고, 2주에서 1개월 정도 기다려 뿌리가 나온 것을 확인하고 나서 잘라 내면 됩니다.

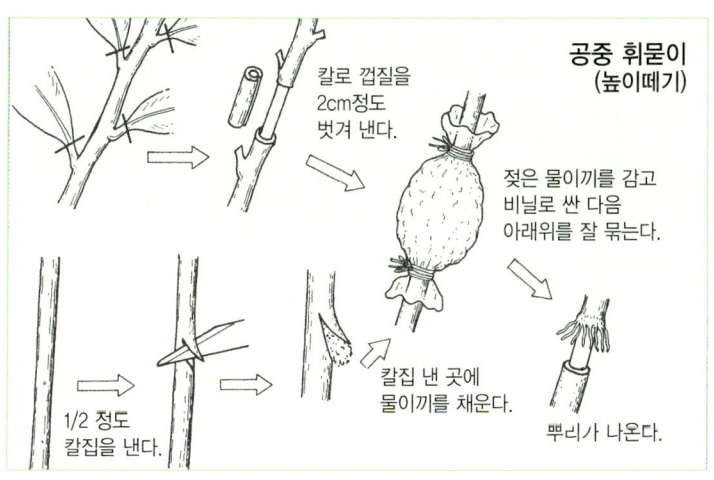

포기나누기로 늘리기

얽힌 뿌리를 몇 개로 나눈다

한 그루의 뿌리에서 싹이 여러 개 나오거나 땅속줄기가 옆으로 뻗어 줄기 곳곳에서 싹이 나올 때, 뿌리를 손으로 뜯어 가르거나 가위로 잘라서 나눠 심는 것을 '포기나누기'라고 합니다. 포기나누기는 식물을 번식시키기 위한 목적에서도 하지만, 덩치에 비해 뿌리 부분이 작아 영양 부족이 되는 것을 막기 위해서도 합니다.

예를 들면, 프리뮬러는 뿌리가 잔뜩 얽혀서 몇 년이 지난 것을 그대로 두면 해마다 잎과 꽃이 작아집니다. 식물은 자기 혼자서는 자리를 옮

파드득나물의 포기나누기

길 수 없기 때문에 우리가 도와주어야 제대로 자랍니다. 포기나누기를 하는 시기는 새로운 뿌리가 나오기 전이 좋은데, 프리뮬러, 데이지처럼 봄에 꽃이 피는 식물은 9~10월에 하는 것이 좋고, 국화 종류나 대상화 등 가을에 꽃이 피는 식물은 2~3월에 포기나누기를 하는 것이 좋습니다. 실제로 흙을 파 보면 알 수 있는데, 잔뜩 뒤얽힌 뿌리는 나누기가 꽤 어렵습니다. '뿌리가 이렇게 뻗어 있었구나!' 하고 놀랄 것입니다.

알뿌리를 잘라 내어 늘린다

알뿌리 식물을 파 보면 작은 알뿌리가 주위에 늘어나 있습니다. 이것을 나눠서 따로 심어도 되지만, 좀 더 적극적으로 불려 나가는 방법으로는 알뿌리를 칼로 여러 토막을 내서 나누는 방법이 있습니다. 예를 들면, 아마릴리스는 기온이 올라간 7월에 알뿌리를 파내어 잎과 뿌리를 잘라 버리고, 알뿌리를 크기에 따라 4, 6, 8, 16등분으로 자르면 수를 늘릴 수 있습니다.

그 하나하나를 눅눅한 모래 속에 꽂아 1개월 정도 지난 후, 자란 것

파 뿌리

을 확인하고 나서 모종판으로 옮겨 계속 키웁니다. 꽃이 피기까지는 2~3년이 걸리지만 자라는 과정을 보는 것도 즐겁습니다. 또 백합은 여름 알뿌리의 비늘 조각을 벗겨서 모래 속에 묻어 두면 그 하나하나에서 뿌리와 싹이 나옵니다. 백합과에서는 참나리만이 잎이 붙어 있는 부분에 '구슬눈'이라고 부르는 것이 생기는데, 그 구슬눈을 흙에 묻어도 역시 늘어납니다. 칸나와 달리아의 알뿌리는 땅속줄기가 볼록해진 것이므로 이것을 잘라서 나누어 심으면 됩니다.

접붙이기로 늘리기

가지와 가지를 접붙여 키운다

꺾꽂이로는 좀처럼 뿌리가 나오지 않는 것이 있습니다. 장미, 벚나무, 매실나무, 수수꽃다리, 자목련 등이 그렇습니다. 그래서 이런 나무들은 다른 식물 줄기에 원하는 종류의 가지를 접붙이는 방법으로 번식시킵니다. 그런데 이렇게 접붙이면 그때부터 자란 부분은 접붙인 나무의 성질대로 자랍니다. 정말 신기한 일입니다.

이어 붙인 가지가 5년 자란 복사나무라면 밑받침으로 쓰인 나무가 1년 자란 나무라도 5년 자란 나무의 성질을 지니게 되는 것입니다. 결국 나무는 그 싹에 나이가 기억되어 있다는 이야기입니다. 싹은 모두가 어린 것이라는 인상을 주지만 알고 보면 저마다 나이를 기억하고 있다는 데 놀랄 수밖에 없습니다. 밑받침으로 쓰는 나무로는 같은 종류로 튼튼하게 자란 묘목이 보통 사용되지만 장미의 경우는 찔레꽃 묘목이 밑받침 나무로 쓰입니다.

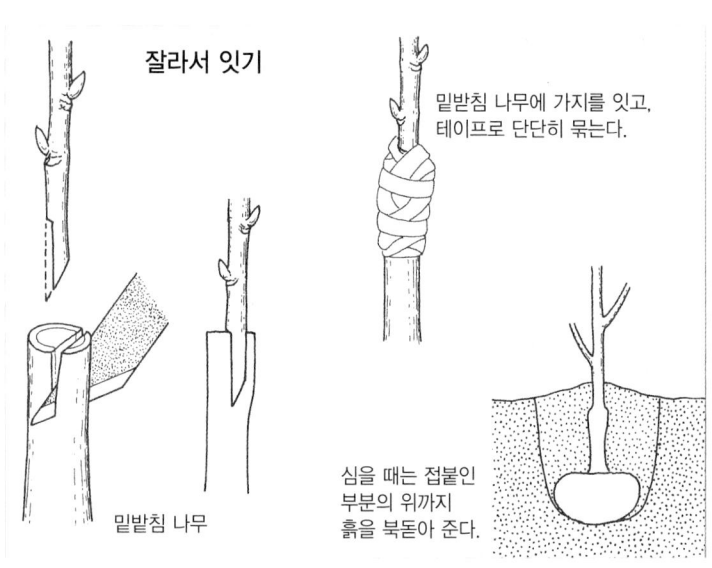

비슷한 종류의 나무로 잇는다

잘린 가지가 어떻게 다른 가지에 붙어서 하나가 될 수 있을까요! 나무는 상처가 났을 때 그 상처를 낫게 하려고 잘린 부분에 '캘러스'라고 하는 부드러운 세포 덩어리를 만듭니다. 캘러스는 여러 가지가 될 수 있는 가능성을 가진 유연한 세포입니다. 그런데 이 부드러운 세포 덩어리는 시간이 지나면서 딱딱해지고, 꺾꽂이의 경우엔 거기서 뿌리나 줄기, 또는 잎이 나옵니다. 접붙이기의 경우도 마찬가지로, 각기 캘러스를 만든 곳에서 밑받침 나무와 접붙일 나무를 하나로 만들려는 작용이 일어나는 것입니다.

상처 난 부분은 조심해야 하듯이 접붙이기를 할 때도 상처 난 부분을 함부로 다루거나 짓누르면 안 됩니다. 접붙이는 시기는 3~4월이나 9월이 좋습니다. 밑받침 나무는 같은 종류의 나무가 아니라도 목련과 자목련, 모란과 작약 등 비슷한 종류면 할 수 있습니다.

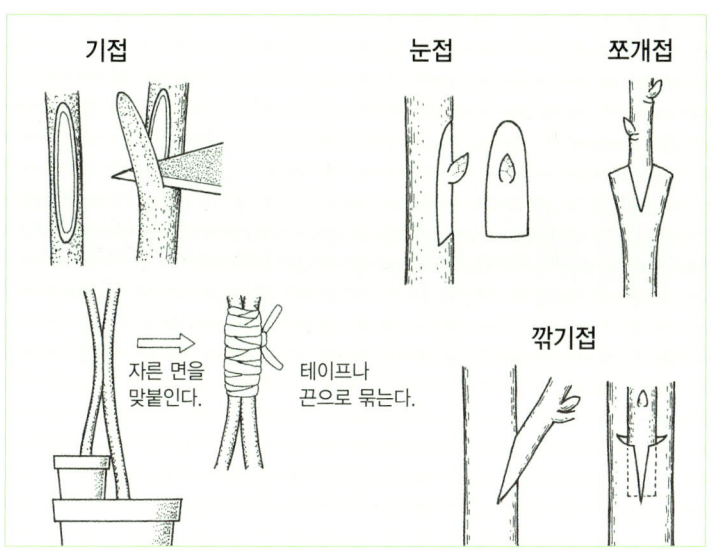

불어난 식물 이용하기

산울타리를 만들어 보자

처음 꺾꽂이, 포기나누기, 휘묻이, 접붙이기 등을 할 때는 누구나 '정말 성공할 수 있을까?' 합니다. 뿌리가 나오기까지는 어느 정도 수분이 필요하기 때문에 물 주는 것을 깜박 잊어버리기라도 하면 전부 죽이고 말죠. 또 강한 바람에 흔들려 모처럼 생긴 캘러스가 상처를 입어 썩는 일도 있습니다. 하지만 일단 뿌리가 돋고 싹이 나오면, 이번에는 '어디에 심지?' 하고 즐거운 고민을 합니다.

여러 가지 방법으로 나무의 수가 늘어났을 때, 산울타리를 만들어 보는 건 어떨까요? 명자나무, 동백나무, 사철나무, 화살나무, 차나무, 진달래, 치자나무, 덩굴장미 등으로 산울타리를 만들면 정말 멋집니다. 나무의 높이는 가지치기 방법으로 조절할 수 있습니다. 옆집과의 경계를 만들 때도 좋고, 화단의 둘레에 울타리를 칠 때도 좋습니다. 정원 디자인에 산울타리를 이용하는 것입니다.

꽃을 선물해 보세요

나무나 꽃을 친구들에게 선물을 하는 건 어떨까요? 아주 멋진 선물이 될 것입니다. 화분을 준비하여 자갈을 넣고, 화분용 흙도 넣어 모종을 옮겨 심고 물을 줍니다. 며칠간 상태를 살펴서 잎이 시드는 일 없이 건강하다는 생각이 들면 예쁘게 포장하여 선물해 봅시다.

꺾꽂이를 한 나무를 선물할 때에는 꺾꽂이를 한 날짜와 식물 이름을 써서 표를 만들어 꽂고, 따로 카드에 식물 관리법을 적어 화분과 함께 보내면 좋습니다. 이렇게 하면 주는 사람과 받는 사람 모두에게 흐뭇한 선물이 될 것입니다.

딸기나 블루베리, 라즈베리, 서양까치밥나무 등 먹을 수 있는 것이면 더욱 좋겠죠! 나의 경우 뭔가 가지고 가면 답례로 우리 집 정원에 없는 것을 받아 오는 때가 많습니다. 이런 선물은 부담스럽지도 않고, 또 즐거운 선물 교환이 될 것입니다.

실패할수록 많은 것을 배운다

꽃이나 채소를 키울 때 누구나 실패하지 않기를 바랍니다. 그래서 책을 읽고 또 읽고 해서 빈틈없이 하려고 하지만, 사실 책을 100번 읽는 것보다 한 번 실패하고 경험해 볼 때 얻는 것이 더 많습니다. 처음 채소를 키우면서 아무 문제없이 수확이 끝난다면 좋겠지만, 그때는 단순한 수확의 기쁨만이 남습니다. 그러나 처음 채소를 키운 해에 비가 많이 오고, 여름 더위가 예년보다 짧아서 채소가 제대로 자라지 않는 일도 있습니다.

내 경우가 그랬습니다. 가지도 오이도 기운이 없고 토마토는 중간에 병이 나서 말라 죽었습니다. 하지만 방울토마토는 오히려 잘 자랐습니다. 이런 일들을 통해서 비가 많이 와서 습기가 많을 때 채소마다 어떤 일이 벌어지는지 잘 알게 되었습니다. 그해는 집집마다 토마토가 흉작이어서 자연히 토마토가 화제가 되었고, 따라서 토마토 재배에 관한 유익한 정보를 많이 얻었습니다. 그리고 사람은 어떤 일에 실패했을 때, 사물에 대한 관찰력이 더 날카롭고 깊어진다는 교훈을 얻은 셈입니다. 다음 해는 가물었습니다. 토마토는 순조롭게 자랐지만 한편 물이 많이 필요한 토란에 물 주는 일로 고된 여름을 보냈습니다. 또 실내에서 관엽 식물을 키울 때도 실패는 따르기 마련입니다. 고사리 종류인 아디안툼을 여러 번 키워 보았지만 그때마다 오래 가지 못하고 말라 죽는다고 말하는 사람이 있는데, 이것은 대개 실내가 건조하기 때문입니다. 따뜻하게 해 줘야 한다는 생각에 방이 건조해지는 것을 잊어버린 거죠.

실패를 하면 그 원인을 생각하게 됩니다. 이것은 매우 좋은 일입니다. 실패를 겁낼 필요는 없습니다. 실패는 우리가 식물을 이해할 수 있는 더없이 좋은 기회를 제공합니다.

제 8 장
뜰이 우리에게 주는 선물

원예가의 좋은 습관

원예 일기를 써 보자

처음 원예를 시작했으면 그날 한 내용을 노트에 적어 두는 습관을 가집시다. 매일은 아니더라도 좋습니다. 처음 해 본 일이나 그 일을 통해서 얻은 감동은 매우 소중한 것입니다. '싹이 안 나오면 어떻게 하지?' 하다가 작고 예쁜 싹이 나올 때의 감동은 이루 말할 수 없습니다. 이때의 기분을 그림이나 글로 남겨 둡시다. 카메라가 있으면 사진을 한 장 찍어 두는 것도 좋습니다. 언제 씨를 뿌리고 언제 싹이 보였는지, 그리고 그것이 조금 자란 다음 다른 화분으로 언제 옮겼는지 적어 두고, 더불어 그림도 그려 넣으면 아주 좋습니다. 무엇인가 눈에 띄고 알게 된 것이 있으면 그 내용을 적어 둡시다. 예를 들어, 진딧물이 보일 때 언제 어떤 조건에서 그런 벌레가 생기는지 알게 되고, 나중에 화초나 식물을 재배할 때 크게 도움이 됩니다.

원예 달력을 만들자

옛부터 농사를 짓는 사람은 농사 달력을 소중히 여겨 왔습니다. 언제 모내기를 해야 하는지, 배추는 언제 씨를 뿌리는지, 딸기 모종은 언제 심으면 좋은지 등 작업 예정을 달력에 적어 두곤 했습니다. 이렇게 해 두면 농사 지을 때 아주 편리합니다. 달력을 쳐다보기만 해도 '아! 감자 심을 때가 됐구나.' 하고 때를 놓치지 않고 미리 준비를 할 수 있으니까요.

이런 달력을 만들어 봅시다. 1년 동안 화초를 기르고 채소를 재배한 경험이 있으면 그것을 그때그때 적어서 기록으로 남기면 됩니다. 작년 이맘때, 어떤 일을 했는지 아는 것은 원예 활동에 아주 큰 도움이 됩니다. 씨를 뿌리거나 수확하는 시기뿐만 아니라 쉬나무의 가지치기, 프리뮬러의 포기나누기, 접붙이기, 낙엽 쓸기나 서리 막기 등 원예 달력에 써넣을 일은 아주 많습니다.

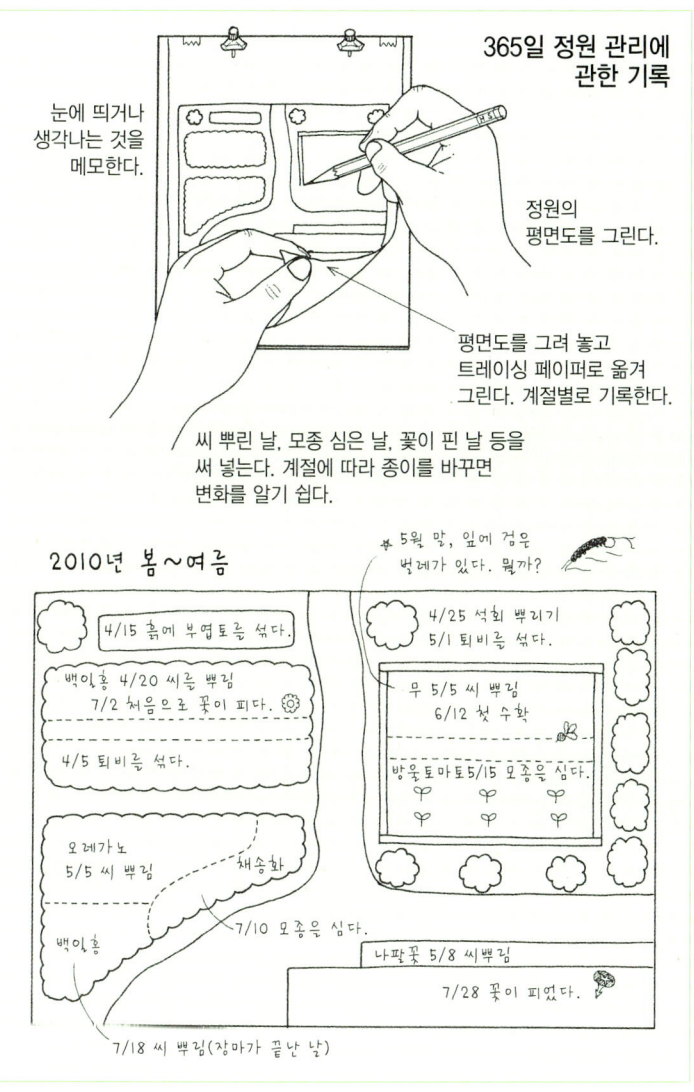

식물 표본 만들기

이름을 알면 친구가 된다

처음 만나는 사람과 이름을 알고 지내면 친해지듯이 식물도 마찬가지입니다. 그 꽃의 이름을 알면 그만큼 가깝게 느껴집니다. 아직 눈이 남아 있는 이른 봄, 마치 물방울이 맺힌 듯이 작은 흰 꽃이 피어 있는 스노우드롭을 보면 '눈 방울'이라는 뜻의 이름이 어쩜 그렇게 잘 어울리는지 감탄하게 됩니다.

들꽃이지만 초롱꽃은 종같이 깜찍한 작은 꽃이며, 안개꽃이 무리져 피어 있으면 이름 그대로 안개처럼 보입니다. 꽃을 모아서 책갈피나 신문지 사이에 끼워서 눌러 두면 그 이름을 알아볼 때 편리하고 좋은 기록으로 남습니다. 나는 앨범을 꾸밀 때도 드라이플라워로 만든 꽃을 이용하는데, 이때는 큼직하고 예쁜 원예종 꽃보다는 흔하지만 꽃이 작고 아담한 들풀들을 주로 사용합니다. 정성 들여 만들어 두면 몇 년이 지나도 색이 변하지 않고 그대로 있습니다.

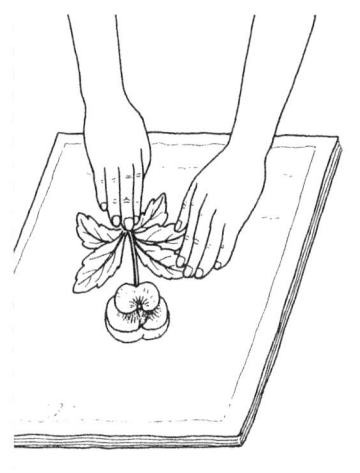

신문지 위에 놓고
모양대로 잘 편다.

그 위에 신문지를 덮는다.

식물 표본 만드는 방법

꽃과 잎만을 붙여서 카드나 책갈피를 만들면 재미도 있고, 쓸모도 많아 좋습니다. 그런데 식물 표본을 만들 때는 초본 식물의 경우, 줄기와 뿌리까지 넣어서 만드는 것이 기본입니다. 화초 전체를 표본으로 하려면 모종삽으로 뿌리째 뽑는데, 이때 뿌리가 상하지 않도록 주위를 넓게 파야 합니다. 파냈으면 뿌리가 붙은 흙을 가볍게 쳐서 떨어뜨리고 그것을 신문지 위에 놓습니다.

준비된 신문지 한쪽에 자연 그대로의 꽃과 잎, 줄기 모양을 잘 잡은 다음, 손으로 누르고 신문지를 반으로 접어서 사이에 꽃이 끼도록 덮습니다. 그리고 화초의 수분이 빨리 빠지도록 이것을 다른 신문지 사이에 다시 끼웁니다. 그리고 나서 그 위에 무거운 책이나 돌을 올려놓으면 빠른 것은 일주일 정도면 완성됩니다. 흡수용 신문지는 첫날은 하루 한 번, 그 뒤는 이틀에 한 번씩 갈아 줍니다.

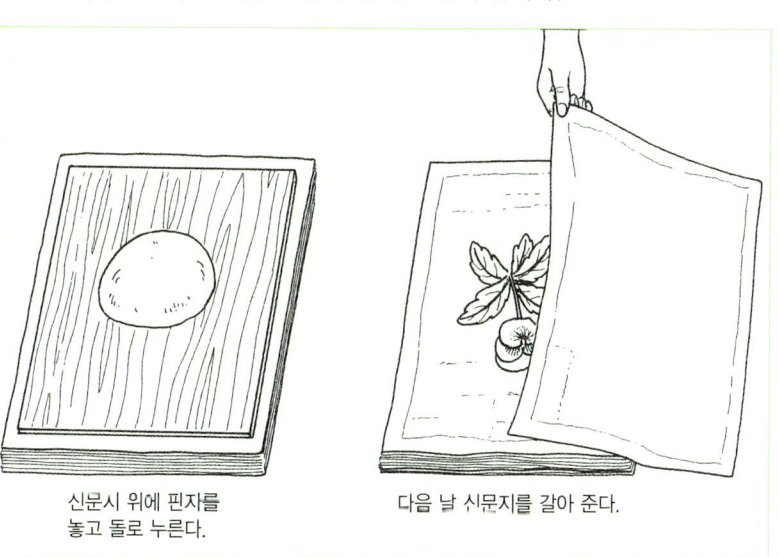

신문시 위에 판자를
놓고 돌로 누른다.

다음 날 신문지를 갈아 준다.

나뭇가지로 여러 가지 물건 만들기

가지치기를 해서 나온 가지를 모은다

가지치기를 하고 나면 잘린 가지가 많이 생깁니다. 이런 가지들을 잘게 자르면 좋은 거름이 되는데, 그 가운데 깨끗하고 모양이 그럴듯한 가지를 보면 버리기가 아깝고 그것으로 무엇인가 만들어 보고 싶어집니다. 가지는 나무 종류에 따라 나뭇결과 모양이 다르므로 모양을 살리는 것도 좋고 껍질을 벗겨서 이용할 수도 있습니다. 가지가 둘 이상 붙어 있는 나뭇가지는 그 한쪽을 벽에 고정시키면, 다른 쪽 가지에는 모자나 코트를 걸 수 있습니다.

가지가 여러 개 달린 것은 여러 개가 있는 채로 이용하면 재미있는 물건 걸이가 됩니다. 이런 나뭇가지 장식품은 방 안을 새롭고 따뜻한 분위기로 바꿔 줍니다. 만일 이런 나뭇가지가 없으면 옆집 아저씨가 가지치기 작업을 할 때나 가로수 가지치기를 할 때 한두 개 얻어서 만들면 좋은 기념이 되겠죠!

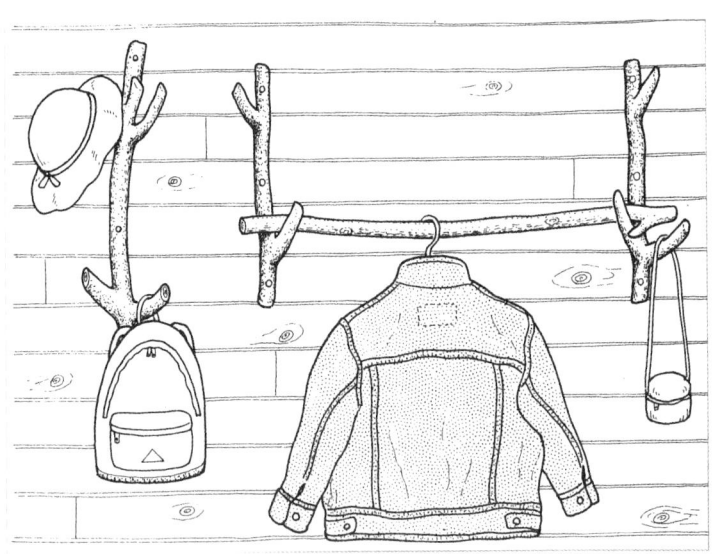

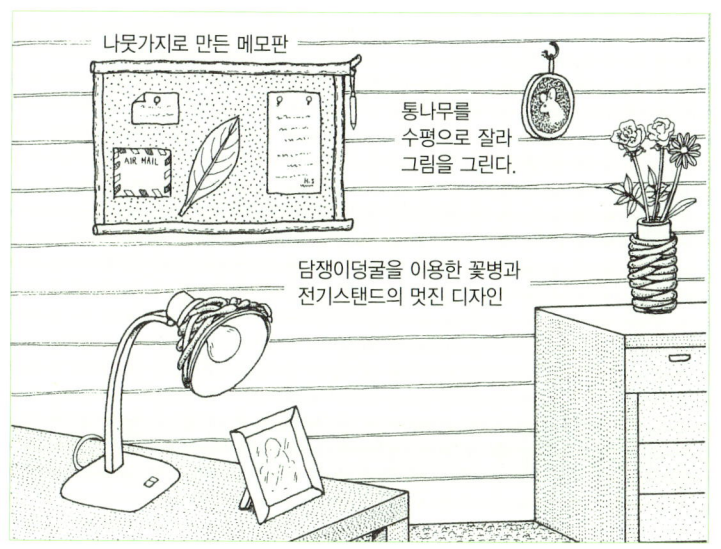

나뭇가지로 메모판을 만들어 보자

나뭇가지로 테두리를 둘러 메모판을 만들어 봅시다. 우선 못을 박기 쉽게 가지를 세로로 가릅니다. 다음에 합판이나 코르크 판을 적당한 크기로 잘라 메모판의 바닥으로 하고 그 둘레에 나뭇가지를 놓습니다. 그리고 드릴로 구멍을 낸 다음 못질을 합니다. 약간 굽거나 덩굴 같은 가지로 테두리를 두르면 멋진 메모판이 됩니다. 이 메모판에 꽃 카드 나 나무 열매, 뜰의 사진을 핀으로 꽂아 두면 훌륭한 장식품이 됩니다. 얼마 전에 잎맥만 남은 나뭇잎을 진한 색종이에 붙여서 공부방 벽에 걸었더니 정말 멋있었습니다. 그런데 이 잎맥만 남은 나뭇잎은 올챙이 가 만든 것입니다. 후박나뭇잎 찜 요리를 먹고 나서, 그 잎을 연못에 던졌는데 올챙이 놈들이 싹 먹어 치우고 뼈대만 남겼던 것입니다. 원 래 올챙이는 후박나뭇잎을 먹지 않는데, 음식 맛이 배어 있는 잎이라 서 특별 간식이 되었던 모양입니다.

계절 따라 꽃꽂이를

뜰의 화초로 실내를 꾸민다

한 송이라도 꽃이 있으면 방 안 분위기가 달라집니다. 꽃꽂이 도구를 사용한 정식 꽃꽂이가 아니더라도 가벼운 마음으로 유리컵에 한 송이 꽃을 꽂는 것만으로도 한결 마음이 풍성해집니다. 보통 아무런 느낌 없이 보아 넘기는 망초, 엉겅퀴, 꿀풀, 술패랭이꽃 같은 들꽃이나 마거리트, 꽃도라지, 장미 등 뜰에 피는 꽃들도 이렇게 빈 병에 옮겨 놓으면 방 안이 환해지고 마음마저 밝아집니다.

내가 자주 놀러 가는 친구 집 화장실에는 놀랄 만큼 큰 꽃병이 있습니다. 그곳에는 언제나 꽃이 가득 꽂혀 있는데, 왜 꽃병을 현관이나 거실에 두지 않는지 궁금해서 친구에게 물어본 적이 있습니다. 친구는 '아버지가 사업을 하셔서 평소 손님들이 많이 찾아오는데, 가족들이 꽃을 조용히 감상할 수 있는 곳은 이곳밖에 없는 것 같아서.'라고 했습니다. 꽃을 한가하게 즐기기 위한 아이디어였죠.

자른 꽃이 오래가게 하려면

정원의 꽃을 자를 때 중요한 점은 한낮에 자르지 말아야 한다는 것입니다. 대낮에 자르면 시들기 쉽습니다. 특히 한여름에는 이른 아침이나 저녁 때 꽃을 자르도록 합시다. 저녁에는 잎이 영양분을 많이 저장한 때여서 꽃이 오래갑니다. 꽃을 자르면 곧바로 3분의 1 정도 잎을 잘라 내고 물에 하루 동안 담근 다음, 꽃병에 옮깁니다. 꽃은 한 번 시들어도 물을 먹으면 다시 살아납니다.

물을 잘 빨아들이게 하려면 꽃의 줄기를 물속에 담근 채로 자르면 됩니다. 가지를 자를 때 물을 빨아올리는 물관에 공기가 들어가면 그 공기가 물 들어오는 길을 막습니다. 한편 국화나 도라지꽃은 자른 데를 납작하게 찌부러뜨리고, 달리아는 자른 자리에 소금을 비벼 주기도 합니다. 일단 잘린 자리의 세포에서 수분이 나오게 해서 나중에 물을 쉽게 빨아들이게 하려는 방법입니다.

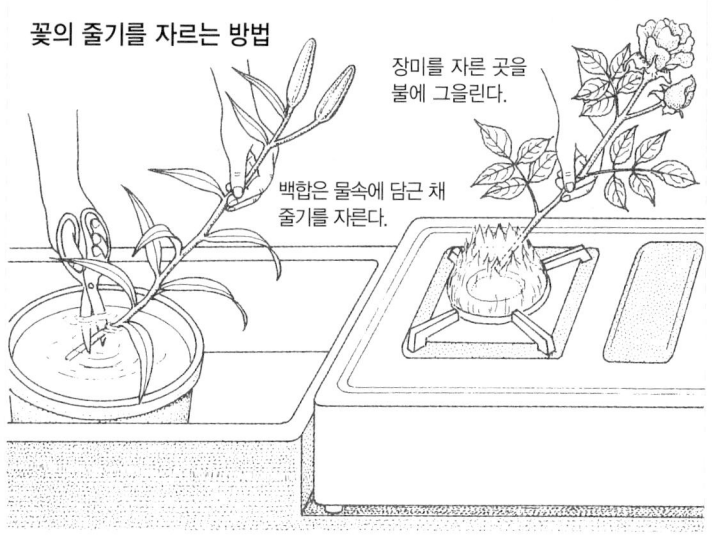

꽃의 줄기를 자르는 방법

장미를 자른 곳을 불에 그을린다.

백합은 물속에 담근 채 줄기를 자른다.

드라이플라워 만들기

드라이플라워를 만들 수 있는 식물

아름다운 꽃이 항상 그대로 있다면 얼마나 좋을까요? 꽃을 잘 말려서 드라이플라워를 만들어도 꽃의 색은 바래기 마련입니다. 꽃 중에서도 스타티스, 밀짚꽃, 장미 등은 말려도 꽃이 아름다우며, 니겔라, 루나리아 등의 꼬투리는 마르고 나서도 색다른 아름다움을 그대로 간직합니다.

뜰에 피어 있는 꽃을 맘껏 보고, 드라이플라워로 만든다면 오랫동안 아름다움을 즐길 수 있습니다. 드라이플라워 재료로는 보리도 좋습니다. 봄철에는 푸른 이삭과 잎이 싱그러운데, 베어서 말리면 황금색이 됩니다. 그리고 가을에 말린 보리에서 씨를 받아 뿌려도 싹이 나옵니다. 강아지풀, 조, 수수, 피 같은 것도 말리면 그 모습이 아주 재미있습니다.

그늘에서 천천히 말린다

식물을 예쁘게 말리려면 꽃이 활짝 피기 전, 약 80% 정도 피었을 때 잘라 거꾸로 매달아서 그늘에 말립니다. 되도록 서늘하고 바람이 잘 통하는 곳에서 빨리 말리는 것이 요령인데, 특히 여름에는 장소 선택을 잘해야 합니다.

크기가 그다지 크지 않은 식물이라면 밀폐 용기에 건조제와 같이 넣고 뚜껑을 덮어 일주일 정도 두면 됩니다. 오븐을 사용한 뒤 남은 열을 이용해서 말리기도 합니다. 이때 오븐의 문을 닫으면 꽃이 익어 버리므로 오븐의 문은 열어 둔 채 말려야 합니다. 한편, 그대로 두어도 멋진 드라이플라워가 되는 식물도 있는데 옥수수가 그렇습니다. 특히 알이 흰 것과 보랏빛 나는 것이 섞여 있는 옥수수를 말렸을 때는 보기에 참 예쁩니다.

과일 잼 만들기

뜰에서 딴 과일로 잼을 만들어 보자

요리에 자신이 없는 사람도 요리 전문가 못지 않게 솜씨를 보일 수 있는 것이 바로 잼 만들기입니다. 집에서 만든 잼은 대체로 가게에 나와 있는 상품보다 훨씬 맛있습니다. 팔고 있는 것들은 오랜 기간 동안 보존해야 하기 때문에 방부제나 염색제 같은 첨가물이 따로 들어갑니다. 그렇지만 자기가 집에서 만들면 과일과 설탕만 있으면 됩니다. 딸기, 라즈베리, 살구, 오디, 블루베리, 사과 등 다양한 과일로 잼을 만들어 보세요. 잼을 만들고 나서 바로 맛을 보면 그 자리에서 모두 먹어 버리고 싶을 정도로 맛있습니다.

과일에는 대부분 펙틴이라는 산성 당분이 들어 있어서 불로 끓일수록 점점 걸쭉해집니다. 배는 잼으로 만들기가 어려운 과일 중 하나지만, 서양배로 잼을 만들면 향이 좋고 아주 맛있는 잼이 됩니다. 과일 중에서 특히 딸기는 그대로 숟가락으로 으깬 다음, 설탕을 넣고 끓이기만 하면 잼이 됩니다. 신선한 과일 잼을 요구르트에 넣어서 먹거나, 핫케이크에 발라 먹으면 맛있는 영양 간식이 되겠죠?

딸기잼 만드는 법

① 딸기를 으깬 뒤에 설탕을 넣는다.

② 저어주면서 걸쭉해질 때까지 약한 불로 끓인다.

잼을 만들 때는 자리를 비우지 말자!

과수원이 아닌 보통 정원에서는 한 번에 많은 양의 과일을 따지 않습니다. 그러므로 먼저 딴 과일은 차례차례 냉동실에 저장해 둡니다. 그리고 필요한 만큼 과일이 모이면 그 무게를 재고, 설탕은 과일 무게의 70~80% 정도를 준비합니다. 설탕을 과일 무게만큼 넣으면 변하지 않고 오래 가지만 너무 달아집니다. 만들어서 바로 먹을 경우에는 설탕이 적어도 괜찮습니다. 그리고 설탕 대신에 꿀을 넣으면 더욱 맛있습니다.

냄비에 과일을 담고 과일이 잠길 만큼 물을 부어서 물렁해질 때까지 약한 불로 조립니다. 서양까치밥나무나 쉬나무의 열매처럼 씨가 있는 과일은 조린 다음 체를 이용해서 씨를 걸러 내고, 설탕이나 꿀을 넣은 후 걸쭉해질 때까지 계속 조립니다. 이때부터는 타기 쉬우므로 자리를 비우지 말고 천천히 저어 주어야 합니다. 잼이 타면 탄 냄새 때문에 잼의 맛이 떨어질 뿐 아니라, 냄비가 잘 닦이지 않아 어머니께 꾸중을 듣기 십상이죠.

③ 잼을 병에 넣고 뚜껑을 안전히 닫지 말고 찜통에서 약 20분 찐다.

④ 손을 데지 않도록 행주로 병을 꺼내서 뚜껑을 돌려 꽉 닫고 그대로 식힌다.

과일로 과자 만들기

과일이 많이 들어간 마들렌

과자를 만들기는 즐겁지만 달걀의 흰자위와 노른자위를 갈라서 거품을 내거나 버터를 밀가루와 같이 반죽하는 일은 생각보다 쉽지 않습니다. 손이 많이 가는 과자는 특별한 날에 만들기로 하고, 보통 때는 30분 정도면 만들 수 있는 과자가 좋겠죠! 일을 하다 보면, 잠깐 쉬면서 차 마시는 시간이 그렇게 즐거울 수 없습니다.

간단히 만들 수 있는 과자 가운데 하나가 마들렌(스펀지 케이크의 일종)입니다. 재료로는 밀가루 100g, 설탕 60~70g, 달걀 2개, 버터 100g, 그리고 과일과 허브가 있으면 더 좋습니다. 먼저 밀가루를 체에 거른 다음 설탕을 섞고, 달걀을 1개씩 넣고 거품기로 돌립니다. 이번에는 열을 가해서 버터를 넣고 과일을 썰어 3큰술 정도를 넣습니다. 블루베리는 그냥 넣으면 예쁘게 구워집니다. 잼이 있으면 그것을 넣어도 맛있습니다. 허브 잎을 다져 넣고 전체를 잘 섞습니다. 오븐은 미리 180℃로 가열시킨 후, 기름을 칠해 둔 그릇에 재료를 담고 약 20분간 굽습니다.

퀘벡 과자

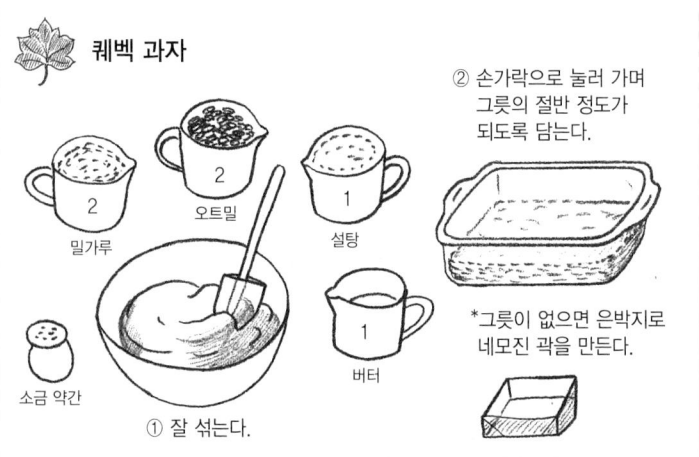

잼으로 만든 퀘벡 과자

정원에서 일하다 먹을 수 있는 과자를 소개하겠습니다. 캐나다의 퀘벡 지방에서 먹는 아주 소박한 과자입니다. 재료는 밀가루와 오트밀을 각각 2컵, 설탕 1컵, 소금 약간, 버터 1컵, 그리고 자기가 만든 과일 잼을 1컵 준비합니다. 설탕은 백설탕보다 흑설탕이 좋습니다. 잘 반죽한 밀가루 사이에 잼을 넣고 과자를 굽는데, 퀘벡에서는 대추야자의 열매를 쪄서 그 사이에 넣기도 합니다.

밀가루와 오트밀, 설탕, 소금, 그리고 버터를 녹여서 같이 섞는데, 그대로 두면 반죽이 굳으므로 우유를 조금 넣고 반죽하면 좋습니다. 알루미늄 호일을 2겹으로 해서 넓이 20cm^2 정도의 상자를 만든 다음, 절반 정도 반죽으로 채웁니다. 그리고 그 위에 잼을 깔고, 남은 반죽을 덮습니다. 끝으로 오트밀을 위에서 골고루 훌훌 뿌리고 180℃로 가열된 오븐에서 30분 동안 굽습니다. 식고 나서는 칼로 잘라야 합니다. 이때 많이 부서질 테지만 뭐 상관없습니다. 내가 만든 과자의 매력은 바로 이런 것이 아닐까요?

나무 열매로 간식 만들기

호두가 들어간 쿠키

가을에 호두나 개암, 밤을 주워 본 사람은 아마 그 재미를 잊지 못할 것입니다. 이런 나무 열매가 있으면 과자를 만들어 봅시다. 먼저 나무 열매 껍질은 호두 까는 도구로 간단히 깰 수 있지만 그중에는 껍질이 아주 단단한 것도 있습니다. 이런 것은 프라이팬에 담고 뚜껑을 덮은 다음 잠깐 불에 올려놓으면 껍질이 조금 벌어지는데, 이때 껍질을 까면 쉽게 알맹이를 꺼낼 수 있습니다.

자, 이제 나무 열매를 가지고, 간단하고 맛있는 이탈리아 쿠키를 만들어 보겠습니다. 재료는 빵을 만들 때 쓰는 강력분 밀가루 250g과 베이킹파우더 1/2작은술, 설탕 100g, 소금 약간, 녹인 버터 25g, 달걀 2개, 그리고 호두나 개암 60g, 여기에 '아니스'라고 하는 맛이 산뜻한 향료를 2작은술 넣으면 이탈리아 쿠키다운 맛을 낼 수 있습니다. 아래 그림처럼 만듭니다.

구수한 밤 냄새 가득한 크림

밤을 많이 주웠으면 껍질부터 벗겨 봅시다. 평평한 쪽을 칼로 자른 다음, 알맹이를 손으로 벗깁니다. 속껍질은 칼로 벗겨야 하는데 처음은 어렵지만 여러 번 해 보는 가운데 요령이 생깁니다. 껍질 벗기는 일은 혼자 하면 싫증나기 쉽지만, 가족이나 친구들과 같이 이야기하면서 까면 지루하지 않고 시간가는 줄 모릅니다.

껍질을 벗긴 것은 바로 물에 담그고, 모두 벗기면 냄비의 물을 갈고 삶습니다. 밤알이 익으면 냄비의 물을 자작자작할 정도로 남기고 버립니다. 불에 올려놓은 채 주걱으로 밤알들을 으깨고 거기에 생크림과 설탕을 넣어 갭니다. 이렇게 하면 물렁물렁한 밤 크림이 완성됩니다. 밤 크림을 작은 그릇에 담아 식사 후 내놓으면 색다른 디저트로 환영받습니다. 크레이프에 싸서 먹어도 좋고, 또 핫케이크에 얹어 먹어도 맛있습니다.

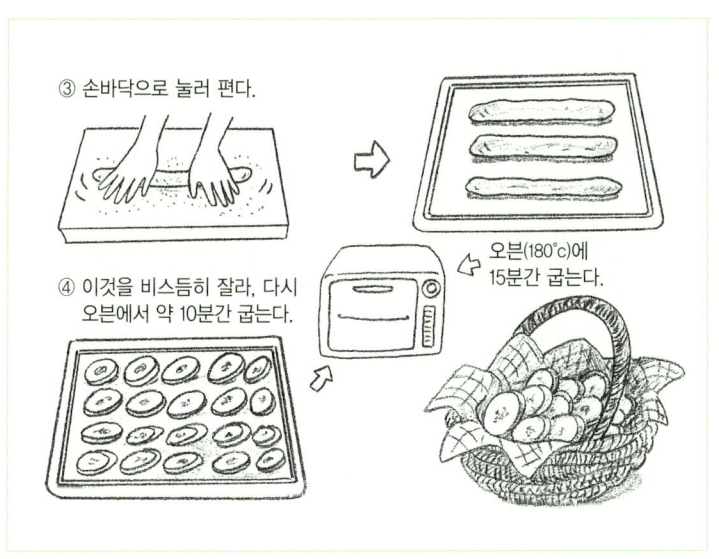

허브를 이용하는 방법

눈이 부시도록 아름다운 빨간 차즈기 주스

더위로 온몸이 나른한 한여름에 어울리는 맛있고 시원한 음료, 차즈기 주스. 빨갛고 투명한 색깔을 처음 보는 사람은 무슨 주스인가 하고 놀랄 것입니다. 만드는 방법을 설명해 보죠. 빨간 차즈기 잎 600g을 냄비에 넣고 물 2L를 붓고 끓입니다. 또 다른 냄비에는 식초 0.5L와 설탕 0.3L를 넣고 끓여서 식힙니다. 그러고 나서 이 두 가지를 섞으면 맑은 빨간 빛깔이 됩니다. 이것을 병에 담아 냉장고에 넣으면 끝! 마실 때는 물을 적당히 타서 마십니다.

차즈기 말고 허브 종류 중 하나인 베르가모트 꽃을 재료로 사용해도 별미 주스를 만들 수 있습니다. 주전자에 꽃잎을 넣고 뜨거운 물을 부은 다음, 얼마 있다가 컵에 따르기만 하면 됩니다. 뜨거운 채로 마셔도 좋고, 차게 해서 마셔도 좋습니다. 마실 때 설탕 시럽과 레몬을 한 방울 넣으면 아름다운 분홍빛 주스가 됩니다.

허브로 만든 둥근 걸이

헝겊 주머니에 향기를 담는다

향기가 강한 허브, 예를 들면 라벤더나 카모마일 또는 박하 등을 잘 말린 다음, 작은 헝겊 주머니에 넣고 가방이나 책상 서랍 안에 넣어 두세요. 열 때마다 허브 향기가 납니다. 이런 향주머니는 옛날부터 벌레를 쫓기 위해서 사용하기도 하고, 향기를 즐기기 위해서 자주 사용하였습니다.

말린 허브는 여러 가지 방법으로 보존할 수 있습니다. 제일 간단한 방법은 그대로 부엌에 걸어 두는 것입니다. 또 하나는 덩굴 식물로 둥근 걸이를 만들어 여러 가지 허브를 꽂아 두면 그 자체가 훌륭한 실용 장식물이 됩니다. 타임, 로즈메리, 월계수 잎, 세이지, 당근 등을 끈으로 묶은 것은 '부케가르니'라고 해서, 서양식 찌개 요리에 자주 쓰입니다. 이 부케가르니를 몇 개 만들어 덩굴 식물로 만든 둥근 걸이에 꽂아 두면 어떨까요? 필요할 때마다 쓰기 편하겠죠!

나뭇잎으로 식탁을 멋스럽게

식탁에 나뭇잎을 초대한다

발코니나 뜰에서 식물을 기르면 잘 자란 잎을 몇 개 뜯어서 접시에 놓고 그 위에 음식을 올려 봅시다. 흰 접시면 흰색과 푸른 잎이 어울려 산뜻한 느낌을 줍니다. 제라늄 잎을 아이스크림이나 과자에 곁들이면 향도 좋고 푸른색의 잎이 보기에도 좋습니다. 오이나 당근 등을 잘라 채소 스틱을 만들어 먹을 때, 마요네즈나 고추장을 접시에 담지 말고 푸른 잎에 담아서 내놓으면 어떨까요?

작은 가지가 달린 동백나무나 차나무 잎을 젓가락 받침으로 사용하면 식탁의 분위기가 새롭게 변합니다. 머위, 목련, 후박나무, 칠엽수, 떡갈나무 등은 잎이 커서 얼마든지 접시 대신 사용해도 됩니다. '그런 것들이 코딱지 만한 뜰에 어디 있어?' 한다면 가까운 산으로 산책을 나가 봅니다. 숲 속을 걸어가면서 생각지 않던 새로운 것을 발견할 수 있을 것입니다.

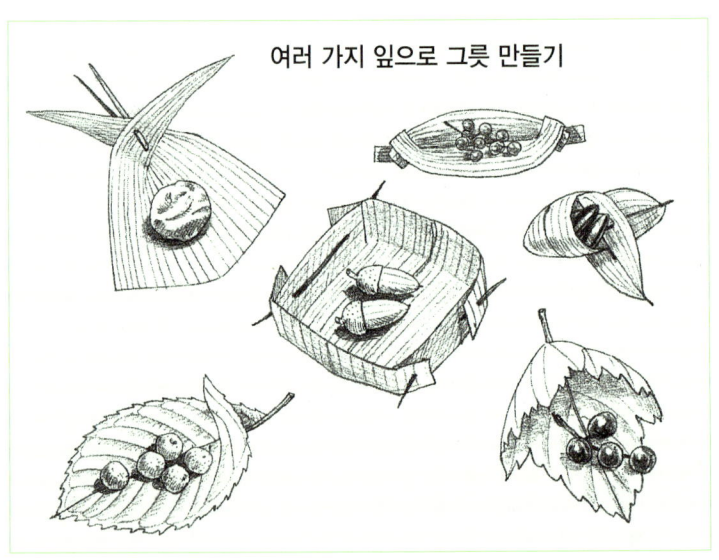

여러 가지 잎으로 그릇 만들기

채소 샐러드 만들기

신선한 채소 샐러드와 데쳐서 만드는 채소 샐러드

밭에서 뽑아 온 오이, 고추, 방울토마토, 무, 당근, 양배추, 콜리플라워 등이 모두 접시 위에 오르면 정말 볼 만합니다. 화학 비료도 농약도 없는 무공해 채소들입니다. 그냥 먹어도 좋고, 고추장이나 마요네즈 등을 발라 먹어도 좋습니다. 마요네즈만 고집하지 말고 한국적인 여러 가지 소스를 개발해 보세요. 마요네즈에 허브를 잘게 썰고, 참기름, 간장, 식초, 그리고 물을 조금 넣어서 만들어도 되고, 또 된장에 설탕을 넣고 잘 갠 다음, 식초를 넣어도 색다른 드레싱이 됩니다. 매일 다른 샐러드를 만들어서 먹어 봅시다.

날것으로 먹기 힘든 채소는 살짝 데쳐서 샐러드로 만들어 먹으면 좋습니다. 강낭콩, 완두콩, 브로콜리 등도 데쳐서 먹기에 좋습니다. 옥수수가 다 익었으면 이것도 바깥 껍질은 벗기고 속껍질이 붙은 채로 큰 압력솥에 넣고 찌면 좋은 간식거리가 됩니다.

채소 보관 방법

한 번에 많이 수확한 것

채소는 어느 부분을 먹는가에 따라 언제부터 먹을 수 있는지가 정해집니다. 일찍 먹을 수 있는 것은 잎을 먹는 양상추 종류의 채소들입니다. 이런 채소는 잎이 조금만 자라면 바깥쪽부터 뜯어서 먹을 수 있습니다. 양배추도 통이 영글기 전에는 잎을 뜯어 먹어도 됩니다. 자기 집 뜰에서 키우기 때문에 필요하면 언제나 손쉽게 뜯어 먹을 수가 있는 것입니다. 그러나 다 자라면 밭에 그대로 둘 수 없고 모두 걷어 들여야 합니다.

잎을 먹는 채소나 브로콜리처럼 꽃눈을 먹는 채소는 수확하면 바로 먹는 게 좋습니다. 감자나 양파 등 땅속에서 캐낸 것은 오래 보존할 수 있으므로 파내는 즉시 바람이 통하는 곳에서 말립니다. 양파는 묶거나 그물자루에 넣어 서늘하고 그늘진 곳에 매달아 두면 됩니다. 감자는 일주일 정도 널어 말리고, 습기가 없어진 뒤 상자에 넣어 서늘한 곳에 둡니다. 이때 상자 하나에 사과를 한 알씩 넣어 두면, 감자에 싹이 나지 않고 오래 보존할 수 있습니다.

양파 잎을 바싹 잘라 버리지 않으면 그 잎을 이용해 엮어서 매달 수 있다.

옛부터 내려오는 보존 방법

겨울에 눈이 많이 오는 지방에서는 눈이 내리기 전에 땅을 파고 그 안에 감자나 무 등을 묻어서 보존해 왔습니다. 삽으로 구덩이를 파고 나뭇잎을 밑에 깐 뒤 그 위에 감자나 무를 차곡차곡 놓고 나뭇잎을 다시 덮어 구덩이를 메우면 됩니다.

지방에 따라서 하는 방법이 조금씩 다르지만 땅 표면은 얼어도 땅속은 얼지 않는 점을 이용한 보존 방법입니다. 배추는 신문지로 싸서 천장에 매달거나 서늘한 곳에 두면 봄까지 먹을 수 있습니다. 옛날부터 전해 내려오는 선조들의 지혜죠.

이 밖에 무는 잘게 잘라 말려서 무말랭이를 만들기도 합니다. 이때 한 번 데쳐서 말리면 빨리 마르는데, 실에 엮어 부엌 창에 매달아 말리거나 소쿠리에 담아 말리면 됩니다. 마른 후 양념해서 무쳐 먹습니다. 볕에 말린 무는 단맛이 생겨서 샐러드에 사용할 수도 있습니다. 또 무에 달린 무청은 따로 말려서 음식을 하기도 했습니다. 우리가 흔히 '시래기'라고 부르는 것입니다.

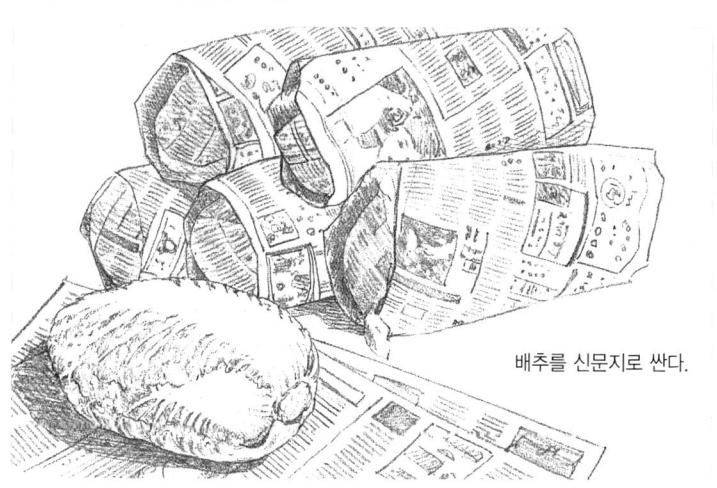

배추를 신문지로 싼다.

보존 식품으로 만들기

절임 음식을 만든다

수확해서 그대로 두면 하루도 가기 어려운 채소가 있습니다. 이런 채소들은 옛날부터 절여서 보존하는 방법을 써 왔습니다. 소금에 채소를 절이면 수분이 빠져나가고, 소금을 그 위에 덮어 주면 채소가 썩지 않습니다.

오이, 무, 당근, 가지 등 대부분의 채소를 이렇게 절일 수 있습니다. 몇 달씩 오랫동안 보존할 것이 아니라면 소금은 조금만 넣어도 됩니다. 아침에 절여서 저녁에 먹을 수도 있습니다.

간단 절임통

먼저 소금을 뿌리고 그 위에 돌이나 무거운 것을 올려서 눌러놓습니다. 간단한 절임 통이나 밀폐 용기 같은 것을 이용할 수도 있습니다. 절여서 보존하는 방법에서 제일 중요한 것은 소금의 양인데, 소금이 많으면 채소의 수분이 빨리 빠지지만, 너무 짜면 안 되므로 소금을 뿌릴 때 전체에 고르게 살짝 뿌리고, 하루 정도 두었다가 물기를 짜서 먹으면 알맞습니다. 여기에 차즈기 잎을 넣으면 색다른 맛을 낼 수 있습니다.

피클을 만들어 보자

'피클'이란 식초를 넣어 절이는 음식을 말합니다. 채소를 데쳐 수분을 먼저 뺀 다음, 식초물에 담가 보존하는 방법입니다. 식초에는 살균 효과가 있어서 채소가 상하지 않고 오래갑니다. 오이, 당근, 강낭콩, 무, 콜리플라워, 오크라 등 무엇이나 피클로 만들 수 있습니다.

데칠 때는 살짝 데치는 것이 요령입니다. 데치고 나면 물기를 빼고 병에 넣습니다. 채소는 되도록 큼직한 것이 좋습니다. 병의 크기에 맞추어 자르고 차곡차곡 채워 넣으세요!

식초물은 뜨거울 때 붓는다.

식초물은 식초와 물, 소금, 설탕에 여러 가지 허브와 고추 등을 넣어 만듭니다. 식초와 물을 각각 1컵 넣고, 소금 1큰술, 설탕 2큰술을 넣습니다. 이때 고추나 통후추, 그리고 좋아하는 허브를 적당히 넣습니다. 그러나 피클을 만드는 데는 법칙이라는 것이 없습니다. 한번 만들어 보고 각자 나름대로의 방법을 개발하면 되는 것이지요. 식초물은 앞에서 말한 재료를 냄비에 모두 넣어 끓인 다음 뜨거울 때 병에 붓습니다.

채소 요리 만들기

프랑스 채소 요리에 도전한다

'많아도 걱정'이라는 말이 있는데 집에서 채소 재배를 하면 바로 이런 고민을 하게 될 때가 있습니다. 물론 많이 먹어서 해결하는 방법도 있겠지만 채소의 부피를 줄여서 먹는 방법이 있습니다. 소금을 뿌려 수분을 빼서 전체 양을 줄이는 방법과 냄비에 넣고 끓여서 수분을 빼고 양을 줄이는 방법이죠. 시금치 한 다발이 한 접시로 변하는 현장을 지켜본 사람이라면 이 말이 이해될 것입니다. 자, 그럼 채소로 요리하는 방법을 소개하겠습니다.

프랑스에는 '라타투이'라는 음식이 있습니다. 재료는 토마토, 가지, 피망, 늙은 오이 등이며, 감자나 호박을 함께 넣어도 됩니다. 그리고 양파나 마늘을 넣어 향을 냅니다. 재료는 모두 깍두기 모양으로 썹니다. 냄비에 올리브유를 넣고 마늘을 잘 다져서 볶은 다음, 양파를 넣습니다. 그리고 다른 채소들을 볶습니다. 소금과 후추를 뿌리고 약 15분간 불에 올려놓으면 요리가 완성됩니다. 따끈따끈하게 먹어도 되고 차게 해서 먹어도 좋습니다.

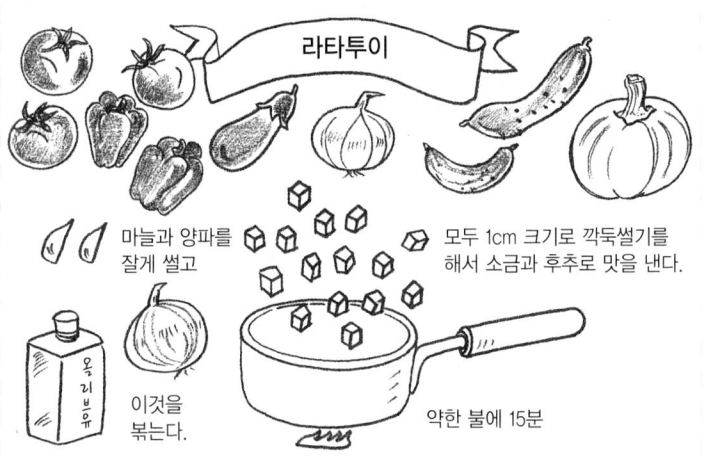

채소가 가득한 그라탱

'그라탱'이라고 하면 이탈리아 음식 마카로니 그라탱을 머리에 떠올리는 사람이 많겠지만, 마카로니뿐 아니라 '오븐에 구워 약간 탄 듯한 엷은 막이 생기는 요리'를 모두 그라탱이라고 합니다. 그래서 생선이든 채소이든 무엇이나 그라탱 요리에 쓸 수 있습니다. 토마토, 가지, 감자, 시금치 등 모든 채소가 그라탱 재료가 됩니다.

토마토 외의 채소는 먼저 불 위에 얹어 둡니다. 감자, 콜리플라워, 시금치 등은 데치고, 가지는 볶아서 접시에 담습니다. 그라탱의 소스는 생크림과 치즈만 사용해도 됩니다. 그라탱 접시가 없으면 조금 움푹한 보통 접시에 데친 채소를 올려놓고 생크림과 치즈를 얹어서 구우면 됩니다. 너무 간단하죠? 욕심을 내서 화이트 소스를 만들 때는 녹인 버터와 밀가루를 같은 양으로 준비해서 그릇에 넣어 혼합하고, 따뜻한 우유를 넣은 다음 거품기로 잘 섞습니다. 이렇게 만든 소스를 채소에 올리고 그 위에 치즈 가루를 뿌려서 오븐에 넣고 약간 탈 정도로 구우면 요리가 완성됩니다.

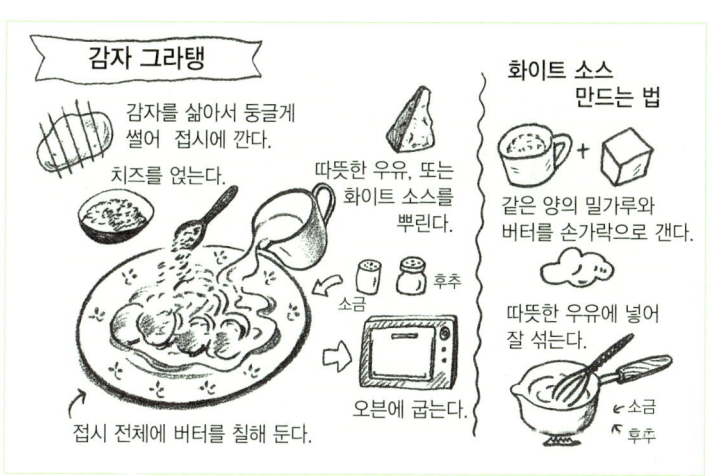

채소 가게를 차리자

친구와 함께 채소 가게를 연다

수확해서 남아도는 채소를 가지고 친구들과 함께 채소 가게를 열어 보세요. 농사짓는 사람들이 신선한 채소를 새벽 시장에 내다 놓고 팔 듯이 우리도 직접 기른 채소를 상하지 않도록 상자 같은 곳에 넣어서 나릅니다. 그리고 물건에 따라 값을 매기는 거죠. 그러기 위해서는 지금 채소들이 어떤 값으로 팔리고 있는지 알아야 합니다. 시장에 나와 있는 다른 채소들보다 값을 싸게 할지 비싸게 할지는 내 맘입니다. 싸게 해서 많이 팔 수도 있지만, 비싸도 물건이 좋으면 살 사람이 있기 마련입니다.

값을 정하면 가격표와 이름을 써서 붙입니다. 손님 눈에 잘 띄도록 재미있는 그림을 그리거나 가게 이름을 정해서 가게 앞에 세워 둡니다. 채소 가게를 차릴 장소는 친구와 의논합니다. 집 앞도 좋고 휴일의 공원도 괜찮습니다. 채소들을 나르기 편한 곳으로 합니다.

흙 냄새가 물씬 나는 채소예요

가게를 처음 열 때는 쑥스러운 법입니다. 손님 부르는 소리도 잘 나오지 않습니다. 그래도 큰 소리로 외쳐 보세요. '제가 키운 채소예요. 자연의 달콤한 맛, 흙 냄새가 물씬 나는 채소를 한번 먹어 보세요.' 손님이 오면 채소를 저울에 달아 무게를 잰 다음 값을 계산하고, 봉지에 담아 주는 등 제법 바쁩니다. 채소를 담아서 팔 비닐 봉지를 미리 준비해 둡니다. 가게는 내가 원한다고 아무 데나 차릴 수는 없습니다. 그러나 남아도는 채소를 다른 사람들과 나누고 싶은 마음에서 차린 채소 가게라면 사람들이 너그럽게 봐 주지 않을까요?

채소를 팔아서 생긴 돈으로 정원을 가꾸는 데 쓸 도구를 사거나 씨, 모종 등을 사는 데 쓰면 좋겠죠? 상점을 차리면 돈을 벌 수 있어서 좋시만, 손님들과 이야기를 하는 것도 재미있습니다. 그러다 보면 채소 기르는 요령을 배우게 될지도 모릅니다.

뒤뜰에 자연이 있다

뜰을 만들고 꾸미는 것은 우리들이지만 뜰의 주인공은 내가 아니라 그곳에서 자라고 있는 꽃과 채소들입니다. 씨를 뿌리는 일은 우리가 하지만 그 뒤 식물은 스스로의 힘으로 자랍니다. 마치 부모와 아이들의 관계와도 같습니다. 부모 없이 아이는 생기지 않지만 일단 태어난 아이들은 자기 나름대로의 삶을 개척해야 하고 부모는 옆에서 그들이 자라는 것을 돌볼 뿐이듯 말이죠.

부모님이 그러하듯이 우리도 뜰의 꽃과 채소가 자라는 모습을 옆에서 잘 보고 있다가 필요한 때 힘이 되어 주면 됩니다. 거름을 줄 때에도 꽃이나 채소에 바로 주는 것이 아니라, 그것들이 잘 자라도록 흙에 준다고 생각하면 됩니다. 흙을 살찌우면, 식물은 거기서 자기가 필요한 것을 스스로 골라서 빨아들이니까요.

식물의 세계는 우리가 꾸미는 환경뿐만 아니라 기후 조건에 크게 영향을 받기 때문에 제대로 자라기가 여간 어렵지 않습니다. 정원은 원래 자연의 일부고, 우리 마음대로 되지는 않습니다. 그래서 꽃이 예쁘게 피고 채소가 잘 되면 정말 마음이 흐뭇합니다. 뜰에서 채소를 길러 보면, 꽃이나 채소의 값이 공장에서 대량 생산되는 물건과 같아서는 안 된다는 생각마저 듭니다.

요즘에는 꽃이든 채소든, 사람의 관리 속에 온실에서 재배되고 있습니다. 그러나 사실 온상 식물은 자연 속에서 자란 것과 비교가 되지 않죠. 물론, 자연 속에서는 잘 자랄 때도 있지만 병이 나거나 죽기도 하는데, 그것이 당연합니다. 그렇기 때문에 잘 됐을 때 기쁨과 만족이 더 큰 법이죠. 정원이라고는 하지만 그 뒤에는 역시 대자연이 있다는 사실을 기억하세요!

원예 식물도감

개양귀비
양귀비과

가벼운 입김에도 파르르 떨릴 듯 얇은 꽃잎, 가느다란 털을 가진 잎, 살짝 숙인 듯한 꽃봉오리, 개양귀비의 모든 것이 섬세하고 요염하다.

5월에는 붉은색, 자주색, 흰색 꽃이 가지 끝에서 핀다. 양귀비는 사람의 마음을 잡고는 놓지 않는 매력을 갖고 있어서 중국 당나라의 양귀비에 비길 만하다고 해서 붙여진 이름이다. 중국에서는 항우의 애인, 우미인의 무덤에 피었다고 해서 '우미인초'라고도 불린다. 일반 양귀비는 아편을 따기 위해서 몰래 재배되지만 개양귀비는 같은 양귀비이면서도 아편을 가지고 있지 않다.

씨가 매우 작지만 싹이 잘 트고 따뜻한 지방이라면 그다지 보살피지 않아도 겨울을 날 수 있을 만큼 추위에 강하다. 따라서 따뜻한 지방에서는 9월에 씨를 뿌리고 추운 지방에서는 4월에 씨를 뿌려야 한다. 도중에 옮길 수가 없기 때문에 처음부터 화단에 뿌리고 키가 3cm 정도 자랐을 때, 간격을 5cm 정도가 되게 솎아 주어야 한다. 기름진 땅과 햇볕을 잘 받는 곳에 심는다.

거베라
국화과

거베라는 꽃꽂이용으로 많이 심는 꽃이다. 남아프리카가 원산이므로 여름 무더위와 겨울 강추위에 약하다. 뜰에 심어도 겨울을 날 수는 있지만 될수록 그늘진 곳에 심는다. 보통 봄꽃은 5~6월에, 가을꽃은 10~11월에 피는데, 민들레 모양의 꽃이 피며 종류가 다양하다.

번식시키려면 씨를 뿌려도 되고 포기를 나눠도 된다. 지나치게 자라서 잎만 무성하고 꽃이 피지 않을 때는 포기를 나누면 다음 해부터 꽃이 핀다. 씨앗은 1cm 정도 크기로 넓은 쪽이 밑에 가도록 해서 심는다. 가을에 심는 것이 봄에 심는 것보다 잘 자라는데, 여름 더위로 뿌리가 썩지 않기 때문이다. 화분에 뿌린 것은 그대로 겨울을 넘겨 봄에 밖에 내놓거나 화단에 옮겨 심으면 그해 가을에 예쁜 꽃을 볼 수 있다. 해묵은 씨는 잘 싹이 트지 않는다.

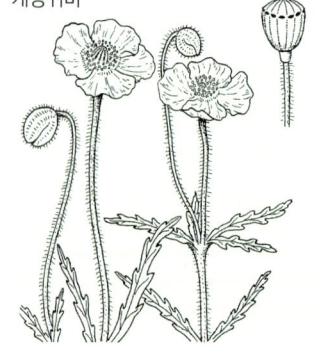

개양귀비

고수(코리안더) — 미나리과

미나리과 식물은 어느 것이나 모두 향기가 강한데, 고수는 독특한 향이 있어 그 말린 씨가 각종 음료, 담배, 소스 등 향신료로 널리 쓰인다. 구약 성서에도 나올 만큼 오래된 식물의 하나며 동유럽이 원산지다. 씨는 서리 걱정이 없는 봄에 뿌린다. 90~100일이면 다 자라는데 그 도중에도 잎을 뜯어서 향을 내는 음식 재료로 쓸 수 있다.

우리나라에서는 절에서 주로 재배하는 한해살이 식물로, 따뜻한 지방에서는 가을에 씨를 뿌려 5월경에 수확하기도 한다. 연분홍색의 작은 꽃이 피고 나서 큰 씨가 생기는데 다갈색으로 변하면 씨가 익었다는 표시다. 중국에서는 이 씨를 먹으면 늙지도 않고 죽지도 않는다는 전설이 전해 온다.

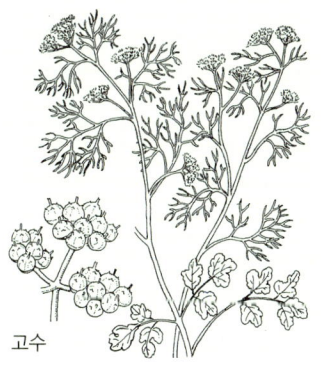
고수

고수의 씨는 카레이나 피클, 소시지 등 각종 요리에 쓰이기도 한다.

관엽 식물

실내에서 즐길 수 있는 식물 가운데 대표적인 것이 잎을 보는 관엽 식물이다. 일반적으로 꽃을 감상하기 위한 식물은 충분한 태양 광선이 있어야 하는 법이다. 그러나 관엽 식물은 꽃이 피지 않더라도 잎만으로 즐길 수 있어 광선이 충분하지 않은 환경에서도 키울 수 있다. 안수리움, 몬스테라, 야자나무, 양치식물 등 종류가 많은데 특히 손이 많이 가지 않아서 도시인들에게 인기가 있다.

관엽 식물은 직사광선을 쬐지 않아도 잘 자라므로 실내에서 키우는 데 문제가 없지만 습도와 실내 온도의 조절에는 신경을 써야 한다. 일반적으로 실내의 습도는 식물들에게는 지나치게 낮다. 특히 겨울 실내는 난방 때문에 몹시 건조하다. 고향이 고온 다습한 환경인 관엽 식물은 건조한 환경은 치명적이다. 그래서 자주 분무기로 물을 뿌려 줘야 하는데, 수분을 공급해 줘야 할 화분들을 한곳에 모아 놓고 분무기를 사용하면 안개 목욕을 시키는 꼴이 되며 실내의 다른 물건에 물기가 튀지 않아 좋다. 단, 꽃은 물에 직접 젖으면 상할 수도 있으므로 주의하자.

물을 주는 또 하나의 방법으로는 물을 담은 대야에 화분을 넣어 두는 것이다. 흙 표면까지 습기가 돈 다음 대야에서 다시 들어낸다. 이렇게 할 때는 질그릇 화분이 좋다. 질그릇은 공기와 수분을 잘 통하게 하는 성질이 있다. 질그릇 화분은 플라스틱 화분보다 무거워서 불편하지만, 질감이나 공기 소통 등 질그릇 화분의 장점은 하나둘이 아니다.

그런데 관엽 식물이 좋아하는 온도는 얼마일까? 사람이 편하게 느끼는 온도, 즉 낮에는 18~22℃, 그리고 밤에는 10~14℃다. 겨울에 창가의 화분이 차가운 기온에 얼지 않게 하려면 2중 유리나 두툼한 커튼이 필요하다. 헌 찬장이나 인형 케이스의 판자 부분을 유리로 바꿔서 미니 온실을 만드는 것도 하나의 아이디어다.

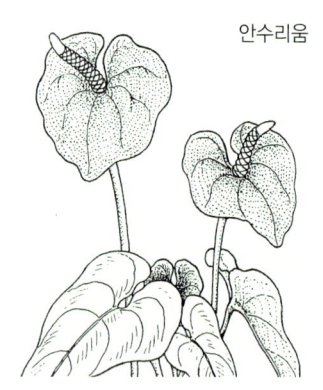

안수리움

국화 종류
국화과

대개 아름다운 꽃이 피는데 전 세계에 약 200종이 분포하고 우리나라에도 수국, 산국, 울릉국화 등 야생종이 10여 종 있다. 가을꽃으로 가장 많이 재배되며 개량 품종이 꽤 많다. 국화의 원산지는 중국인데 중국에서는 꽃이 적은 가을에, 특히 서리가 내린 뒤에도 꽃이 피므로 매화, 대나무, 난과 함께 그 고결함이 군자와 같다 하여 '사군자'라고 불린다. 원래 국화는 단일성 식물이므로 9~10월에 핀다. 낮이 짧아지고 밤이 길어지는 계절이 되어, 즉 해 나는 시간이 13시간 이하가 되고, 기온이 15℃ 이상이 되어야 꽃눈이 돋는다. 그런데 이러한 일조 시간과 관계없이 기온이 오르면 꽃눈이 돋고 꽃이 피므로 이런 성질을 이용해서 여름에도 꽃이 피는 과꽃을 만들어냈다. 이 밖에도 1년 내내 피는 것, 봄에 길게 꽃을 감상할 수 있는 것 등 개량 품종이 많다.

국화는 꺾꽂이, 포기나누기 같은 방법으로 늘리는 것이 제일 쉽다. 봄에 국화 눈 끝을 5~6cm 길이로 잘라 마르지 않게 모래와 물을 넣은 그릇에 꽂아 둔다. 20일 정도 있다가 뿌리가 내린 것을 확인하면 화분이나 뜰에 옮겨 심는다. 이때 뜨거운 햇볕을 받아 약해지지 않도록 얼마 동안 그늘을 만들어 주는 것이 좋다. 포기 나누기는 역시 봄에 하는 것이 좋다. 가을 국화의 경우, 봄에 자라 키가 크고 꽃눈이 돋을 즈음에 밑의 잎이 시드는 경우가 많다. 낮은 키로 꽃을 피게 하려면 성장하는 도중에 중간을 자르면 거기서 눈이 뻗어 옆으로 퍼진다.

글라디올러스   붓꽃과

흰색, 노란색, 주홍색, 분홍색, 빨간색, 보라색 등의 꽃이 핀다. 지중해 연안과 남아프리카가 원산이며 2,500여 종이 있는데, 꽃 크기가 10cm가 넘는 것도 있다. 글라디올러스는 잎 모양이 칼을 닮았는데 이름도 '칼'이라는 뜻의 라틴어에서 유래했다.

알뿌리는 봄에 심는 것과 가을에 심는 것이 있다. 3~4월에 심는 것은 2~3개월 뒤, 여름에 꽃을 피운다. 알뿌리 크기의 2배 두께로 흙이 덮이도록 심는다. 알뿌리와 알뿌리의 간격을 3~4개 정도 되도록 심으면 된다. 큰 알뿌리는 둘로 쪼개서 심기도 한다. 가을에 심는 알뿌리는 그해 겨울을 땅속에서 나고 다음 해 5월경에 꽃이 핀다. 여름 글라디올러스보다 꽃과 잎 크기가 작다. 화원에서 알뿌리를 살 때는 어느 쪽인가를 확인하고 사자.

알뿌리는 땅속줄기가 둥글게 된 것인데 알뿌리 속에는 잎눈만 있다. 긴 잎이 2개 뻗어 나올 무렵 꽃눈이 생긴다. 이 꽃눈이 생길 때는 온도를 15℃ 이상으로 유지해야 한다. 그러나 튤립이나 아마릴리스는 큰 알뿌리 속에 꽃눈이 처음부터 있어 반드시 꽃이 핀다.

금목서   물푸레나무과

꽃향기를 즐기는 늘푸른떨기나무이다. 초가을 황금빛의 잔 꽃이 많이 모여 피는데, 향긋한 꽃향기가 일대에 퍼져 기분마저 상쾌해진다.

대기 오염에 매우 약해서 공기가 나쁜 곳에서는 꽃눈이 돋아나지 않을 때가 많다. 중국이 원산지지만 우리나라의 거문도, 일본의 규슈 지방에 분포한다. 나무를 늘리려면 6월 말에서 7월에 새로 자란 가지로 꺾꽂이를

알뿌리

글라디올러스

하는데, 성공률이 낮으므로 여러 곳에 해 둬야 한다.

금어초 현삼과

금어초는 꽃부리가 굵은 통 모양이고 손으로 만지면 금붕어 입처럼 빼끔거린다고 해서 '금붕어풀'이라고도 불린다. 흰색, 붉은색, 노란색, 분홍색 등 여러 꽃이 피며, 이 꽃이 뜰에 있으면 마음마저 밝아진다. 양지바르고 물이 잘 빠지는 곳에 9월경 씨를 뿌린다. 서리를 맞지 않고 겨울을 넘기면 4~5월에 꽃이 피는데, 꽃 피는 기간이

금어초

길어서 좋고, 가끔 가을에 새싹이 나와 다시 꽃이 피기도 한다. 씨는 크기가 아주 작지만 이것을 따서 다른 장소에 뿌리면 다음 해에는 몇 곱으로 꽃이 늘어난다. 씨가 싹 트는 온도는 20℃이다. 키가 50cm를 넘는 것도 있으나 보통은 30cm 정도이며 수분

을 잘 빨아올리므로 꽃꽂이용 꽃으로도 많이 이용된다.

금잔화 국화과

꽃이 피어 있는 기간이 아주 길고 물도 잘 빨아올리므로 꽃꽂이를 하는 사람이면 뜰에 심어 둘 만한 화초다. 남유럽이 원산이므로 9월 말에 씨를 뿌려 모종으로 겨울을 나면 4~5월에 주홍색 꽃이 핀다.

겨울 기온이 영하 5℃ 이하가 되는 곳에서는 시들 염려가 있으므로 덮어 주거나 한해살이 식물로 키운다. 눈이 많은 지방이면 눈 밑에서도 그대로 겨울나기가 가능하다. 산성 토질에 약하므로 흙을 만들 때 석회를 섞어 주도록 한다.

꽃생강 생강과

생강과 꽃생강은 같은 생강과 식물이지만 생강은 양하와 함께 생강속에 들며, 꽃생강은 이들과는 따로 꽃생강속에 드는 식물이다. 같은 과에 드는 식물이므로 잎의 모양은 거의 비슷한데 꽃은 꽃생강이 훨씬 크고 아름답다. 그래서 이런 이름이 붙은 것일까! 8~9월에 피는 흰색 꽃의 향기가 퍽 좋다. 꽃생강의 원산지는 인도와 말레이시아, 중국, 히말라야의 더운 지방이며 우리나라에서도 잘 자라

는데 1~2m까지 자란다.
땅속줄기가 뻗어 늘어나는데 4월경에 그 땅속줄기를 잘라서 옮겨 심고, 흙은 10cm 정도 덮어 준다. 양지바른 데가 좋지만 흙이 잘 마르는 곳은 나쁘다.

꽃생강

나팔꽃
메꽃과

나팔꽃은 봄에 씨를 심는 한해살이 식물로 5월 초에 씨를 뿌리는 것이 가장 좋다. 열대 아시아가 원산이므로 서리가 내리지 않고 기온이 20~25℃가 됐을 때 비로소 싹이 난다. 씨가 딱딱하므로 하룻밤 물에 담갔다가 심으면 싹이 빨리 튼다.

7~8월까지 크게 자라고 낮 시간이 짧아지는 때부터 꽃이 피기 시작하는 대표적인 단일식물이다. 보통은 씨를 뿌린 다음 70~80일 뒤에 꽃이 핀다. 화분에 키워도 된다.

5월 초보다 늦게 씨를 뿌려도 꽃은 피지만 열매가 익기 전에 서리가 내리면 씨를 얻지 못한다. 나팔꽃은 햇볕을 많이 받을 수 있는 곳을 좋아한다. 그리고 꽃이 커다랗게 피기를 바라는 사람은 흙을 북돋아 줄 때 퇴비를 듬뿍 주도록 한다.

난 종류
난초과

난은 옛날부터 많은 사람에게 사랑받던 식물이다. 열대 원산이므로 실내나 온실에서 키워야 하며 손이 많이 가는 화초다. 우리나라에는 보춘화, 개불알꽃, 석곡, 풍란, 큰방울새난, 방울난초, 자란 등이 야생으로 자라고 있다.

보춘화는 봄에 투명한 흰색 꽃이 피는데 산지 응달에서 볼 수 있는 여러해살이 식물이다. 나비난초는 우리나라 중부 이북에 나는 여러해살이 식물로 바위틈에 나 있는 경우가 많고 5~8월에 붉은 자주색 꽃이 핀다. 자란도 5월경에 붉은 자주색 고운 꽃이 피는 난이다. 풍란은 남쪽 지방에 많은데 나무에 붙어사는 난으로 향기로운 흰색의 작은 꽃이 핀다. 석곡도 마찬가지로 나무나 바위 틈에 나며 옛날부터 관상용으로 재배되어 왔다. 이 밖에 습지에 자생하는 큰방울새난은 초여름에 연분홍색 꽃이 핀다.

방울난초

이들 동양란은 전체적으로 꽃이 작은데, 이에 비해 서양란은 꽃이 큰 것이 많다. '양란'이라고 부르는 난의 원산지는 인도, 히말라야에서 동남아시아에 걸쳐서 열대 아메리카 지역, 그리고 아프리카 남부와 마다가스카르 부근이다.

이들 지역의 전체적인 특징은 기온이 높고 습도가 높은 지역이라는 것. 따라서 온대 지방에서 키우려면 겨울이 문제다. 대개는 실내나 온실에 들여놓고 따뜻하게 해서 키우지만 난방을 하면 공기가 건조해지는 것이 문제가 된다. 70~80%의 습도를 유지하기 위해서는 옆에 물을 담아 두거나 온실에서는 화분과 주변 전체에 물을 뿌리는 것이 중요하다. 비료는 별로 필요하지 않다.

대표적인 양란 종류를 몇 가지 살펴보자. 먼저 덴드로비움은 다른 식물에 기생해서 사는 난 종류다. 이런 착생란은 나무줄기나 가지, 바위 등에 착 들러붙어 생활하면서 뿌리의 대부분이 공기 중에 나와 있다. 어떤 난이든지 화분에 심을 때는 먼저 화분의 반 정도는 깨진 화분 조각이나 속돌 등으로 채운다. 그리고 착생란의 경우는 열대산 양치식물 종류인 헤고 줄기에 물이끼와 함께 붙여 준다. 그러면 난은 공기뿌리를 내려서 자라게 된다.

보통은 화분에 심은 난을 사거나 얻는 일이 많을 것이다. 겨울에는 되도록 물을 주지 말고 10℃ 이하가 되지 않도록 온도를 유지해야 한다면, 6~7월의 성장기에는 물을 자주 준다. 8월에는 다시 물을 주지 말고 햇볕을 쪼여 주면 9월에 꽃눈이 나온다.

꽃이 나비 모양을 닮은 호접란 역시 착생란이다. 덴드로비움보다 온도가 더 높은 20℃ 이상을 유지해 주는 편이 좋다. 호접란 종류에 들어가는 것에 바닐라가 있다. 바닐라 아이스크림에 쓰는 그 바닐라로, 7~8월에 꽃이 핀 다음에 콩깍지처럼 생긴 열매가 열리는데 이것을 '바닐라콩'이라고 부른다. 이 바닐라콩 자체에 달콤한 향이 있는 것은 아니고 이것을 여러 가지 방법으로 발효시키고 가공해서 향을 내는 것이다.

심비디움 종류는 열대 지방 원산인 착생란인데 온대 지방에서는 땅에서 자라는 자생란이 많다. 땅에 뿌리내리고 자라는 보춘화 종류는 한 줄기에 꽃이 하나 달려 있는 것이 많다. 심비디움은 꽃이 핀 다음 새싹이 나온다. 이것을 잘 키우려면 한 달에 한 번 퇴비로 발효 깻묵 한 줌을 화분 흙 위에 주고 날마다 물을 준다. 그러면 그해 가을 뻗어 나온 줄기에 다음 해에 필 꽃봉오리가 매달려서 부풀어 오른다. 난은 키워 본 사람에게 물어봐서 도움을 받아야 하는 화초다.

딴 후, 주물러서 살을 벗겨내고 씨만을 들어내 눅눅한 모래 속에 묻어 보관한다. 그리고 3월이 되면, 씨를 다시 화분의 흙에 옮겨 묻는다. 여름이 가까워지면 뿌리가 나오고 싹이 튼다. 물을 자주 주고 꺾꽂이, 휘묻이, 포기나누기 등 어떤 방법으로도 늘릴 수 있다.

노박덩굴
노박덩굴과

우리나라 곳곳의 산과 들, 숲 속에 나는 갈잎덩굴나무이다. 화살나무, 참빗살나무도 같은 종류인데, 어느 것이나 모두 가을에 단풍이 지고 꽃이 핀 뒤에는 빨간 열매가 익어 우리를 즐겁게 해 준다.

노박덩굴의 꽃은 암수딴그루로, 암수가 함께 있지 않으면 열매를 맺지 못한다. 늘릴 때는 겨울에 새 가지에 상처를 내서 땅에 묻는 휘묻이 방법을 쓴다.

호접란

남천
매자나무과

우리나라와 일본에서 재배하는 늘푸른떨기나무이다. 높이 2~3m로 자라며 가을에 단풍이 들고 겨울에는 빨갛게 열매가 이어 예쁘다. 그늘에서도 잘 자란다. 겨울에 익은 열매를

능소화
능소화과

다른 나무줄기에 감겨 있는 주홍색 예쁜 능소화 꽃은 한여름의 더위를 잊게 하는 한 폭의 그림이다. 중국이 원산인 덩굴 식물로 우리나라 중부 이남의 절에서 많이 볼 수 있다.

줄기의 마디에서 부착근이 나와서 그것으로 다른 식물의 줄기나 벽을 붙

들고 올라간다. 나무 벽에 오르면 썩는 경우가 있지만 벽돌 담은 괜찮다. 볕이 잘 들고 물이 잘 빠지는 장소에서 잘 자라며 한 해에 놀랄 정도로 성장한다. 포도나무나 등을 이용해서 그늘을 만드는 것도 좋지만 능소화 그늘도 이에 못지 않게 근사하다.

꽃은 지난해에 자란 가지에서 생긴다. 늘리려면 잎이 떨어진 뒤에 한 해 묵은 가지를 잘라 꺾꽂이하면 된다.

다육 식물

다육 식물이란 잎이나 줄기 속에 수분을 많이 품은 식물을 가리키며, 보통 건조한 땅이나 소금기가 많은 토지에서 많다. 특히 남아프리카나 미국 남부에서 중남미에 걸친 지역은 다육 식물의 보물 창고이다.

선인장도 다육 식물의 대표적인 종류인데 너무 종류가 많아서 보통은 선인장만을 따로 취급하는 일이 많다. 선인장 외에 다육 식물로서 들 수 있는 것은 용설란과 알로에 등이 있다. 이들 다육 식물에 공통점은 햇빛과 건조한 흙을 좋아하며 습한 것을 싫어 한다. 또 추위도 싫어하며 따뜻한 환경에서 잘 자란다. 토질은 석회질을 함유한 왕모래를 좋아하며 약간의 비료를 넣은 배양토에서 잘 자란다. 여름은 서늘하게, 겨울에는 따뜻하게 해 주고 바람이 잘 통해서 짓무르지 않게 해 주는 것이 중요하다. 흙 속 통풍이 잘 되게 하려면 부엽토를 많이 섞고 석탄과 풀을 태워서 생긴 재를 섞어 주면 된다.

달리아 국화과

달리아는 원산지인 멕시코와 과테말라에서 유럽으로 소개되어, 특히 영국과 독일 두 나라에서 개량되어 각국으로 널리 퍼지게 된 꽃이다.

달리아는 국화와 마찬가지로 손이 많이 가는 화초다. 그대로 내버려 두면 마디마다 2개의 곁눈이 나와 나중에는 잎만 무성하고 꽃이 피지 않는다. 그래서 자라는 것을 잘 살폈다가 버팀목을 세워 주고 곁눈을 따 주어야 예쁜 꽃을 볼 수 있다.

또 열대 지방 원산이지만 기후가 차가운 고원 지대에서 자생하는 식물인

알로에

만큼 여름 더위에 아주 약하여 더운 지방에서는 여름에 성장을 멈추고 서늘한 바람이 부는 가을에 다시 굵은 눈을 뻗어 아름다운 꽃을 피운다. 그러므로 8월 중순경에는 모든 가지를 잘라 버리고 새로운 가지를 뻗도록 해 줘야 한다.

첫 겨울이 되어 서리를 맞으면 줄기가 까맣게 시들어 버리므로 때를 놓치지 말고 덩이뿌리를 캐내 흙을 대강 털어 버린 뒤, 1m 깊이로 땅을 파서 묻거나 마른 모래에 묻어 지하실 등 온도 변화가 적은 곳에 저장한다.

달리아
덩이뿌리

달맞이꽃
바늘꽃과

저녁에 꽃이 피는 달맞이꽃은 여름철 해질녘을 더욱 아름답게 해 주는 꽃이다. 메마른 땅에서도 잘 자라서 특별히 손이 가지 않는다.

아르헨티나와 칠레가 원산인 여러해살이 식물로 저녁에 3cm 정도 되는 노란색 꽃이 피어서 새벽에 시든 다음에는 붉게 변한다. 저녁에 꽃이 피어 달을 맞는다는 뜻으로 '달맞이꽃'이라는 이름을 갖게 되었다. 눈에 띄면 씨를 모아 뜰에 뿌려 보자. 큰달맞이꽃은 달맞이꽃보다 키가 커서 1m가 넘고, 꽃도 8cm 정도 되는 크기다. 멕시코가 원산인데 원예종으로 개량되어 관상용으로 재배되고 있다.

대나무
화본과

대나무는 아주 성장이 빠르며 우리들의 생활과 밀접한 관계를 가지고 있는 식물 중 하나다. 이른 봄에 돋아나는 대나무 어린 싹은 '죽순'이라고 부르며, 별미 음식으로 알려져 있다.

또 대나무는 파이프가 없던 옛날에는 농업용수를 끌어대는 호스 역할을 했고, 울타리를 만들거나 사다리를 만드는 데에도 사용되었다. 플라스틱 제품이 나오기 전에는 집집마다 대나무 광주리, 대나무 소쿠리 등을 썼으므로 대나무가 얼마나 우리 생활에 중요했던가를 짐작할 수 있다.

대나무에는 왕대, 솜대, 이대, 조릿대 등 여러 가지 종류가 있는데 왕대, 솜대 등 왕대속에 드는 대는 중국이 원산이다. 또 이대, 고려조릿대, 제주조릿대 등 조릿대 속에 드는 대는 한국,

일본, 사할린 등에 널리 분포되어 있다. 대나무는 곧게 뻗은 줄기, 길쭉하고 청초한 느낌을 주는 잎 등 다른 나무에서는 찾아볼 수 없는 독특한 매력이 있다. 땅속줄기가 옆으로 뻗어 마디에서 뿌리와 순이 나온다.

대상화 　　　　　　　미나리아재비과

9~10월경에 피는 꽃이 국화 비슷하지만 실은 국화 종류는 아니다. 외대바람꽃, 바람꽃, 쌍둥이바람꽃 등과 함께 미나리아재비과의 바람꽃속에 드는 꽃이다.

중국이 원산인 여러해살이 식물로 보통 붉은 자주색 꽃이 많으나 분홍색이나 흰색도 있다. 흰색 꽃은 봄에서 여름에 걸쳐 피는 샤스타데이지의 흰색과는 달리 두툼한 느낌을 주는 묵직한 흰색이다. 땅속줄기가 뻗어 나가면서 번식해 가는데 이것을 이른 봄에 포기나누기를 해 주면 좋다. 해가 들지 않는 음지에서도 잘 자란다.

데이지 　　　　　　　국화과

데이지는 이른 봄 뜰 양지바른 곳에 수줍은 듯이 싹이 터, 잎사귀 사이에서 10cm도 채 안 되는 꽃대를 차례로 뽑아낸다. 유럽 원산으로 영국에 가면 낙엽수 밑의 잔디밭을 수놓고 있는 데이지를 볼 수 있다.

해가 잘 들고 물이 잘 빠지는 모래질 양토에서 잘 자라나며 건조하면 죽기 쉬우므로 습기 많은 곳에서 키워야 한다. 겨울 추위에 강하지만 모종이 약할 때에는 죽기 쉬우므로 가급적 일찍, 즉 6~7월에 씨를 뿌리고 추워지기 전에 어느 정도의 크기까지 키워 둬야 한다.

씨가 작으므로 화분 또는 상자에 씨를 뿌리고 육묘판(묘목을 기르는 판)에

대상화

데이지

옮겨서 겨울을 나게한 후, 화단에 심어 준다. 서울 등 중부 지방에서는 겨울에 어느 정도 보호해 줘야 하지만 부산 등 남부 지방이면 그럴 필요가 없고, 씨뿌리기도 8월 상·중순이면 충분하다. 단, 여름의 더위와 건조에 약하므로 주의해야 한다.

도라지   초롱꽃과

우리나라 산의 양지바른 곳에 자생하는 여러해살이 식물이며 6~9월에 피는 보라색 꽃이 청초한 멋을 풍기는 꽃이다.

흰색 꽃이 피는 것을 '백도라지'라고 부르며 뿌리는 기침약으로 쓰이고 잎과 함께 먹기도 한다. 도라지는 봄에 심어도 되고 가을에 심어도 된다. 뿌리를 파 봐서 눈이 여러 곳에 있으면 눈이 붙은 채로 잘라서 심는다. 또 씨를 뿌릴 때도 꽃이 다 핀 뒤의 가을에 뿌리거나 다음 해 봄에 뿌려도 된다.

동백나무   차나무과

우리나라 남부, 울릉도와 대청도 해안 근처의 산지와 마을 부근에 나는 늘푸른큰키나무이다. 애기동백도 같은 종류인데 애기동백이 10월에서 12월에 걸쳐 꽃이 피는 데 반해, 동백나무는 2~4월 이른 봄에 피는 점이 다르다.

동백나무는 열대와 아열대, 온대에 걸쳐 자라는 식물이며 동남아시아에 100종이 있으나 우리나라에는 빨간색이 피는 동백나무와 흰색 꽃이 피는 흰동백 두 종류뿐이며, 종류가 많지 않기 때문에 오히려 더 사랑을 받고 있다.

진한 녹색 긴 타원형의 도톰한 잎 사이로 붉은 꽃송이가 두드러져 보이는 동백꽃은 그야말로 가장 동양적인 꽃이라고 할 수 있다.

늘릴 때는 꺾꽂이 방법이 제일 손쉬운데 여유가 있으면 꽃이 핀 뒤에 생기는 큰 열매를 따서 씨를 심어 키우는 것도 하나의 즐거움이다. 따뜻한 양지 그리고 물이 잘 빠지는 곳이면 대개 잘 자란다.

꺾꽂이는 6~7월에 그해에 자란 가지를 15cm 길이로 잘라 밑부분의 잎을 따 버리고 밑의 3분의 1 정도를 흙에

꽂아 둔다. 가지를 자른 뒤, 하루 정도 물에 담그거나 칼 자리를 진흙으로 감싸 두었다가 심으면 흙에 꽂힌 가지가 흔들리지 않아서 좋다. 꽂아 둔 다음은 흙이 마르지 않도록 잊지 말고 물을 주자. 또 직사광선이 닿지 않은 곳에 두어야 한다. 9월이 지나면 뿌리가 나오기 시작하는데 그때부터는 햇볕을 많이 받게 한다.

디기탈리스　　　　　　　현삼과

심장병의 특효약으로 이용되고 있는 유럽 원산인 두해살이 식물이다. 종 모양의 꽃이 마치 동화 나라의 꽃처럼 보인다.

물이 잘 빠지는 곳을 골라 봄(4~5월)에 씨를 뿌리면 다음 해 5~7월에 줄기가 1m 가까이 자라고 줄기 위쪽에 주렁주렁 꽃이 핀다. 가을(9~10월)에 씨를 뿌리면 3년째 되는 해에 각각 꽃이 핀다. 포기나누기를 하려면 9월경이 적당한데 자연히 떨어진 씨에서 싹이 트므로 일부러 포기나누기를 할 필요가 없다.

라벤더　　　　　　　꿀풀과

'보랏빛 꽃, 향기로운 내음' 하면 떠오르는 라벤더. 프랑스와 영국에서는 향수 만드는 데 빼놓을 수 없는 식물로 알려져 있다. 지중해 연안에서 카

라벤더

나리아 제도가 원산이며 유럽에서는 옛날부터 재배해 왔다.

향유나 비누에 넣으면 정신을 안정시키고 긴장을 풀어 주는 효과가 있으며, 또 이 꽃을 말려 넣어서 만든 베개를 베고 자면 기분 좋게 잘 수 있다고 한다.

뜰에 라벤더가 있으면 줄기를 하나 잘라서 찧은 다음 기름을 손이나 목에 발라 향기를 맡아 보자. 이 꽃향기가 파리나 모기를 쫓는다고 해서 제1차 세계대전 당시에는 부상자의 상처 부위에 파리, 모기가 몰려들지 않도록 썼다고 한다. 허브 가운데서도 향기가 뛰어난 것 중 하나다.

습기와 여름철 고온에 약해서 고원지대나 여름에도 서늘한 지방에서 잘 자란다. 작은 떨기나무여서 포기나누기로 번식시키기도 하지만 봄에 씨를 뿌려서 키울 수도 있다. 봄에 씨를 뿌

리고 서늘한 곳에서 여름과 겨울을 나면 다음 해부터 자란다. 겨울에는 뿌리 주변에 베어 낸 풀이나 짚을 덮어 주자.

란타나 마편초과

열대 아메리카가 원산인 떨기나무로 꽃 색깔이 처음에는 노란색이었다가 점점 주홍색으로 다시 붉게 변하는 모습이 흥미롭다.

열대 분위기가 물씬 풍기는 꽃으로 동남아시아에서 많이 볼 수 있는데, 나비가 떼 지어 날아드는 초여름부터 9월경까지 계속 피어 있어서 정원에 나비가 많이 찾아오기를 바라는 사람에게는 더없이 좋은 식물이다.

추운 지방에서 기를 때는 겨울에 화분에 심어서 실내에 들여놓아야 한다. 실내에서 따뜻한 곳에 두면 겨울에도 란타나의 꽃을 볼 수가 있다. 가지가 흙에 닿기만 해도 뿌리가 나올 정도로 잘 자라기 때문에 꺾꽂이가 쉽다.

새로 난 가지를 잘라서 밑 쪽 잎을 따고 젖은 모래나 흙에 꽂아 둔다. 가을에 꺾꽂이를 해서 실내에서 겨울을 난 다음, 봄에 심어서 번식시킨다.

로즈메리 꿀풀과

지중해 연안이 원산인 늘푸른떨기나무이다. 길고 뾰족한 잎이 위쪽은 녹색, 밑 쪽은 회색이어서 뿌옇게 보인다. 가까이 가기만 해도 야생의 향기가 나서 로즈메리를 방 안에 두면 실내 공기가 상쾌해진다.

따뜻한 남쪽 지방에서는 잘 자라지만 추운 지방에서는 겨울에 보호해 주지 않으면 크게 자라지 않는다. 그러나 조금만 있어도 요리를 비롯해 향기내는 데 여러모로 유용하다. 요리에서는 고기 요리에 향을 내는 데 쓰기도 하고 잘게 썰어서 샐러드나 감자 요리에 넣어도 잘 어울린다.

갓 뜯은 어린 잎으로 차를 만들면 두통이나 불면증에 잘 듣는다고 한다. 그 차로 입안을 헹구면 개운하다. 따뜻해진 5월쯤에 씨를 뿌리는데 꺾꽂이도 할 수 있다. 가지를 잘라서 밑의 잎을 떼어 내고 젖은 모래나 흙에 꽂아 두자.

란타나

루나리아 십자화과

봄에 보라색이나 흰색의 유채 꽃과 같은 꽃이 피는 한해살이 식물 또는 두해살이 식물이다.

꽃이 지면 원반처럼 납작한 열매가 생겨서 드라이플라워로 활용하면 좋다. 루나리아의 루나는 달을 말한다. 열매 속에 있는 씨앗을 가을에 거두어 다음 해 4~5월에 뿌린다. 유럽이 원산지로 추위에는 강한데, 여름에는 풀 같은 것으로 덮어서 흙이 마르지 않도록 해 주는 것이 좋다.

루핀 콩과

북아메리카 원산의 여러해살이 식물이다. 등 꽃과 비슷한 꽃이 위를 향해서 핀다. 5월경 예쁜 콩 꽃이 무리지어 피어 있는 모습이 볼 만하다. 가을에 씨를 뿌리는 한해살이 식물과 여러해살이 식물이 있다.

여러해살이 루핀 중에서 개량 품종인 루피너스러셀은 꽃 끝의 길이가 자그마치 60cm 이상이나 돼서 마치 하늘을 향해 꽃이 뻗은 것 같은 느낌을 준다. 꽃 색깔도 보라색과 흰색, 분홍색, 노란색 등 여러 가지이다. 자라면 포기를 나누어도 되고, 가을에 생기는 씨를 뿌려서 번식시켜도 된다. 추위에 강해서 추운 지방에서도 잘 자란다.

마거리트 국화과

원산지는 아프리카 서북부에 있는 카나리아 제도로, 따뜻한 지방에서는 떨기나무처럼 자라는 여러해살이 식물이다. 봄부터 여름까지 자그마한 흰색 꽃이 계속 핀다. 다만 추위에 약해서 서리가 내리면 시들어 버린다. 서리가 내리지 않는 지방이면 해가 잘 들고 물이 잘 빠지는 곳에 심어 두면 좋다.

여름철 건조한 날씨에 약하므로 풀로 뿌리 주변을 덮어 주자. 서리가 내리는 지방에서는 서리가 내리기 전에 화분에 옮겨 실내에 들여놓는다. 마거리트는 씨가 잘 생기지 않는 보기 드문 식물이다. 그러나 꺾꽂이는 쉽게 할 수 있으므로 가을에 꺾꽂이 해 보자. 가지를 6~7cm 길이로 잘라서 밑에 달린 잎을 딴 다음, 이것을 젖은 모래나 흙에 꽂는다. 뿌리가 내릴 때

마거리트

까지는 수분이 없으면 말라 죽으므로 마르지 않도록 주의하자.

망종화(금사매)   **물레나무과**
1m 정도로 크는 갈잎떨기나무인데 이름 그대로 금빛으로 매화꽃을 닮은 꽃이 핀다. 중국이 원산이며 관상용으로 여러 곳에서 널리 재배되며 간혹 산지에서도 볼 수 있다. 봄이나 가을에 포기를 나누어 심는다. 나무 사이 그늘진 곳에 심어도 잘 자란다.

매리골드 종류   **국화과**
봄부터 가을까지 계속해서 꽃이 피는 매리골드는 정원을 환하게 밝혀 준다. 멕시코가 원산지로 품종이 매우 다양하다. 키가 80cm 가까이 자라는 아프리칸매리골드, 30cm밖에 안 자라는 만수국(프렌치메리골드) 등이 있다. 재배 방법은 같다.

매리골드 종류는 독특한 향기가 나고 냄새가 강하다. 그래서인지 벌레가 적어 채소 옆에 매리골드를 심으면 선충이 생기지 않는다고 한다. 꽃도 아름답지만 벌레를 쫓는 역할까지 해 주므로 아주 고마운 꽃이다.

4~5월경 씨를 뿌리면 낮의 길이가 짧아질 때까지는 꽃이 피지 않는다. 따라서 이른 봄에 실내나 온실 안에서 키워서, 낮의 길이가 길어지기 전

만수국 (프렌치 메리골드)   씨

에 꽃눈이 나오고 꽃이 피게 한다. 낮의 길이가 긴 여름철에는 꽃눈이 맺혀도 성장을 하지 않지만, 9월이 되어 낮의 길이가 짧아지면 꽃이 피기 시작한다. 크게 자란 아프리칸매리골드는 바람에 쓰러져도 땅에 닿은 줄기에서 뿌리가 나와서 다시 건강하게 자란다.

꺾꽂이도 쉽게 할 수 있으므로 번식시켜 보자. 너무 크게 키우고 싶지 않으면 씨를 뿌리는 시기를 7월로 늦추면 된다. 가을에 키 작은 꽃이 핀다. 서리를 맞으면 시들어 버리지만 9월에 화분에 뿌려서 실내에서 키우면 겨울에도 꽃이 핀다. 우리들 마음대로 1년 내내 꽃을 즐길 수 있다.

매발톱꽃   **미나리아재비과**
매발톱꽃은 우리나라 여러 곳에 자생하는 여러해살이 식물인데 원예종으

로 개량된 것이 여럿 있다.

꽃 모양이 무척 재미있다. 5월에 자갈색 꽃이 꼭지 끝에 하나씩 피는데 매우 우아하며 아무리 보아도 싫증이 나지 않는다. 씨는 더위와 건조에 약하기 때문에 자연히 땅에 떨어진 씨에서는 싹이 트지 않는다. 단, 씨가 떨어진 자리가 돌 그늘이나 눅눅한 흙일 경우면 간혹 싹이 나오기도 한다. 씨를 뿌릴 때는 어떤 장소가 적합한지 시험 삼아 몇 군데 뿌려 보는 것도 좋다.

맨드라미   비름과

열대 아시아가 원산이며 여름철 한창 더울 때 잘 자라고, 7~10월 닭의 볏 모양으로 된 빨간색, 노란색, 흰색 등의 꽃이 핀다.

꽃 하나하나의 크기는 작지만 여럿이 모여 그 모양이 닭의 볏같이 보여 '계관, 계두'라는 별명으로 불리기도 한다. 전 세계에서 관상용으로 재배한다. 씨는 4월경에 뿌리며 한해살이 식물로 키우는데 기온이 20~25℃가 돼야 싹이 트므로 추운 지방에서는 5~6월에 씨를 뿌린다.

맨드라미와 같은 종류로는 색비름이 있다. 색비름도 역시 4월경에 씨를 뿌리면 되는데, 다만 약간 습기가 있는 장소가 좋다. 1~2m로 자라고 가을이면 잎이 빨간색과 노란색으로 물든다.

메꽃   메꽃과

열대 지방 원산인 봄에 씨를 뿌리는 한해살이 식물로 여름날 해질녘에 10cm가 넘는 흰색의 큰 꽃이 피며 다음 날 아침에 시든다. 향기가 좋아서 저녁을 향긋하게 해 주는 꽃이다. 뿌리는 한약재로 사용되고 어린 잎은 먹는다.

명자나무   장미과

이른 봄에 피는 꽃이 매우 아름답다. 명자나무 종류 중에서 정원에서 흔히 볼 수 있는 것은 '잔털명자나무'라고 불리는 중국 원산의 갈잎떨기나무이다. 꽃은 풀명자나무보다 크고, 열매는 8cm 정도 크기다. 익으면 향기가 꽤 좋다. 모과나무와 같은 종류이므

맨드라미

로 딱딱할 때 과실주를 담거나 껍질을 벗기고 사과처럼 잘라서 설탕을 넣고 졸이거나 설탕에 재워서 먹으면 맛있다. 봄과 가을에 포기나누기, 꺾꽂이, 휘묻이 등을 해서 번식시킬 수 있다.

모과나무는 일본과 중국이 원산이며 우리나라도 경기도 이남에서 재배되는 갈잎큰키나무이다. 가을이 되면 8~15cm 크기의 노란색 열매가 열리는데 향긋한 내음이 명자보다도 강하다. 또 명자나무에는 가시가 있는데 모과나무에는 가시가 없다.

모란 종류　　　　　　　　미나리아재비과

모란은 중국이 원산지로 추위에 강해서 북쪽 지방에서 재배하기에 알맞은 식물이다. 목단이라고도 불리며 사람 얼굴만한 꽃이 탐스럽다.

시중에서 파는 묘목을 사다가 8월 말에서 9월 사이에 걸쳐서 심는다. 땅의 온도가 20℃ 이하가 되면 뿌리가 자라기 시작한다. 옮겨심기를 하거나 포기나누기를 하는 것도 이 시기에 하면 좋을 것이다. 흙에 퇴비를 듬뿍 주고, 물이 잘 빠지는 땅에 심는다. 건조한 것을 싫어하므로 여름에는 베어 낸 풀로 뿌리 주변을 덮어 주면 좋다. 3월경부터 꽃봉오리가 나와서 5월 초에는 꽃이 탐스럽게 핀다. 꽃이

꽃미나리아재비

무거워서 쓰러지기도 하므로 미리 버팀목을 세워 주자. 씨앗을 뿌려도 되는데 그 경우 여름에 씨를 뿌려 둔다. 접붙이기는 함박꽃나무나 작약의 씨에서 자란 3년 짜리 묘목과 하는 경우가 많다.

작약 역시 추위에 강한 여러해살이 식물이다. 모란과 같은 시기에 심는데 햇볕이 잘 드는 곳이 좋고 씨를 뿌려 기를 수도 있다.

같은 미나리아재비과에 속하는 라넌큘러스도 꽃은 좀 작지만 아름다운 꽃이다. 9월경에 알뿌리를 심는데 추위에 강해서 마른 풀로 덮어 주기만 해도 겨울을 난다. 아시아 서남부가 원산지다.

목화　　　　　　　　　　　　아욱과

옛날부터 목화솜을 얻기 위해 재배해 온 식물로 원산지는 아메리카, 아시

아의 열대 지역이다. 꽃이 예뻐서 정원에 심어도 좋다. 5월에 씨를 뿌리면 여름에 꽃이 피는데 열매를 딸 때까지는 기온이 20℃ 정도의 유지되어야 한다.

무궁화   아욱과

동아시아가 원산인 매우 강한 갈잎떨기나무로 여름철 꽃이다. 크고 소담하게 자라서 계속 꽃이 피는 모습도 보기 좋고 낮게 산울타리를 만들어 보는 것도 재미있다.

간단하게 꺾꽂이를 할 수 있어서 잎이 떨어진 뒤 새로 뻗은 가지나 2년째 되는 가지를 20cm 정도로 잘라서 울타리를 만들고 싶은 장소에 꽂기만 하면 된다. 뿌리가 내릴 때까지 물 주는 것을 잊지 않도록 한다. 뿌리가 내리면 다음 해 여름부터 꽃이 핀다. 꽃이 지고 나서 가을에 가지를 쳐 주면, 밑에서 가지가 많이 나와 보기 좋은 산울타리가 된다.

같은 무궁화 종류로 꽃이 큰 부용이 있는데, 따뜻한 지방에서 잘 자란다. 부용은 초봄에 꺾꽂이로 번식시키면 좋다. 역시 같은 종류인 하와이무궁화는 열대를 연상시키는데, 하루 피었다 지는 하루살이 꽃이 볼 만하다. 기온이 4℃ 이상 되어야 겨울을 날 수 있다.

무릇   백합과

가을에 심는 알뿌리로 추위에 강하고 우리나라 각처의 들이나 밭에 나는 여러해살이 식물이다. 유럽, 아프리카, 아시아의 온대 지역이 원산이다. 꽃 색깔이 연분홍색과 보라색 등 부드러운 것이 많아서 한곳에 심어 두면 7~8월을 아름답게 장식해 준다. 몇 년이고 그대로 둬도 꽃은 계속 핀다. 너무 많아진 것 같으면 가을에 옮겨 심어 주자.

무릇과 같은 종류에 흰무릇이 있다. 야생 상태에서는 좀처럼 발견하기 힘든 종류로, 모든 점이 비슷하지만 다만 꽃이 흰 것이 특색이다.

무스카리   백합과

가을에 심는 자그마한 알뿌리 식물로 송이처럼 생긴 보랏빛 푸른 꽃이 3~5월에 피는데 아주 예쁘다. 버려진

무스카리

알뿌리

알뿌리가 비에 흘러 내려갔는지 강가 벼랑 돌 틈에 무리지어 피어 있는 것을 본 적이 있다. 해가 잘 들고 물이 잘 빠지는 돌무더기 사이에서 잘 자란다고 하는데 딱 들어맞는 조건이었던 것 같다. 지중해 연안이 원산이며 건조한 날씨에도 강해서 심기만 하면 몇 년간은 끄떡없다. 무리지어 핀 모습이 더욱 아름답다. 잎이 시들 때쯤 파서 알뿌리를 나누어 심으면 좋다.

바위취(범의귀)   범의귀과

일본, 중국이 원산지인 여러해살이 식물로 물이 잘 빠지는 응달이면 덥고 춥고 관계없이 잘 자란다. 초여름에 피는 자그마한 꽃이 귀엽다. 가는 가지가 기어가듯이 뻗어 나와 거기에 포기를 새로 만드는데 이것을 잘라 내 심어서 번식시킨다.

잎사귀에 반점이 있는 바위취도 있

히말라야바위취

다. 또 바위취에 비해서 아주 큰 히말라야바위취는 히말라야가 원산이며 추위에 아주 강하다. 잎도 크고 초봄에 피는 연분홍색 꽃이 아름답다. 가을에 포기나누기해서 번식시킨다.

바질   꿀풀과

이탈리아 요리에 없어서는 안 될 정도로 많이 쓰이는 허브가 바질이다. 스파게티의 소스에 빼놓을 수 없는 재료로, 이것을 섞으면 음악 맛이 훨씬 좋아진다.

열대 아시아가 원산이며 키우기가 쉬운 한해살이 식물이다. 4~6월에 씨를 뿌린다. 높은 온도를 좋아하고, 씨를 뿌린 후 성장이 빠르다. 물이 잘 빠지지 않거나 오래 비가 오면 잎이 검게 변하는 경우가 있는데 그럴 때는 빨리 잎을 따 주어야 한다. 바질과 토마토는 음식에서도 궁합이 잘 맞지만 재배할 때도 나란히 심으면 잘 자란다. 방울토마토 곁에 바질을 심어 보자. 토마토에 가려지지 않도록 바질을 남쪽에 심는다.

박하(민트) 종류   꿀풀과

상쾌한 향으로 누구나 좋아하며 약재, 향료, 음료, 사탕용으로 널리 쓰이는 바하는 품종도 야생종, 재배종 등 그 수가 대단히 많다.

원산지가 중국이라고 하지만 우리나라를 비롯해서 거의 세계 어디에서나 볼 수 있는 여러해살이 식물이다.

박하 종류는 그 어느 것이나 잘 자란다. 씨를 뿌려도 되고 꺾꽂이, 포기나누기 등이 모두 가능하다. 박하 종류의 외형상 특징은 줄기가 네모라는 점이다.

박하를 민트라고도 부르는데 페퍼민트, 스피어민트, 오데콜론민트 등 그 종류도 여러 가지다. 별로 신경을 쓰지 않아도 잘 자라는데 너무 많아지면 잎을 따서 차로 마셔도 좋다.

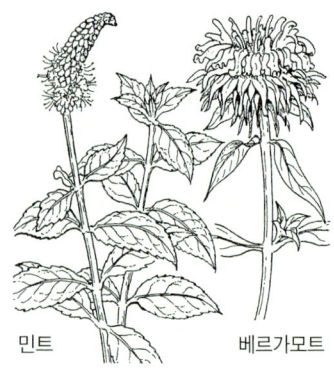

민트　　　　　　　　베르가모트

백량금　　　　　　　　자금우과

따뜻한 지방 산지에서 자생하는 늘푸른떨기나무로 응달에서도 잘 자란다. 아시아 동부가 원산지로 여름에 핀듯 만듯 작은 꽃이 피고 가을에 붉은 열매가 열린다.

열매가 겨울에도 그대로 달려 있어서 꽃을 거의 볼 수 없는 겨울 정원을 밝게 물들여 우리를 즐겁게 해 준다. 새들도 이 열매를 아주 좋아하는데, 새가 열매를 먹고 배설한 데서 싹이 나기도 한다.

꺾꽂이로 번식하며 6월 초 꽃눈이 달리지 않은 어린 가지를 골라 6~7cm로 잘라서 눅눅한 땅에 꽂는다. 뿌리가 나올 때까지 물을 많이 준다.

백일홍　　　　　　　　국화과

7~10월에 걸쳐 약 100일 동안이나 꽃이 핀다고 해서 '백일홍'이라는 이름이 되었다. 원산지가 멕시코인 국화과에 드는 한해살이 식물인데 기온이 높고 다소 건조해도 견디지만 저온과 습기에는 약하다.

백일홍의 개량은 처음 영국과 독일에서 시작됐으나 그 후 원산지와 비슷한 기후를 가진 미국의 캘리포니아 지방에서 크게 발달해서 현재 재배되고 있는 잘 알려진 품종 대부분이 캘리포니아에서 개량된 것들이다. 토질도 그다지 가리지 않아서 키우기는 아주 쉽다. 해가 잘 들고 땅 깊은 데 심는다.

백일홍은 추위에 약하므로 씨는 기온이 충분히 오른 5월 초에 뿌리는 것이 좋다. 옮겨 심을 때는 옮겨 심기 전에 밭에 석회를 넣어 주고, 두엄과 과석, 나무재 등을 조금씩 밑거름으로 준 다음, 자라는 상태를 보아 가며 질소 성분의 액체 거름을 두어 번 주는 것이 좋다. 백일홍에는 나비가 많이 찾아온다.

백합 종류 — 백합과

백합은 떡잎이 하나인 외떡잎식물 종류인데, 그중에서는 가장 꽃이 크다. 5월경부터 한여름에 걸쳐서 꽃이 핀다. 백합은 10월경에 알뿌리를 심으면 알뿌리 위아래에서 뿌리가 나온다. 꽃이 피는 여름까지는 해가 잘 드는 곳에, 그리고 그 후에는 그늘진 곳에 심어야 좋다. 즉, 꽃이 피고 난 후에는 뜨거운 햇볕에 흙이 건조해지는 것을 막아야 한다.

알뿌리는 꽃이 다 지고 난 뒤, 서늘한 곳에서 다음 해를 위해 영양분을 비축해 간다. 따라서 뿌리 주변을 부엽토나 풀 같은 것으로 덮어 주는 것이 좋다. 보통 백합 종류는 알뿌리나 씨앗으로 번식시키는데 씨가 생기지 않는 백합도 있다. 그런 종류에는 참나리가 있다. 그러나 뿌리 근처 잎 달린 부분에 구슬눈이 있어서 이것을 땅에 묻어 두면 번식된다.

씨를 뿌려서 번식시키는 백합도 있는데 꽃이 진 뒤 씨를 모아서 뿌리면 다음 해에 꽃이 핀다. 주변 여건만 좋으면 저절로 떨어진 씨앗에서도 싹이 틀 정도다. 한편, 백합 종류 가운데서 털중나리는 영어로 '코리안릴리(한국백합)'라고 불리는데 원산이 우리나라이기 때문이다.

화려한 주홍색 꽃이 6~8월에 핀다. 향기가 좋고 흰색 꽃이 예쁘기로 이름난 백합은 따뜻한 지방에서 재배하기에 알맞다.

백합은 꽃을 보기 위해서 뿐만 아니라 요리에도 사용되는데 익히면 독특한 향과 씹히는 맛이 그만이다. 털중나리, 말나리 등이 요리에 이용되는 백합 종류이다.

날개하늘나리

벚나무 — 장미과

벚나무를 뜰에 심을 때는 장소를 잘 골라야 한다. 벚나무는 6~9m로 자라므로 컸을 때 나무 그늘 때문에 문제가 생기지 않을지 잘 생각해 보자. 큰 나무를 심을 때는 언제나 생각해 볼 일이다. 벚나무의 열매가 버찌다. 벚나무는 가지를 잘라 주지 않는 것이 좋다. 잘라 주면 그 상처난 데가 썩기 쉽고 잘못하면 나무가 죽을 수도 있다. 될수록 자연스럽게 자라도록 둬야 한다.

베고니아 베고니아과

베고니아는 열대와 아열대 지방 원산 식물이며 보통 뿌리 형태에 따라 '섬근성 베고니아'와 '구근성 베고니아'로 나뉜다. 섬근성 베고니아는 꽃을 보는 종류와 잎사귀를 관상하는 종류로 나뉜다. 보통 베고니아는 항상 꽃을 볼 수 있어 화분 재배용 꽃으로 알려져 있는데, 꺾꽂이로도 번식되지만 씨를 뿌리고 나서 3~4개월이면 꽃이 피므로 일반적으로는 씨를 뿌려 번식한다.

씨뿌리기 시기는 꽃을 보기 원하는 때로부터 4개월 전에 뿌리면 되는데 보통은 봄과 가을에 2번 뿌리면 된다. 3만 개의 씨가 1g 정도로 워낙 씨가 작기 때문에 화분에 씨를 뿌리고 흙을 덮지 말고 화분을 물에 담가 바닥의 배수공으로부터 물을 빨아들이게 해야 한다.

싹이 튼 다음, 본잎이 2~3장 나오면 일단 3cm 간격으로 옮겨 심고, 잎이 5~6장 나오면, 9cm 화분에 다시 옮겨 준다. 꽃은 대개 12cm 화분에서 보게 되는데 여름에는 화단에 심어 주는 것도 좋다.

꼭 햇볕 강한 곳에 심을 필요는 없지만 기온이 높고 습기가 많은 곳을 좋아한다. 온실에서 키울 때는 자주 물을 줘야 하며 화단에 심어 일단 뿌리를 내린 뒤에는 그리 많이 주지 않아도 된다. 햇볕을 강하게 받을 때는 잎이 불타듯이 빨갛게 물든다.

복수초 미나리아재비과

2~3월, 이른 봄 따뜻한 날에 눈부신 노란색 꽃이 피는 여러해살이 식물이다. 시베리아, 중국, 우리나라, 일본 등이 원산이며 추위에 강하다. 꽃이 피려면 그 전에 저온 상태가 되어야 하는데 1월에 화원에서 팔리는 것은

복수초

이른 겨울 식물 포기가 얼 정도로 저온으로 저장해 두었다가 뒤에 따뜻한 실내로 옮겨서 피게 한 꽃이다.

화분으로 사 온 것은 꽃을 본 후, 여름에는 서늘하고 그늘이 지는 곳으로 옮겨 심자. 다만 건조해지지 않게 밑부분을 풀로 덮어 주면 된다. 화분에 심은 것은 포기나누기를 해서 다시 심는다. 엉겨서 잘 나눠지지 않을 때는 칼로 잘라도 된다.

씨를 뿌려서도 늘릴 수 있는데 마르지 않게 물 주기에 신경 써야 한다. 씨를 뿌려서 꽃을 보려면 약 6년 정도 걸리므로 포기나누기 방법이 더 좋다.

봉선화　　　　　　　　봉선화과

꽃과 줄기에 수분이 많은 봉선화는 물을 충분히 주면 잘 자란다. 봄에 서리가 내리지 않을 때 씨를 뿌려서 기르는데, 따뜻한 지방에서는 6~7월에 뿌려도 가을에 꽃이 핀다.

봉선화 꽃잎은 백반, 소금 등을 섞어서 손톱을 빨갛게 물들이는 데 쓴다. '봉숭아'라고도 부르고 열매가 익으면 살짝 건드리기만 해도 씨주머니가 터져 씨가 사방으로 튄다.

봉선화는 인도와 중국 남부가 원산지인 한해살이 식물로 같은 종류로는 잔지바르 섬이 원산지인 아프리카봉선화가 있다. '임페이션즈'라고도 하는데 줄기에 수분이 많고 줄기에서 포도당을 분비하는 식물이다. 봉선화처럼 씨가 터져 나와 땅에 떨어진 씨앗으로도 잘 번식한다. 정원 한쪽을 아프리카봉선화로 꾸미면 강렬한 원색의 세계가 아프리카를 연상케 한다. 여름에 직사광선이 닿지 않는 곳을 좋아한다.

다 익어서 터지기 전에 씨앗을 모아 두자. 말려서 겨울 동안 보관해 두었다가 4월에 뿌리면 초여름에 빨간색, 분홍색, 흰색의 꽃이 핀다. 화분에 심을 때는 잊지 말고 물을 준다.

열매

봉선화

분꽃　　　　　　　　분꽃과

분꽃이 있으면 저녁 나절 뜰을 산책할 때, 향기 나는 귀여운 꽃을 보며 즐거운 한때를 보낼 수 있다. 영어로 분꽃을 '포 어클락(4시라는 뜻)'이라고 하는데 이 꽃이 오후 4시경에 피기 때문에 붙은 이름이다.

원산지인 열대 아메리카에서는 여러해살이 식물이지만 우리나라에서는 봄에 씨를 뿌리는 한해살이 식물로 키운다. 씨는 4월 중순에 뿌리면 되는데, 잘 자라고 씨도 잘 생기므로 한 포기만 있으면 다음 해부터는 자연히 떨어지는 씨만으로 자꾸 수가 늘어난다. 퇴비를 섞은 좋은 흙이면 1m 가까이 크게 자란다.

꽃은 여름에서 가을에 걸쳐 흰색, 붉은색, 노란색 꽃이 나팔꽃 모양으로 해질 무렵부터 아침까지 피므로, 뜰에 걸이등을 걸어 두면 밤에 낭만적인 꽃구경을 즐길 수 있다. 씨는 처음 녹색이던 것이 차차 검게 되고 속에 흰색 가루가 있다. 그대로 두면 씨는 자연히 떨어지므로 색이 까맣게 되면 따서 보관하자.

붉은강낭콩   콩과

콩을 따기 위해서 심지만 꽃이 아름다워서 꽃을 보기 위해 심기도 한다. 열대 아메리카가 원산지다.

관상용으로 심는다면 별문제 아니지만 여름에 낮과 밤의 기온 차가 큰 곳이 아니면 꽃이 핀 뒤에도 콩이 열리지 않는다. 봄에 서리가 내리지 않게 되면 씨를 뿌린다.

붓꽃 종류   붓꽃과

붓꽃, 꽃창포, 제비붓꽃, 독일붓꽃 등은 모두 5~6월에 꽃이 피는 붓꽃 종류인데 모습이 비슷해서 좀처럼 구별하기가 어렵다.

자라고 있는 장소를 기준으로 나눠 보면 얕은 물속에서 자라는 것이 제비붓꽃, 습지를 좋아하지만 물만 주면 뜰에서도 자라는 것이 꽃창포이며, 붓꽃과 독일붓꽃은 물보다 오히려 건조한 곳을 좋아하는 꽃이다.

붓꽃은 우리나라 각지의 산에서 볼 수 있는 여러해살이 식물인데, 꽃잎이 붙어 있는 밑 노란 부분에 그물눈 같은 모양이 있는 것이 특징이다.

독일붓꽃은 원예종으로 꽃 색깔이 갖가지다. 산성 흙에서는 잘 자라지 않으므로 흙에 석회를 섞어 주는 것이 좋다.

반대로 꽃창포는 산성 흙에 잘 자라

붓꽃

므로 석회를 섞을 필요가 없으며, 또 제비붓꽃은 뜰에 연못이 있어 물이 얕게 고여 있는 곳이라면 키울 수 있다. 위에서 말한 붓꽃 종류는 모두 꽃이 지고 나서 9월까지에 포기를 나눠 늘린다.

붓꽃 종류는 '아이리스'라고도 불리는데 앞에서 설명한 붓꽃 종류 외에도 타래붓꽃, 각시붓꽃 등이 있다.

또한 조그맣게 흰색 꽃이 피는 범부채가 있다. 주로 산에서 자라지만 꽃이 예쁘므로 뜰에서 키워 보는 것도 좋다. 범부채의 뿌리는 한방에서 해열, 해독, 소염제로 사용되며 설사약으로도 쓴다. 그늘진 곳에 심어 두면 5월의 꽃계절에 그 일대가 밝게 느껴질 것이다.

블루데이지   국화과

남아프리카가 원산인 블루데이지는 따뜻하고 건조한 흙을 좋아하는데 주변 환경 여건이 좋으면 1년 내내 꽃이 핀다.

꽃은 봄과 가을에 피는데 추운 겨울에는 시들게 되므로 온실이나 실내로 옮겨 줘야 한다.

늘리려면 꺾꽂이가 간단하다. 가을에 어린 가지를 잘라 축축한 모래 속에 꽂아 두면 뿌리가 나온다. 그대로 키워 봄이 되면 화분에 옮겨 준다.

사철나무   노박덩굴과

따뜻한 해안 지방에서 자생하는 늘푸른떨기나무로 정원에서는 산울타리로 이용된다. 반들반들한 진한 녹색 잎사귀가 생기가 있다. 꽃이 핀 뒤 가을에 생기는 작고 붉은 열매가 예쁘다. 익으면 갈라져 속에서 씨가 나온다.

해가 들거나 안 들거나 상관없이 잘 자란다. 꺾꽂이로 번식하는 것이 제일 쉬운데, 6월 말쯤 새로 자란 가지를 잘라서 하룻밤 물에 담갔다가 축축한 땅에 꽂는다.

샐비어(사루비아)   차즈기과

길가에 흔히 심어져 있고 5~10월에 걸쳐 타오르듯 강한 주홍빛 꽃이 핀다. 잎이 깻잎 모양이라서 '깨꽃'으로도 불린다. 봄에 심는 한해살이 식물로 개량되어 있으나 원산지인 브라질에서는 여러해살이 식물이며 나무처럼 크게 자란다. 씨는 4~5월에 뿌리고 기온이 20℃여야 하므로 충분히 날씨가 풀린 뒤에 뿌려야 한다. 꽃이 피고 난 뒤 씨가 생기는데, 까맣게 익으면 자연히 떨어지므로 약간 덜 익은 상태에서 씨를 따서 그늘에 말리면 된다. 샐비어의 종류는 모두 꽃이 예쁘고 옛부터 약용으로 재배되어 왔다.

약용 샐비어로 불리는 세이지는 남유럽 원산인데 향료로도 쓰이고 또 살균 작용이 있으므로 차로 만들어 마시기도 한다. 4월 말에서 5월에 걸쳐 씨를 뿌려도 좋고, 꺾꽂이 방법으로도 잘 번식한다. 여러해살이 식물이므로 한 번 심으면 매년 즐길 수 있다. 향기 때문에 벌레도 없다.

샐비어

샤스타데이지
국화과

마거리트와 비슷하지만 꽃이 더 꽃이 크고 튼튼한 느낌을 주는데, 뜰 가득히 흰색 꽃이 피어 있는 모양은 정말 아름답다. 품종 개량의 천재, 루서 버뱅크가 만들어 낸 원예종의 하나다.

씨를 뿌려도 되고 포기나누기를 해도 간단히 꽃을 늘릴 수 있는데 한 번 심으면 쉽게 번식한다. 씨는 봄에 뿌리고 1년을 그대로 두면 다음 해에 꽃이 핀다. 번식력이 강하여 촘촘하다 싶으면 여름에 썩는 일이 있으므로 해마다 포기나누기도 할 겸, 옮겨 심는 것이 좋다.

추위에 강한 식물이지만 심는 시기는 10월경으로 해야 한다. 서리가 내리면 얕게 뻗은 뿌리가 들떠서 죽을 수 있으므로 겨울에는 짚을 덮어 주는 것이 좋다. 꺾꽂이로도 번식시킬 수 있는데 봄과 가을에 묵은 포기로부터 나오는 곁눈을 따서 모래에 꽂아 주면 3주일 후에 뿌리가 내린다.

서향
팥꽃나무과

봄에 달콤한 향기를 풍기는 중국 원산의 늘푸른떨기나무이다. 나무가 둥그스름하게 자라므로 꽃 피는 시기에는 특히 아름답다. 암수딴그루이며 꽃은 바깥쪽이 붉은 자주색, 안쪽은 흰색인데 화분에 심어 실내에 두면 향기가 방 안 가득히 퍼진다. 꽃이 핀 뒤의 열매는 어떤 모양일까? 하고 아무리 생각해 내려고 해도 생각이 나지 않을 때가 많다. 그것은 우리나라에는 수나무가 많고 암나무가 드물기 때문이다.

꽃이 피고 진 뒤에 빨간색 열매가 열린다. 볕이 잘 들고 물이 잘 빠지는 곳에서 잘 자란다. 꺾꽂이로 늘리는 것이 보통이다. 장마가 지난 뒤 그해 새로 난 가지를 잘라 밑부분의 잎을 떼 내고 그늘진 땅에 꽂아 두면 뿌리가 내린다. 기온이 영하 10℃ 아래로 내려가면 시들어 죽는다. 겨울 동안에는 화분에 옮겨 실내에서 겨울을 난다.

석산　　　　　　　　　　수선화과

우리나라 남부의 습한 산 밑이나 못가의 풀밭에 나는 여러해살이 식물이다. 중국, 일본, 우리나라 등에 분포해 있다. 잎이 나오기 전에 9~10월에 빨간색, 흰색 등 가련한 꽃이 피고, 꽃이 지고 나서 잎이 나와 다음 해 봄에 자라다가 여름에는 시든다. 비늘줄기는 알칼로이드 독이 있어 토하게 하거나 상처에 바르는 약으로 쓰여 왔다.

선인장 종류　　　　　　　선인장과

선인장은 아메리카 대륙의 식물로 그 대부분이 잎이 퇴화하고 줄기가 굵어져 내부에 수분과 영양분을 가지고 있다. 선인장 종류는 너무나 많아서 (2000여 종) 일일이 들 수 없지만 모양별로, 나뭇잎 모양 선인장, 부채 모양 선인장, 기둥 모양 선인장, 성게 모양 선인장, 게발선인장 등이 있다.

나뭇잎 모양 선인장은 나무 형태에 가깝지만 역시 잎 밑동에 가시가 있다. 비교적 비가 많이 오는 곳에 분포한다. 부채 모양 선인장은 손바닥 모양으로 생겼는데 선인장(仙人掌:신선의 손바닥)이라는 이름을 갖게 한 선인장이다. 재배 역사가 가장 오래 되었으며 많은 종류가 있다. 기둥 모양 선인장은 서부 활극에 자주 등장하는 거대한 선인장인데 온실에서 키워도 꽤 웅대하게 자라고 또 꽃도 아름답다. 성게 모양 선인장은 형태가 성게 같고, 나팔 모양의 큰 꽃을 가지므로 많이 재배된다. 게발선인장은 게의 다리와 같이 생긴 잎이 여러 개 연결되어 하나의 줄기를 이룬다.

선인장 꽃눈은 8월 말에서 9월, 10월에 걸쳐 20℃ 전후의 기온으로 일조 시간이 12시간 전후가 되어야 나오므로 그 한 달 전부터는 물을 주지 말고 마른 상태로 둬야 한다. 어떤 선인장도 간단히 꺾꽂이로 늘릴 수 있다. 20~30℃가 꺾꽂이에 적당한 기온인데 마디를 자른 뒤, 자른 자리를 일주일 정도 말린 다음 모래에 묻어 두면 3~4주면 뿌리가 내린다.

선인장

수국
범의귀과

수국은 일반적으로 볕이 오래 들지 않는 뜰에서 잘 자라며 건조하면 기운이 없어진다.

5~7월에 피는 꽃은 연한 녹색에서 흰색으로 그리고 청색으로 색이 변하는데 그에 따라 뜰의 분위기가 바뀐다. 산성 토지에서는 청색, 알칼리성 토지에서는 붉은색이 강하게 나타난다고 한다.

꺾꽂이나 휘묻이, 포기나누기 등으로 늘릴 수가 있다. 꺾꽂이는 5~6월에, 포기나누기는 잎이 떨어진 가을에 한다. 휘묻이는 새 가지가 충분히 자란 뒤에 지면에 눕혀 흙으로 덮고 뿌리가 뻗은 가을에 잘라 내서 묘목으로 만든 다음 새로 심는다.

가지치기는 꽃이 다 핀 직후에 한다. 꽃눈은 9월 말~10월 초에 새 가지 끝에 나온다.

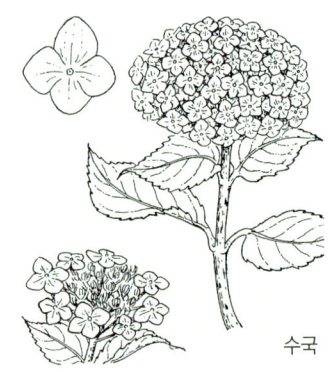

수국

수레국화
국화과

유럽 원산의 가을에 씨를 뿌리는 한해살이 식물로 추위에 강하다. 로제트 상태(방석 모양으로 잎이 바닥에 붙어 있는 상태)로 겨울을 난다. 4~5월쯤 줄기가 뻗어서 6~7월에 코발트블루나 분홍색의 꽃이 핀다.

수선화
수선화과

튤립, 히아신스와 함께 가을에 심는 대표적인 알뿌리 화초의 하나로 꼽히는 수선화는 청초한 빛깔과 향기 때문에 남녀노소를 막론하고 모르는 사람이 없을 만큼 널리 알려져 있으며 문학 작품을 통해서 오래 전부터 많은 사람들로부터 사랑 받아 왔다.

영국에서는 수선화를 '대퍼딜'이라고 부르는데, 세계적인 영국 시인 워즈워스의 '대퍼딜'이라는 시는 수선화를 표현한 대표적인 문학 작품이라고 할 수 있다.

알뿌리는 10월경, 퇴비를 충분히 섞은 흙에 심어야 하는데 이렇게 해 두면 3년 동안은 그대로 둬도 된다. 단, 알뿌리가 너무 불어나서 사이가 빽빽해지면 꽃이 지고 잎이 시든 뒤에 파내서 불어난 알뿌리를 나누고, 양파 주머니 같은 그물 주머니에 넣어 통풍이 잘 되는 그늘에 보관했다가 가을에 다시 심으면 된다.

약간 무거운 땅에서 잘 자라며 모래 땅에서는 잘 자라지 않는다. 특히 알뿌리를 심은 뒤 꽃이 피기까지 건조하지 않고 항상 일정한 습도를 유지해 주는 것이 필요하다. 따라서 겨울에 눈이 많이 내리고 봄에 그 눈이 녹아 적당한 습기를 공급할 수 있는 곳이면 좋다.

알뿌리

수선화

수세미오이 · 표주박   박과

둘 다 원산지가 열대 지방이어서 따뜻한 지방에서 키우기에 알맞다. 그러나 북쪽 지방에서도 키울 수 있으며 서리가 더 이상 내리지 않을 때에 씨를 뿌리면 잘 자란다. 햇볕이 잘 들고 너무 건조하지 않은 곳에 씨를 뿌리는데, 덩굴성 한해살이 식물이므로 덩굴이 뻗어 올라갈 수 있도록 시렁을 만들어 주자.

9월 말쯤이면 열매를 딸 수 있다. 수세미오이와 표주박도 수꽃과 암꽃이 있다. 수세미오이는 노란색 꽃이 아침에 피어 저녁에 진다. 표주박에는 흰색 꽃이 피는데, 저녁 무렵에 피어서 해뜰 무렵에 진다. 이것을 보면 표주박의 꽃가루는 나방이 옮기는 것으로 보인다.

어린 수세미오이는 먹기도 하는데 껍

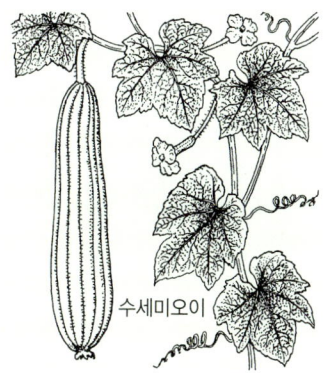

수세미오이

질을 벗기고 잘게 썰어 볶아 먹거나 튀겨 먹을 수 있다.

다 자란 수세미오이 가운데 제일 큰 것을 골라 길이와 두께를 재서 적어 두자. 그리고 수세미를 만들어 보자. 수세미오이가 다 익으면 세로로 난 줄과 줄 사이의 살이 부풀어 오른다. 그때 따서 물에 담가 썩힌다. 껍질과 속살이 풀리기 시작하면 주물러 씻은 다음 말린다.

표주박은 써서 먹을 수는 없다. 반으로 갈라 물 뜨는 작은 바가지로 만들거나 호리병으로 만들어 보는 것도 재미있다. 수세미와 마찬가지로 잘 익은 열매를 따서 물에 담근 후 겉껍질을 벗긴 뒤 살을 파내고 잘 씻어 말리면 완성이다. 광택을 내고 싶으면 식용유를 바르고 천으로 잘 닦아 윤을 낸다.

수수꽃다리　　　　　물푸레나무과

꽃향기가 좋기로 이름난 수수꽃다리은 초여름에 흰색과 연보라색 꽃이 핀다. 프랑스어인 '릴라'라는 이름으로도 알려져 있는데, 이름이 주는 여운과 꽃의 아름다움이 로맨틱한 분위기를 풍긴다. 캅카스 지방에서부터 아프카니스탄에 이르는 곳이 원산지다. 알카리성 토지에서 잘 자라므로 묘목을 심기 전에 석회나 초목회를 뿌려 흙과 함께 섞어 둔다. 해가 잘 들고 물이 잘 빠지는 곳에 심고 포기나누기나 씨를 뿌려서 번식시킨다.

수초

연못이 있으면 수초를 키워 보자. 연못이 없어도 수조, 화분 등 물을 담을 수 있는 것만 있으면 된다. 초록 잎사귀 사이로 예쁜 꽃이 피어 있는 모습은 울적했던 기분마저 잊게 한다. 그리고 수초 뿌리는 많은 미생물이 살 곳을 제공한다.

수초를 생활 양식에 따라 나누어 보면, 먼저 뿌리가 물 밑바닥의 흙에 닿지 않고 떠 있는 것으로 부레옥잠, 생이가래, 벌레먹이말 등이 있다. 그리고 뿌리가 물 밑바닥에 닿아 있고 잎이 떠 있는 것으로는 수염마름, 수련 등이 있다. 뿌리는 바닥에 닿아 있지만 식물의 일부가 공기 중에 나와 있는 것으로 갈대, 큰부들, 벗풀, 물옥잠 등이 있고, 우리들이 먹는 물냉이도 여기에 들어간다. 끝으로 뿌리가 바닥에 닿아 있는데 식물 전체가 물속에 잠겨 있는 것으로 물수세미, 검정말, 붕어마름 등이 있다.

수초가 있으면 이들 가운데 어디에 속하는지 확인하고 나서 알맞은 방법으로 키우자. 화분에 심어서 그것을 물에 잠기게 해 두어도 된다. 전부 잠기면 안 될 것 같을 때는 밑에 돌을 받치고 화분을 그 위에 얹으면 된다. 물옥잠 종류나 물양귀비 등은 원산지가 열대 지방이므로 얼음이 어는 곳에서는 겨울을 나지 못한다. 가을에 수조에 넣어서 방 안에 들여놓는다. 수련 등 수련과에 속하는 종류는 추위에 강해서 그대로 두어도 괜찮다.

스위트피　　　　　콩과

스위트피는 잎과 꽃 그리고 줄기가 쑥쑥 자라는 덩굴성 한해살이 식물이다. 10월 초에 씨를 뿌리면 다음 해 이른 봄에 눈이 자라고 5월에는 꽃을 보게 된다. 꽃은 나비 모양의 붉은색, 흰색 등 여러 가지다. 원산지는 이탈리아의 시칠리아 섬이다. 여기에 대한 기록은 어떤 신부님이 남긴 글에 나와 있는데, 오랜 옛날부터 수도원 뜰에서 재배했던 것을 알 수 있다. 이 예쁜 꽃은 그 뒤 유럽과 미국에서 개량되어 많은 품종이 생겼으며 색깔도 파란색, 빨간색, 노란색, 보라색 등으로 다양해졌다. 재배할 때 주의할 일은 '양지바르고 물이 잘 빠지는 곳을 고를 것' 그리고 '산성이 강한 흙은 미리 석회나 재를 섞어 둘 것' 등이다.

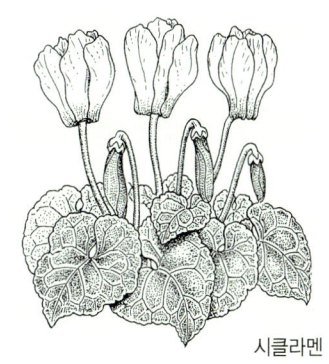

시클라멘

시클라멘　　　　　　자금우과

시클라멘은 알뿌리를 가진 여러해살이 식물이지만 실제로는 알뿌리를 심어서 키우기보다는 꽃이 핀 화분을 사다가 키우는 경우가 많을 것이다. 특히 꽃 피는 시기가 크리스마스에서 이른 봄에 이르는 겨울철이므로 꽃을 보기 힘든 계절, 꽃 선물하기에 좋은 화초이다.

화분의 꽃이 오래 가게 하려면 물을 자주 줘야 한다. 겨울철 실내는 매우 건조하므로 특히 난방이 되는 실내에 두지 말고 서늘하고 볕이 드는 발코니 등이 좋다.

한편, 여름의 더위와 습기에 대해서는 대단히 약하므로 발을 쳐 주는 등 서늘한 곳에서 여름을 날 수 있게 해 준다. 5월에 들어서면 꽃도 거의 끝나고 생기를 잃게 되므로 물을 줄이고 화분을 서늘한 곳에 두어 휴면 상태에 들게 해 주고, 8월 중순경에 분갈이를 한다. 한편 시클라멘은 9월에 씨를 뿌리면 1년 반이 지난 시기부터 꽃이 피는데 싹이 트기까지 상당한 시간이 걸리므로 하룻밤 동안 씨를 물에 담갔다가 뿌린다.

식나무　　　　　　층층나무과

진한 녹색과 반점 잎이 고운 늘푸른나무(2m 가량)로 우리나라 남부와 일본, 대만, 중국, 인도 등 산에 자생하고 있다. 암수딴그루이며, 암나무에는 겨울에 빨간 열매가 열린다. 그늘에서도 잘 자라므로 다른 식물이 자라지 못하는 그늘에 심어 보자. 2월경 빨갛게 익은 열매의 살을 떼 내고 씨를 심으면 봄에 싹이 나온다. 꺾꽂이는 6월 말경에 그해에 돋은 새 가지를 잘라 사용한다. 잎은 겨울에 토끼나 양 등의 먹이가 된다.

아까시나무　　　　　　　콩과

북아메리카 원산으로 우리나라 여러 곳의 산과 들에 야생 상태로 자라는 갈잎큰키나무이다. 우리가 흔히 '아카시아나무'라고 부르는 것이 바로 이 나무다. 6월경에 피는 흰색 꽃에서 나는 달콤한 향기가 멀리까지 퍼진다. 가시가 많은데 턱잎이 변한 것이다. 아카시아는 꿀로도 유명하다. 그대로 두면 높이 20m 가까이 자라는 나무로 성장이 빠르다. 그러나 낮은 나무로 키울 수도 있다. 꽃아까시나무는 1m 정도까지 큰다.

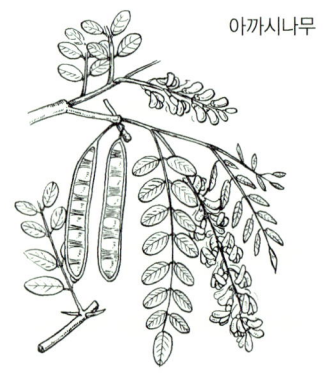

아까시나무

아나나스 종류　　　　　파인애플과

아나나스의 열매가 파인애플이다. 파인애플을 보면 알 수 있듯이 열대 식물 특유의 두툼하고 윤기 나는 잎을 가지고 있으며 원산지는 중·남미 지역이다.

비닐하우스가 아니면 실내에서 키워야 한다. 여름에 잎 사이에 솔방울 모양의 자주색 꽃이 피고 열매는 길게 15cm 가량의 타원형으로 맺어 초겨울에 익는다. 열매에 욕심을 내면 실망하기 쉬우므로 잎을 보는 재미로 키우는 것이 더 좋다.

아마릴리스　　　　　　수선화과

남미 원산의 열대 식물이므로 기온이 높은 곳에서 잘 자란다. 서리가 내리는 곳에서는 땅 위에 나온 부분은 모두 죽고 만다. 그래서 겨울에는 알뿌리를 파내서 5℃ 이상의 상태에서 보관했다가 봄이 되면 다시 심어야 한다.

화분에서도 쉽게 키울 수 있다. 그러나 물 주기와 꽃이 다 피고 난 뒤의 관리를 잘못하면 실패하기 쉽다.

3~4월에 알뿌리를 심는데, 자라기 시작할 때 물을 많이 주면 썩기 쉽다. 잎이 자라서 꽃봉오리가 생겨나기까지는 물을 적게 줘야 한다. 5~6월에

꽃이 다 피고 난 뒤는 물과 비료를 주고 그늘에 두며, 가을이 되어 잎이 시들면 물 주는 양을 줄여서 새해까지 서늘한 장소에 둔다. 화분 윗부분의 흙을 5cm 정도 파내고 퇴비가 충분히 섞인 흙을 덮어 주면 다시 잘 자란다.

애기냉이　　　　　　　　　십자화과

낮게 퍼지면서 자라므로 화단 가장자리를 꾸밀 때 심으면 좋다. 꽃은 3월에서 6월경까지 계속 피며, 여름 더위가 견딜 만한 지방이면 선선한 가을까지 꽃이 간다.

원래 유럽 지중해 연안 지방이 원산인 여러해살이 식물인데 여름 더운 지방에서는 시들어 죽으므로 가을에 씨를 뿌리는 한해살이 식물로 기른다. 산성 토지에서는 자라지 않으므로 씨를 뿌리기 전에 미리 석회나 재를 조금 뿌리고 땅을 갈아 두는 것이 좋다. 씨 뿌리는 시기는 9월 말로, 추운 지방이면 씨를 봄에 뿌려도 되는데 꽃은 여름에서 가을까지 계속 핀다.

앵초　　　　　　　　　　자금우과

앵초는 산지에 자생하는데 흰색, 자주색, 분홍색 꽃 등이 있다. 여러해살이 식물이다. 물이 흐르는 데나 습지에서 잘 자리고 5월경에 기련한 꽃이 핀다.

물을 좋아하는 식물이므로 화단에서 키울 때는 옆에 연못이 있으면 더 좋다. 꽃이 피기까지는 충분히 볕이 들고, 여름 동안은 나무 그늘이 져서 볕이 가려지고 지면의 온도도 낮은 곳에서 잘 자란다.

추위에는 강하지만 건조한 여름을 제일 싫어한다. 앵초와 같은 종류로 겹잎인 것도 있다. 앵초 종류는 들에 자생하는 것도 있지만 점점 찾아보기 어려워지고 있으므로 키우려면 화원에서 사오도록 하자.

처음에 씨를 사서 심으면 그 뒤로는 자연히 번식한다. 또 꽃이 핀 뒤에 씨를 따서 이것을 축축한 땅에 뿌려 두면 봄에 싹이 나온다. 그리고 본잎이 여러 장이 된 다음 심고 싶은 자리에 옮긴다. 여름에 건조하지 않은 장소에서 한 해를 넘기면 다음 해에는 꽃이 핀다.

앵초

엉겅퀴 종류
국화과

우리나라 어느 산에서나 예쁜 야생 엉겅퀴를 볼 수 있다. 여러해살이 식물이며 5월경부터 자주색 꽃이 피고 많은 나비가 꿀을 찾아 날아든다. 꽃 피는 기간이 길고, 씨가 차례로 맺히므로 씨를 거둬서 뜰에 뿌려 두면 된다.
한 포기만 자라도 민들레 씨 같은 털 달린 씨가 바람을 타고 퍼지므로 자연히 꽃이 불어난다.
엉겅퀴 종류 가운데 꽃이 예쁜 종류를 골라 원예용 엉겅퀴(독일엉겅퀴)로 키운 종류가 있다. 이것은 3~4월에 씨를 뿌리면 6~10월경에 꽃이 핀다.
엉겅퀴 종류는 모두 튼튼해서 아무렇게나 둬도 잘 자란다. 다만 만지게 될 때는 잎 가장자리에 돋은 가시에 찔리지 않게 조심하자. 엉겅퀴 종류 중에 식용으로 재배한 것이 아티초크인데 키가 1.5m 정도로 자란다.

엉겅퀴

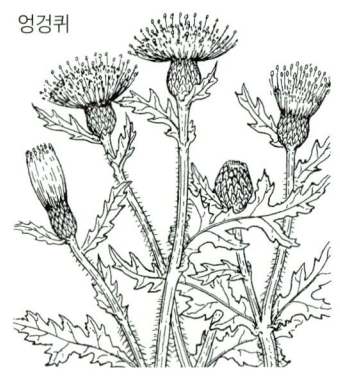

추위에 강하고 꽃이 피기 전의 꽃봉오리 밑부분을 데쳐서 먹기도 하는데 프랑스에서는 오트볼 요리 등에 쓰인다. 씨나 모종은 허브를 취급하는 화원에서 판다. 2~4월에 씨를 뿌리면 6월경부터 꽃이 핀다.

오레가노
꿀풀과

피자나 스파게티 소스 등 이탈리아 요리에서 빠뜨릴 수 없는 허브의 하나. 양고기·소고기의 스튜 등에 써도 그 향이 맛을 돋운다.
오레가노는 잎을 찢어 사용하거나 줄기째 말려 두었다가 사용한다. 씨가 아주 작으므로 한데 몰리지 않게 주의해서 뿌린다.
봄에 씨를 뿌리면 여러해살이 식물이므로 해마다 자란다. 지중해 연안, 소아시아, 히말라야 등지가 원산이므로 고온다습에 약하다. 그래서 여름에도 서늘한 장소이면 잘 자란다.
여름이 되면 연분홍색의 작은 꽃이 피고 나비들이 어김없이 찾아든다. 버터플라이 가든(나비가 가득한 꽃밭)을 원한다면 오레가노를 빼놓을 수 없다.

옥잠화 종류
백합과

그늘진 곳에서도 잘 자라며 잎과 꽃이 아름답다. 진한 녹색의 반지르르

한 옥잠화 잎이 그늘진 곳을 보면 그 일대가 밝고 시원한 느낌을 준다.

자주색 혹은 흰색 꽃이 7~9월에 핀다. 특히 옥잠화는 우리나라 산과 들에서 흔히 볼 수 있는데 재배는 아주 간단하다.

봄이나 가을에 포기나누기를 하면 된다. 새로 심은 뒤는 몇 해는 그대로 손대지 않고 놔둬야 잘 자라고 꽃도 잘 핀다.

용담
용담과

우리나라 여러 곳에서 나는 여러해살이 식물이다. 여름이 서늘한 곳에서 자라고 조금 축축한 곳에 알맞다. 여름까지는 다른 식물의 그늘에서 성장하고 늦여름부터 가을에 걸쳐서 예쁜 보라색 꽃이 핀다.

정원에서 키울 때는 이러한 자연 상태에 맞추어 재배한다. 즉 해가 들어서 건조한 곳은 피해야 한다. 오히려 잡초가 우거지게 그대로 두어야 해마다 꽃을 볼 수 있다. 햇빛이 잘 비치는 것을 좋아하는 식물이 많은데 그렇지 않은 식물도 많다. 꽃이 피어 있는 동안은 해가 잘 들어도 상관없지만 그 밖에는 물을 충분히 주고 풀 같은 것으로 덮어서 마르지 않도록 하고 통풍이 잘되는 서늘한 곳에서 키우는 것이 중요하다.

유채 종류
십자화과

중국이 원산이며 우리나라와 일본 홋카이도 등지에 분포되어 있다. 씨앗에 40% 이상의 기름이 들어 있다. 유채의 씨는 가을에 뿌리면 눈이 나오고 어린 잎 상태에서 로제트 모양(방석 모양)으로 겨울을 넘겨서 봄이 되면 노란색 꽃이 핀다.

유채 밭의 봄 풍경은 오래 기억에 남는 한 폭의 그림인데 요즘에는 보기 드물어졌다.

재배하는 방법은 매우 간단하다. 가을에 씨를 뿌리기만 하면 특별히 손가는 일이 없고 봄에 자라나는 어린 잎은 먹을 수 있다. 화분이나 플랜터에 재배해도 된다. 한 포기만 있어도 반드시 배추흰나비가 찾아와서 한결 즐겁게 해 준다. 길가에 홀로 피어 있는 경우도 가끔 있다.

용담

유홍초 — 메꽃과

원산지인 열대 아메리카와 인도에서는 여러해살이 식물이지만 온대 지방에서는 봄에 씨를 뿌리는 한해살이 식물로 키운다.

잎에 가늘게 줄이 진 유홍초와 잎이 둥근 둥근잎유홍초가 있다. 5월에 씨를 뿌리고 해가 잘 들고 물이 잘 빠지는 곳에서 키우면 여름에 작고 붉은 꽃이 핀다. 덩굴이 뻗으므로 창가에서 키우면 제격이다.

은방울꽃 — 백합과

소담스런 녹색 잎 사이에 예쁘고 흰색 꽃이 이름 그대로 은방울처럼 피어 있는 것을 보면 자기도 모르게 꽃 가까이에 손이 간다.

유럽이 원산이며 원래 숲이나 산림의 나무 사이에서 자생하던 것이므로 나무 그늘 사이로 비치는 햇볕을 좋아한다. 직사광선은 그다지 좋아하지 않으며 물이 잘 빠지고 약간 흙이 두둑하게 쌓인 곳, 돌이 가까이 있는 곳 등에서 잘 자란다.

화원에서 파는 은방울꽃은 보통 '독일은방울꽃'이라고 해서 꽃의 크기가 크다.

땅속줄기를 가을에 포기나누기 방법으로 나눠서 늘린다. 꽃이 핀 뒤에 빨간색 열매가 익는다.

은방울수선화 — 수선화과

수선화와 마찬가지로 수선화과의 알뿌리 식물이며 9~10월에 심으면 4월 말에서 5월에 걸쳐 물방울 같은 예쁜 꽃이 핀다. 눈같이 흰 여섯 장의 꽃잎 끝에 녹색 반점이 있어 정말 예쁘다.

유럽이 원산이며 재배는 수선화의 재배와 같은데 10월 말까지는 알뿌리를 심어야 한다. 퇴비를 많이 섞은 흙에 심으면 3년 동안은 그대로 둬도 된다. 꽃이 다 피고 잎이 시든 뒤에 알뿌리를 파내서 나눠 심는다.

은방울수선화

인동덩굴 — 인동과

중국과 일본, 한국 등이 원산인 갈잎덩굴나무이며 초여름에 꽃이 핀다. 처음에는 흰색 꽃이었던 것이 노란색 꽃으로 변한다. 원래는 갈잎떨기나무지만 가을 또는 겨울까지 잎이 붙어 있어 인동, 즉 겨울을 이겨낸다는 뜻에서 '인동덩굴'이란 이름으로 불린다. 뜰의 울타리나 아치 등에 오르게 하면 여름철에 보기가 좋다. 원래 튼튼한 식물이므로 손이 별로 가지 않는데 양지바른 곳이면 잘 자란다.

인동덩굴과 같은 종류로 우리나라 여러 깊은 산 중턱 이상이나 습한 곳에 나는 갈잎떨기나무의 홍괴불나무가 있다. 인동덩굴의 꽃이 하얗다가 노랗게 되는 데 비해서 홍괴불나무는 처음부터 빨간색이 꽃이 핀다.

나무를 늘리려면 5~6월에 꽃이 붙어 있지 않은 덩굴 끝을 10cm 정도 길이로 마디 아래에서 잘라서 물을 담은 컵에 꽂아 둔다. 뿌리가 나온 뒤에 옮겨 심자.

열매

인동덩굴

일일초 협죽도과

원산지인 인도나 마다가스카르 섬에서는 마치 나무처럼 크게 자라는 여러해살이 식물인데 우리나라에서는 봄에 씨를 뿌리는 한해살이 식물로 기른다.

광택이 나는 잎, 희거나 진한 분홍색 꽃이 여름이면 매일 새로 피므로 일일초라는 이름이 붙었다. 6~10월에 꽃이 피는데 화분 재배도 할 수 있는 식물이다.

4~5월에 씨 뿌릴 자리를 정하고 직접 뿌린다. 꽃이 피고 난 뒤에 생긴 씨는 그대로 두면 익어서 멀리 날아가므로 그 전에 모아 둔다.

자귀나무 콩과

여름에 술처럼 생긴 분홍색 자귀나무 꽃에 모인 분홍색 자귀나무 꽃에 나비들이 모여 있는 광경은 아주 인상적이다. 자세히 보면 사실은 꽃이 분홍색이 아니라 길게 술같이 생긴 것은 수술인데, 그 윗부분은 붉은색이고 밑부분이 흰색이어서 그렇게 보인다. 이들이 마치 비단처럼 보인다고 해서 영어로 이 꽃을 '실크트리(비단나무라는 뜻)'라고 한다.

갈잎큰키나무이며 볕이 잘 드는 곳을 좋아하므로 그늘을 피해야 한다. 자귀나무 부근에 떨어진 씨가 자라 어린 나무가 된 것이 있으면 그것을 파와서 키워 보자.

작살나무
마편초과

우리나라 산지에서 흔히 볼 수 있는 갈잎떨기나무이다. 꽃은 작아서 별로 눈에 띄지 않는데 가을이 되면 보랏빛으로 물든 작은 열매가 무척 아름답다.

습기가 많은 응달에서 잘 자란다. 연한 자주색 열매가 많고 보랏빛 열매는 드물다. 추위에 매우 강하다. 잎이 떨어지고 난 후에 새로 뻗은 가지를 20cm 정도로 잘라서 꺾꽂이하거나 씨앗으로 번식시킨다.

같은 종류로 좀작살나무, 왕작살나무가 있다. 다닥다닥 붙어 있는 열매가 참 예쁘다.

작약
미나리아재비과

작약은 원래 우리나라를 비롯하여 중국 시베리아 등지에 분포하고 있던 꽃이다. 처음에는 약초로서 주로 재배되다가 그 후 일본과 유럽으로 건너가 개량되었는데 원종에 비하면 놀랄 만큼 아름다워진 꽃이다.

일반적으로 따뜻한 곳보다 서늘한 곳을 좋아하며 비료를 좋아하므로 가급적 유기질 비료(두엄, 닭똥, 깻묵 등)를 많이 준다.

번식은 포기나누기해야 하며 씨를 뿌려도 되지만 복잡하다. 10월 초면 새 뿌리가 움직이기 시작하므로 늦어도 9월 말까지는 포기나누기해야 한다. 뿌리를 다치지 않게 주의해서 뿌리에 있는 눈을 잘 보고 3~4개씩 가지도록 나눠준다. 포기를 나눔과 동시에 심어야 하는데 6~10cm 깊이로 흙을 덮어 준다.

덧거름은 가을부터 눈이 움직이기 시작할 때까지 여러 번 줘야 한다. 새로운 뿌리는 눈의 바로 아래부터 나오므로 덧거름을 줄 때는 포기 위에서부터 끼얹도록 한다.

장미
장미과

장미꽃은 여러 가지 야생 장미를 수없이 교배한 결과 만들어진 꽃이다. 중국을 비롯해서 서남아시아 및 북아프리카에서는 기원전 3,000년경부터 재배되었다고 하므로 아마 장미는 꽃 중에서 가장 오래된 역사를 가진 꽃일 것이다. 세련된 꽃 모양과 화려한 색채, 그리고 감미로운 향기 덕분에 시와 노래에서 아름다움을 대표하는 꽃으로 사랑을 독차지해 왔다.

보통 사람들은 장미 키우기가 어렵다고 생각한다. 비료를 때맞춰서 많이 줘야 하고, 가지치기를 제대로 해야 한다는 점, 그리고 병에 걸리기 쉬운 특성 때문에 그렇다.

그러나 모든 장미가 그런 것은 아니다. 예를 들어, 공원 등에 심어진 넝

쿨 장미 종류는 튼튼하고 비교적 기르기가 쉽다. 일반적으로 장미가 좋아하는 환경은 양지바르고 물이 잘 빠지는 기름진 땅이다.

장미를 옮겨 심는 시기는 가을과 봄, 2번인데 추운 지방에서는 이른 봄, 될 수 있으면 3월 말 이전에 옮겨 심도록 해야 한다. 장미는 접붙이기로 늘리므로 심을 때에는 접을 붙인 부분이 약간 땅속에 묻히도록 심어야 하며, 흙을 누르지 말고 물을 충분히 부어 흙이 숨 죽게 해야 한다. 나무를 심은 후에는 심하게 가물 때 외에는 물을 줄 필요가 없고 다만 흙이 마르지 않도록 나무 주위에 왕겨 또는 짚을 두둑하게 깔아 준다.

접붙이기가 잘 이루어져서 눈이 10cm 정도로 자라면 묽은 액체 거름을 덧거름으로 주고 그 후 한 달 반 정도 지나, 다시 한 번 액체 거름을 주면 그 해는 거름을 더 주지 않아도 된다.

다음 해부터는 2월 말이나 3월 초에 뼛가루, 깻묵, 닭똥 등을 혼합한 비료를 흙과 잘 섞어 주고 그 후 장마 전과 후 그리고 9월에 묽은 액체 거름을 한 번씩 준다. 심은 해에는 나무를 크게 키워야 하므로 꽃눈이 생기면 모두 따 버리고 다음 해 봄에 굵은 가지 3~4개만 남기고 이것도 땅 표면에서 20cm 정도 높이로 잘라 준다. 3년째 되는 해부터는 봄에 다음 요령으로 가지치기하면 된다. ① 말라 죽은 가지, ② 가늘고 짧은 가지, ③ 서로 얽힌 가지, ④ 평행하게 자란 가지 중 한쪽, ⑤ 굵고 긴 가지를 전체가 접시 모양이 되도록 3~4개만 남기기, ⑥ 굵은 가지는 전체 길이의 절반만 남기고 윗부분은 잘라 버린다.

장미는 추위에 강하지 못하다. 그러므로 추운 지방에서는 나무 높이의 40cm 정도까지 흙으로 덮어 주는데, 나무를 크게 키우고 싶을 때는 가지 끝까지 짚으로 싸 주고 밑부분에는 흙을 덮어 준다.

제라늄   쥐손이풀과

창가에 놓는 화분용 꽃으로 어울리는 제라늄은 남아프리카의 건조한 지역이 원산이므로 수분이 쉽게 날아가는 화분에서도 잘 자란다. 여름은 서늘

덩굴장미

하고 겨울은 따뜻한 기후를 좋아해서 이런 성질에 꼭 맞는 장소가 곧 창가일 것이다. 한편 따뜻한 지역이면 뜰에 직접 심어도 겨울을 날 수 있다. 보통 봄과 가을에 꽃이 피는데, 따뜻한 지방이나 온실에서는 계절에 관계없이 꽃을 볼 수 있다.

봄이나 가을에 그해에 새로 자란 줄기 끝 부분을 잘라서 흙에 꽂아 둔다. 물이 새지 않도록 밑에 구멍을 낸 그릇에 모래를 담고 물을 많이 준 뒤에 자른 가지를 꽂아 두면 일주일 정도 지나서 뿌리가 내린다. 그 다음은 준비된 화분에 정식으로 옮겨 심는다.

봄에서 여름 사이는 밖에서 기르고 가을에 실내로 옮겨 눈이 나오게 하면 다음 해가 기다려진다. 씨는 역시 봄이나 가을에 뿌려서 키운다.

고온다습과 추위를 싫어하는 것이 꼭 우리 사람을 닮았다 할까! 비료는 2주일에 1번씩 깻묵 물거름을 주면 되고, 충분히 햇볕을 보게 하며 물을 지나치게 많이 주지 않는 것이 좋다.

겨울에도 8~10℃ 정도로만 보온해 주면 계속해서 꽃이 나온다. 화단에 심을 때는 6월경에 화분에서 뽑아 30cm 간격으로 심어 준다. 가끔 연한 물거름을 주고 말라 죽은 잎과 꽃대를 따 주기만 하면 서리 내릴 때까지 꽃을 볼 수 있다.

종려나무   야자과

야자는 열대 식물이므로 뜰에 이런 나무가 있으면 마치 남국 같은 분위기가 난다.

늘푸른큰키나무이며 3~5m 높이로 자란다. 줄기 주위에 오래된 잎의 섬유질이 남은 것으로 종려털이 덮고 있는데, 이 털은 노끈, 빗자루, 매트 등을 만드는 데 사용된다.

새들은 이 종려털로 새 둥지를 틀기도 한다. 또 잎은 말린 뒤에 두들겨서 부드럽게 만들어 모자를 만든다. 어떻게 만들었는지 한번 관찰해 보자. 종려가 뜰에 있으면 여러 가지 즐거운 작업을 할 수 있다.

종려는 암나무와 수나무가 있는데 5월이 되면 연한 노란색 꽃이삭이 나와 작은 꽃이 핀다. 열매는 둥근 것이 까맣게 익는다.

늘릴 때는 이 열매가 충분히 익은 다음에 따서 살 부분을 떼 내고 미리 심어 둔다. 그러면 다음 해 4~5월경에 싹이 튼다.

죽절초   홀아비꽃대과

빨간 열매가 예뻐서 백량금과 함께 뜰에 심는 사람이 많다. 이 두 나무는 모두 우리나라 남부 지방에 자생하는 늘푸른떨기나무이며 그늘에서도 잘 자란다.

5~6월에 꺾꽂이로 늘리면 되는데 씨를 뿌려서 키워 보는 것도 재미있다. 씨가 익으면 눅눅한 모래 속에 넣어 두었다가 봄에 껍질 부분을 떼 내고 씨만 심는다.

죽절초

진달래   진달래과

우리나라 전국에 걸쳐서 산지의 양지에 있는 꽃이다. 갈잎떨기나무이며 진달래과에는 산진달래, 털진달래, 철쭉, 산철쭉, 흰진달래 등 종류가 많다. 꽃 색깔도 흰색, 분홍색, 노란색 등 다양하다. 진달래는 개나리와 함께 봄을 알리는 전령사로 모든 이들에게 사랑받는 꽃이다.

오월철쭉으로 불리는 영산홍은 관상용으로 흔히 심어 가꾸는 진달래 중 하나다. 꽃이 피는 시기는 종류에 따라 차이가 있으나 5월에서 7월에 걸쳐 핀다. 꽃이 핀 다음에 곧 새싹이 나오는 것이 이 식물의 특징이다.

화초로 진달래를 가꿀 경우 꽃이 피고 난 다음에 그대로 두었다가 가을과 겨울에 가지를 치면 꽃눈을 잘라 버려 다음 해에 꽃을 볼 수 없게 될 염려가 있다. 그러므로 가지치기는 꽃이 지고 난 직후에 하는 것이 가장 좋다. 지나치게 뻗어 나는 가지를 잘라 주어 나무 모양을 다듬으면 자른 자리 곁에서 새 가지가 나오며, 그 끝에 꽃눈이 생긴다.

화분에 심어도 되는 종류에는 철쭉과 영산홍이 있다. 뿌리가 화분 구멍으로 나오면 3~4월에 화분을 갈아 준다. 4~6월이 되면 꺾꽂이로 나무를 늘릴 수 있다.

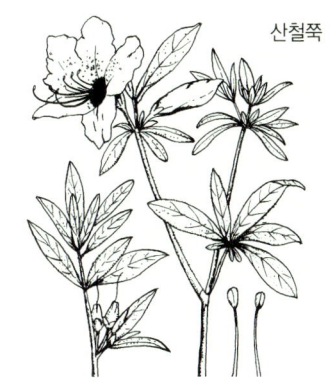

산철쭉

차나무   차나무과

늘푸른떨기나무인데 따뜻한 곳을 좋아한다. 동백나무와 비슷한 종류로

10월에서 11월경에 흰 꽃송이가 아래를 바라보며 예쁘게 핀다. 차나무가 뜰에 있으면 꽃도 즐기고 새 눈을 따서 차를 만들 수 있다. 딴 잎을 프라이팬에 넣고 약한 불에 오래 볶는다. 색이 변하고 꼬들꼬들해지면 다 된 것이다.

차나무는 세계 각지, 특히 동남아시아에 약 10종이 있으며 우리나라 남부 지방을 중심으로 분포되어 있다. 차나무로 산울타리를 만들어 보는 것도 좋다.

꺾꽂이로 늘릴 수 있고 씨를 뿌려도 된다. 열매를 따서 씨를 꺼낸 뒤 흙 속에 묻는다. 나무를 옮겨 심을 때는 뿌리가 상하지 않게 조심한다.

참제비고깔 미나리아재비과

제비가 날아가는 모습을 닮은 꽃이 핀다고 해서 이런 이름이 붙었다. 유럽 남부가 원산이고 가을에 씨를 뿌리는 한해살이 식물이다. 10월 즈음에 씨를 뿌리는 것이 좋다. 싹이 튼 다음에 겨울을 나는데 아주 추운 지방에서는 서리 대책을 세워 줘야 한다. 봄부터는 쑥쑥 자라 5월이면 분홍색, 흰색, 푸른색 꽃이 곱게 핀다. 줄기가 곧게 80cm 가까이 자라므로 쓰러지지 않도록 버팀목을 세워 주자.

천일홍 비름과

백일홍은 백일이나 꽃이 핀다고 해서 이름이 붙었고, 천일홍은 천일 동안이나 꽃이 피어서 이런 이름을 갖게 되었는데, 꽃이 오래 핀다는 점은 같지만 둘이 같은 종류의 꽃은 아니다. 즉, 천일홍은 비름과 꽃이고 백일홍은 국화과 꽃이다. 7~8월에 연분홍색과 붉은 자주색의 작고 동그스름한 꽃이 피는데, 그 상태로 그 이상 꽃잎이 벌어지지 않는다.

열대 원산이며 봄에 심는 한해살이 식물로 4~5월경에 씨를 뿌린다. 민들레처럼 씨에는 솜털이 달려 있으므로 뿌릴 때는 약간의 흙과 모래에 섞어 뿌리면 된다. 이 꽃은 말려도 예쁜데, 말릴 때는 꽃이 달린 줄기를 잘라, 거꾸로 매달아서 말린다. 꽃색이 바래기 전에 잘라 두면 그대로 보존된다.

천일홍

치자나무
꼭두서니과

꽃도 예쁘지만 향이 좋은 늘푸른떨기나무이다. 경기도 이남 지방에서 흔히 볼 수 있다. 6~7월에 피는 흰색 꽃은 달빛을 닮아 아름답고, 향기는 밤에 더 진하다. 꽃이 핀 뒤 길쭉한 타원형 열매가 맺고 가을이 되면 빨갛게 익는다. 꽃치자는 치자나무보다 꽃이 더 예쁘고 화분에서 키우기 좋다. 양지바르지 않는 곳에서 오히려 잘 자라며 습기 많은 것을 좋아한다. 추운 지방에서는 겨울나기가 어려우므로 화분에 옮겨서 실내에서 키우자. 열매는 '치자'라 부르며 식용 색소로도 쓰인다. 늘릴 때는 씨를 뿌려도 좋고 꺾꽂이하거나 휘묻이한다.

카모마일
국화과

카모마일의 향은 취할 듯이 강하다. 둘레가 희고 속은 누르스름한 꽃이 피며 이것을 따서 차를 만들어 마시기도 하는데 옛날 유럽에서는 감기나 불면증에 다려 마시기도 했다.

지중해 연안, 네덜란드가 원산이며 볕이 잘 드는 곳을 좋아한다. 자랐을 때 서로 몰리지 않도록 뿌려야 한다. 봄과 가을에 모두 씨 뿌리기가 가능한데 가을에 뿌려 묘목으로 겨울을 나고 다음 해에 자라게 하면 더 잘 자란다.

칸나
홍초과

칸나는 말레이·인도차이나 원산인 정열적인 꽃이다. 요즘처럼 외래종 화초가 흔치 않던 50년 전에도 우리네 마당을 장식했던 꽃이다. 열대 지방에서는 1년 내내 피지만 우리나라에서는 6~10월에 꽃이 핀다. 4월에 퇴비를 충분히 섞은 흙에 알뿌리를 심는다. 그리고 그대로 두면 타는 듯한 아름다운 꽃이 여름내 우리 눈을 즐겁게 해 준다. 서리 내릴 시기가 되면 땅 윗부분의 잎이 시들게 되므로 알뿌리를 파낸다.

달리아보다 추위에 약하다. 그래서 반드시 5℃ 이상 상태로 왕겨 등을 넣은 상자에 묻어 저장한다. 초여름에 화분에 심은 것을 사왔을 때는 꽃을 감상한 뒤 그대로 퇴비를 많이 섞은 뜰이 흙에 옮겨 심는다. 뜰이 없을 때는 큼직한 화분을 이용해도 된다.

카모마일

컴프리 지치과

매우 튼튼하고 빨리 자라는 식물이므로 거친 땅을 일궈 정원을 만들 때 심으면 좋다. 유럽에서 서 시베리아에 걸친 지역이 원산인데 옛부터 약용, 관상용으로 재배됐으며 뒤에 사료로서 영국에서 개량됐다. 비타민과 미네랄이 풍부하다는 것이 알려진 뒤부터는 채소로도 보급되고 있다. 씨가 생기지 않으므로 뿌리를 나눠서 늘려야 하는데, 큰 뿌리는 여러 개를 잘라 심기만 하면 된다. 5~7월에 목을 늘어뜨린 듯 피는 분홍색 꽃은 아주 귀엽다. 작은 잎은 데쳐서 나물로 무쳐 먹고, 염료로도 쓰인다.

컴프리가 뜰에 자라고 있으면 퇴비를 만드는 데 좋다. 뿌리가 땅속 깊이 뻗으므로 땅속의 영양분을 빨아 올려 잎에 미네랄이 가득한데, 그 잎을 뜯어서 퇴비를 만들면 된다. 잎을 모을 때는 반드시 장갑을 끼도록! 전체에 거친 털이 있어 맨손으로 하면 아프다. 번식력이 매우 강한 식물이다.

코스모스 국화과

연분홍색과 흰색 코스모스 꽃이 가을 바람에 흔들리는 모습은 왠지 모르게 애수를 자아낸다. 멕시코 고산 지역이 원산인 한해살이 식물로 9월에서 10월에 걸쳐 2m 이상 자란다.

봄에 씨를 뿌리면 날씨가 따뜻해지면서 쑥쑥 자라 해가 짧아질 무렵 꽃눈이 나오고 꽃이 핀다. 그러나 그 사이에 태풍 같은 강한 바람으로 쓰러지는 경우도 있다. 막대기를 받쳐 주면 되지만 그대로 둬도 쓰러진 곳에서 다시 줄기가 고개를 쳐들고 자란다. 키가 너무 크는 것을 막으려면 7월경에 씨를 뿌리거나, 자라는 도중에 잘라서 밑가지가 퍼지게 하면 된다. 코스모스 하면 가을에만 피는 꽃으로 알고 있지만, 요즘은 초여름부터 피는 코스모스도 있다. 봄에 씨를 뿌리면 두 달 정도 지나 꽃이 핀다.

크로커스 붓꽃과

이른 봄에 큼직하게 핀 자주색, 흰색, 연붉은색, 노란색 등 꽃이 핀 모습을 보고 있노라면 '이젠 정말 봄이 되었구나' 하는 느낌이 드는 꽃이다. 지중해 연안이 원산이며 알뿌리는 가을에 심는데, 10월경에 심어 둔다. 퇴비를 충분히 준 흙이면 문제없이 잘 자란다. 겨울 추위도 잘 견뎌서 햇볕이 드는 곳이면 꽤 일찍 피기도 한다. 꽃이 지고 난 뒤 잎이 시들면 파내서 그물 주머니에 넣고 그늘에 걸어 두자. 크로커스 종류 중에 가을에 피는 것에는 사프란이 있다.

옛날부터 사프란의 암술머리는 그늘

에 말려서 위장을 튼튼하게 하는 건위제, 진정제 또는 착색료로 쓰였다.

알뿌리

크로커스

타임
꿀풀과

타임은 화분이 하나만 있어도 서양 요리를 만들 때 유용하게 사용할 수 있는 허브 식물이다. 뜰에 심으면 향기가 뜰 가득히 고인다. 모종을 사다가 심는 것이 제일 간단하지만 씨를 심어 보자. 생각보다 그리 어렵지 않다. 볕이 제대로 들고 물이 잘 빠지는 장소에 씨를 뿌려 보자. 부엽토와 퇴비 섞는 것을 잊지 않는다.

지중해 연안이 원산이며 늘푸른떨기나무인 타임은 따뜻한 지방에서는 겨울을 밖에서 날 수도 있는데 추운 곳이면 봄이 되어야 다시 활동을 시작한다. 타임 가운데는 레몬 향기가 나는 것 등 여러 가지 종류가 있다. 꺾꽂이로 간단하게 늘릴 수 있다.

토끼풀
콩과

유럽이 원산으로 양지바른 땅, 공원, 들, 정원 등에 심는데 우리나라 어디서나 볼 수 있다. 원래 목초에서 빨리 자라지만 아무렇게나 둬도 혼자서 잘 자란다. 줄기가 땅 위를 기며 뻗어 나가는데, 토끼풀의 뿌리혹박테리아가 식물에 필요한 흙 속의 질소를 고정시켜 주므로 다른 식물에게도 고마운 존재다. 그러나 잔디밭에 토끼풀이 있으면 잔디를 못 자라게 하므로 주의해야 한다. 씨를 사다가 심을 수도 있지만 봄이나 가을에 산과 들에 핀 것을 옮겨 심으면 잘 자란다.

톱풀
국화과

잎의 모양이 톱 같다고 해서 붙은 이름이다. 같은 종류에 서양톱풀, 큰톱풀 등이 있다. 작은 꽃 여럿이 한데 뭉쳐서 하나의 큰 꽃을 이루고 있다.

톱풀

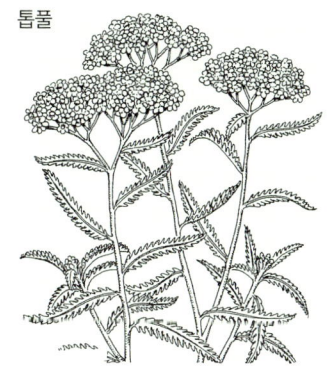

최근에 '야로우'라고 불리는 허브가 바로 서양톱풀이다.

희랍의 영웅 아킬레우스가 이 풀로 병사들의 상처를 고쳐 주었다는 전설이 있어 톱풀의 학명은 '아킬레아'라는 속명을 갖게 되었다. 봄과 가을에 씨뿌리기, 포기나누기로 쉽게 번식시킬 수 있다. 토질을 가리지 않고 잘 자라며 너무 잘 자라서 골치 아플 정도로 번식력이 왕성하다.

튤립 백합과

찻잔처럼 생긴 튤립을 가만히 들여다 보고 있노라면 따뜻한 봄빛을 담뿍 담고 아름다움을 뽐내다가 저녁 해질 무렵이 되면 슬며시 눈을 감고 고향을 그리며 긴 밤을 쓸쓸히 지새는 여행자 같다.

튤립은 터키 원산으로 재배하는 여러해살이 식물이다. 꽃은 4~5월에 피는데 품종이 4,000종 이상이 된다. 습기가 많고 물이 잘 빠지는 모래질 양토를 좋아한다.

화분에 심을 때는 밑에 왕모래를 깔고 밭 흙에 깻묵 썩힌 것, 과석, 재 등을 섞어 혼합 배양토를 만든다. 심을 때는 알뿌리 머리 부분이 약간 보이도록 얕게 심는다. 지름 12cm 화분에 1개, 15cm 화분이면 3개 정도를 심을 수 있다.

기온이 낮으며 어두운 곳에 두고 겨울에도 때때로 물을 주는 것이 좋다. 약 50일 후에 굵은 눈이 5~6cm 정도 자라므로 그때 온실에 옮겨 주면 머지 않아 꽃이 핀다.

그리고 꽃이 시든 뒤에도 시든 줄기와 잎은 버리지 말고 화분에 그대로 놔두는 것이 좋다. 잎이 시들면서부터 땅속의 알뿌리가 영글어 가는데 시든 잎과 줄기가 양분이 되어 주기 때문이다.

팔손이 두릅나무과

주로 남쪽 따뜻한 지방의 응달에서 많이 볼 수 있는 늘푸른떨기나무로 겨울에 흰색 꽃이 핀다. '팔손이'라는 이름과 달리 잎을 따서 세어 보면 일곱이나 아홉 갈래로 갈라져 있는 것이 많다.

씨앗을 뿌리거나 꺾꽂이를 해서 번식시키는데, 봄에 40~50cm 정도로 가지를 자르고 밑에 붙은 잎을 떼고 흙에 꽂아 두면 뿌리가 내린다.

패랭이꽃 종류 석죽과

우리나라와 일본 여러 곳의 산에 자생하는 술패랭이꽃은 매년 여름을 기다리게 하는 예쁜 꽃이다. 패랭이꽃 종류는 원산지가 중국과 동북아시아 그리고 유럽에 걸쳐 있다. 여러해살이 식물로 원예종이 많다.
수염패랭이꽃 그리고 카네이션 등이 있다. 패랭이꽃의 잎은 전체가 흰색 가루가 낀 것처럼 보인다.
카네이션은 밖에서 키우는 종류와 온실에서 키우는 종류 2가지가 있다. 꽃은 온실에서 자란 것이 크지만 뜰에서 자란 것은 꽃이 약간 작은 대신 건강하고 향기도 더 좋다. 가을에 씨를 뿌려서 한해살이 식물로 기른다. 품종 개량이란 대체로 꽃을 더 크고 예쁘게 만드는 것이 목적이지만, 원종인 패랭이꽃을 보면 개량종에 못지않게 아름답다.
패랭이꽃 종류에 가까운 석죽과에 속하는 끈끈이대나물, 동자꽃 등이 있다. 털동자꽃, 가는동자꽃, 제비동자꽃 등 동자꽃 종류는 전체가 은색 같은 인상을 주는 것이 특징이다. 건드려 보면 아주 부드럽고 기분이 좋다. 융단을 만지는 것 같다. 50~60cm 크기로 자라고 5월 말부터 빨간색, 자주색 등의 꽃이 핀다.

팬지
제비꽃과

팬지는 따뜻한 고장이면 겨울에도 꽃이 피며 추운 지방이면 봄에서 여름, 그리고 가을까지 꽃이 핀다.
추위에 강한 한해산이 식물이므로 추운 지방에서 처음부터 밖에 심은 것이면 그대로 겨울을 날 수 있다. 낙엽을 그대로 놔두면 영하 9℃까지는 견딜 수 있다고 한다. 겨울은 따뜻하게 여름은 서늘하게 해 주는 것이 팬지를 키우는 요령이다.
북유럽이 원산인 식물이므로 여름의 더위와 건조에 약한 편이다. 씨는 가을에 뿌리는데 겨울에 꽃을 보려면 8월에 씨를 뿌린다. 그때 문제가 되는 것은 흙의 온도가 너무 높다는 것이다. 토양 온도 10~15℃가 싹이 트기에 가장 적당한 온도이므로, 씨를 뿌린 화분이나 플랜터를 서늘한 그늘에 놔둔다. 집 주위를 잘 살펴서 제일 시원한 곳을 찾으면 된다.
추운 지방이면 여름에도 그늘은 시원하므로 별문제가 없다. 싹이 나올 때까지는 흙이 마르지 않게 신경 써야 한다.
팬지보다 꽃 크기가 작은 것이 제비꽃이다. 팬지보다도 한층 추위에 강

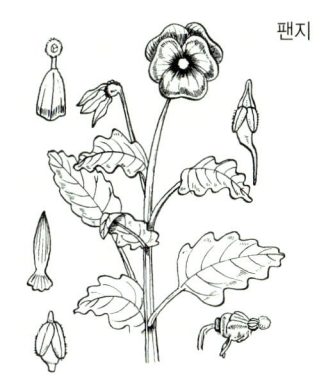

팬지

하게 개량된 품종이다. 팬지의 품종 개량에 제일 앞장선 나라는 영국이다. 그리고 자주색과 노란색 그리고 흰색의 3가지 색채를 가진 꽃잎의 모양을 본따 팬지(pansy:여자같이 간들거리는, 세련된)라는 이름으로 불리게 되었다. 또 어떻게 보면 명상에 잠긴 아름다운 여인의 얼굴과 같이 보이기도 한다. 팬지의 나라 영국에서는 옛날부터 '연인의 꽃' 또는 '키스 미'라는 이름으로 불리기도 했다.

페튜니아　　　　　　　　　가지과

페튜니아는 원산지 브라질과 아르헨티나에서는 여러해살이 식물이지만 우리나라에서는 겨울에 추워서 얼어죽기 때문에 봄에 씨를 뿌리는 한해살이 식물로 키운다. 그러나 따뜻한 실내에 들여놓으면 겨울에도 죽지 않는다.

가을에 싹을 꺾꽂이해서 실내에서 키우면 봄에 쓸 모종을 많이 얻을 수 있다. 꺾꽂이는 꽃눈이 달리지 않은 어린 가지를 잘라서 젖은 모래에 꽂아 놓으면 되는데 뿌리가 잘 내린다. 꽃눈이 달린 가지도 그 싹을 자르고 꺾꽂이하면 뿌리가 나온다. 2~3월쯤 너무 가늘고 길게 자란 것 같으면 가지를 쓰러뜨리고 중간에 흙을 덮어주면 거기서 뿌리가 나와서 전체가 건강하게 자란다.

서리가 내리지 않으면 밖에 내놓아도 된다. 그때부터 쑥쑥 자라서 곧이어 꽃이 핀다. 날이 너무 더우면 성장이 멈추고 꽃도 피지 않는데, 여름이 서늘한 지방에서는 여름에도 꽃이 핀다. 여름 동안 자라지 않던 꽃도 가을이 되어 서늘해지면 다시 피기 시작한다.

꽃이 진 다음에 생긴 씨앗을 눈에 띄는 대로 모아 두자. 씨를 심어도 잘 자란다. 20~25℃에서 싹이 잘 트는데 봄에는 기온이 많이 오른 5월쯤 뿌리는 것이 좋다. 또 씨앗이 아주 작으므로 뿌린 다음에는 따로 흙을 덮어 줄 필요가 없고, 물만 약간 주어 마르지 않게만 하면 된다.

흙은 부엽토와 퇴비를 섞은 흙에서 잘 자란다. 모종판에서 키운 다음 옮겨 심어도 된다. 페튜니아는 우리나

페튜니아

라에서 '애기나팔꽃'이라고 불리는데, 나팔꽃보다 꽃이 큰 페튜니아에게 왜 이런 이름이 붙었는지 모를 일이다.

프리뮬러   자금우과

봄 하면 생각나는 한해살이 식물 중에 대표적인 식물로 흰색, 청보라색, 노란색, 붉은색, 주홍색 등 아주 다양한 꽃이 핀다.

프리뮬러 종류에는 여러 가지가 있지만 프리뮬러줄리안이나 프리뮬러폴리안타가 흔하다. 키가 작고 납작하게 생겼으며 반그늘에서 잘 자란다. 너무 더우면 죽는다.

프리지어   붓꽃과

남아프리카 희망봉 지방에서 발견된 알뿌리 식물인 프리지어는 청초한 향기와 말쑥하고 가련한 모양의 겨울꽃으로 많은 사랑을 받는다.

9월 상·중순에 알뿌리가 보이지 않을 정도로 얕게 심어 주면 머지 않아 싹이 트므로 2번 정도 서리를 맞게 한 후 온실 또는 발코니에 들여다 놓으면 2~3월에 꽃이 핀다. 키가 커짐에 따라 쓰러지기 쉬우므로 대나무를 가늘게 쪼개서 버팀목을 세워 준다.

때때로 연한 액체 비료를 주고 꽃이 지면 잎이 노랗게 마르므로 화분을 털어 그대로 그늘에서 말린 후, 잎을 따 버리고 가을까지 서늘한 곳에 저장해 둔다. 알뿌리가 작으므로 지름 15cm 가량의 화분에 6~7개씩 심는다.

연말부터 꽃을 보고 싶으면 7월경에 냉장 처리를 해야 한다. 알뿌리를 젖은 물이끼에 싸서 지하실 등 되도록 서늘한 곳에 놓아두면 뿌리가 나오므로 냉장 처리를 할 때는 화분에 심어 기온이 낮은 곳에서 두고, 서리가 내릴 무렵에 온실에 들여놓고 온도를 높여 주면 꽃이 빨리 핀다.

플록스   꽃고비과

여름 두 달 가까이 붉은 자주색과 분홍색 또는 흰색 꽃이 피는 북아메리카 원산의 여러해살이 식물이다. 남방제비나비가 자주 찾아온다.

줄기가 곧바로 1m 가까이 자란다. 추위에 강하다. 씨를 가을에 뿌려 두면 겨울 동안 땅속에서 싹이 틀 준비를

플록스

끝내고 봄에 싹이 나온다. 그해는 크게 자라기만 하고, 그 다음 해에 꽃이 핀다.

꽃이 피고 나서 씨가 익으면 그대로 떨어지므로 채 익기 전에 따야 한다. 그 씨를 뿌리면 가끔 어미 꽃과 다른 색깔의 꽃이 피기도 해서 재미있다. 포기를 나눠서 심으면 그해에 꽃을 볼 수 있다. 포기나누기 시기는 10월에서 이듬해 3월 동안이다.

한련 한련과

남미의 페루와 콜롬비아의 고산 지방이 원산인 덩굴성 한해살이 식물이며 서늘한 기후를 좋아한다. 5~6월과 10~11월경에 꽃이 피며, 여름이 무덥지 않고 서늘한 곳이면 여름 내내 꽃이 피기도 한다. 봄에 씨를 뿌려 한해살이 식물로 키우며 9월경에 씨를 뿌리고 온상이나 실내에 들여놓으면 겨울에서 봄에 걸쳐 꽃을 감상할 수 있다.

해바라기 국화과

해바라기는 '태양을 향한다.'는 이름대로 꽃이 해가 가는 방향을 향한다. 또 해바라기는 국화과 꽃 가운데서 꽃이 가장 크고 키도 가장 크게 자라는 식물이다. 이글이글 타오르는 태양을 닮은 이 꽃은 여름꽃을 대표한다. 옛날에는 홑꽃을 가지는 종류가 많았으나 최근에는 겹꽃을 가지는 종류와 키가 작은 것 심지어는 빨간색 꽃이 피는 꽃마저 나오고 있다.

토질은 별로 가리지 않으나 기름지고 습기가 충분한 곳에서 큰 꽃이 핀다. 키가 커서 바람이 세면 넘어지기 쉬우므로 버팀목을 세워 대비하는 것이 좋다.

씨뿌리기는 봄에 하고, 씨가 굵으므로 심고 싶은 자리에 직접 심는 것이 좋다. 옮겨 심어도 잘 자라므로 종묘판에서 키운 뒤, 60cm 간격으로 옮겨 심어도 된다. 키가 크므로 화단에 심는 것보다 울타리 앞 또는 빈터에 줄지어 심는 것이 보기 좋다.

해바라기는 꽃도 좋지만, 씨 또한 우리를 즐겁게 해 준다. 볶아서 그냥 먹어도 되고, 새나 다람쥐 먹이도 된다. 또 해바라기 씨는 기름을 짜서 식용유로 이용하기도 한다.

한련

허브

허브란 무엇일까? 우리가 흔히 들어서 알고 있는 페퍼민트, 박하 등이 모두 허브이다. 여기서는 허브의 공통점을 간단히 소개한다.

허브는 채소와는 달리, 품종이 개량되지 않고 그대로 재배되어 온 식물이다. 대부분의 허브의 원산지는 지중해 주변 지역이기 때문에 볕이 잘 들어야 잘 자란다. 비가 많이 오거나 습한 곳, 그리고 아주 추운 지방에서는 자라지 않는다.

뜰에서 키울 때 제일 신경을 써야 할 것은 물이 잘 빠지는 땅에 심어야 한다는 점이다. 물을 주었을 때 바로 빠져야 하며, 물이 고이면 안 된다.

비료는 부엽토와 퇴비만을 사용해야 하는데 그렇지 않으면 허브가 원래 갖고 있는 향이 나지 않는다고 한다. 화학 비료를 쓰면 허브에 포함되어 있는 성분의 양과 질이 변하기 때문이다. 즉, 쉽게 말해서 옛날 방식대로 허브를 재배해야 한다는 뜻이다.

허브를 화단에 심을 때는 식물 주변에 '멀칭(216쪽 참고)'을 해 주는 것이 좋다. 비가 많이 와서 흙탕물이 튀어 잎이 더럽혀지면 병이 나기 쉽기 때문이다.

내부분의 허브는 해충에 대한 지항력이 높다. 그것도 여러 종류의 허브를 한자리에서 재배할수록 효과가 크다. 살충제는 허브의 성분을 변화시키므로 절대로 사용해서는 안 된다.

위에서 이야기한 몇 가지를 잘 기억하고 허브를 재배하면 다른 식물을 해충이나 병으로부터 보호하는 효과까지 얻게 될 것이다.

헬리오트로프   지치과

고운 자주색 꽃이 피는, 향이 좋은 여러해살이 식물이다. 원산지는 마추피추 유적으로 유명한 페루이다.

추위에 약하므로 겨울에는 실내에 들여놓는다. 실내 온도도 4℃ 이상을 유지하는 것이 좋다. 봄부터 초여름에 걸쳐서 꽃이 피고 여름에는 성장이 멈췄다가 가을에 서늘해지면 다시 꽃이 핀다.

꺾꽂이로 쉽게 번식시킬 수 있다. 가을에 어린 가지 끝을 잘라서 밑에 달린 잎을 딴 다음, 젖은 모래에 꺾꽂이한다. 밝으면서도 직사광선이 닿지 않는 곳에 두면 뿌리가 나온다. 허브를 취급하는 화원에 가면 있는데 처음에는 화분에 심는 것부터 시작하는 것이 좋다.

황매화   장미과

우리나라 남쪽 지방에서 주로 자라는 갈잎떨기나무이다. 4월 말부터 피는 노란색 꽃이 산뜻해서 봄의 정원을 돋보이게 한다. 가을에 포기나누기를 하면 좋은데 더위와 추위에 모두 강하고 아무 데나 심어도 잘 자란다.

새로 나는 가지는 곡선을 그리며 땅에서부터 뻗어 가는 모습이 아름답다. 가지를 잘라서 고갱이 부분을 뽑아 장난감 총을 만들어 놀기도 한다.

회향 산형과

뿌리 끝 부분에서부터 뻗은 잎끝이 날개처럼 산들바람에 흔들리는 우아한 식물이다.

지중해 연안이 원산인 여러해살이 식물이며 씨를 뿌려 키울 때는 봄이나 가을에 씨를 뿌리면 된다.

원예종으로 개량된 품종인 플로렌스 펜넬은 잎의 밑부분이 크게 발달해서 그 모양이 특이하다. 이것을 얇게 썰어 샐러드에 넣거나 스프에 넣으면 독특한 향이 난다. 잎은 생선 요리에도 어울린다.

여름에 노란색 꽃이 피고 나서 길쭉한 씨가 생기는데 건조한 곳에서 씨를 모아 두자. 이 씨는 소화불량에 좋다고 해서 빵에 넣고 굽거나 향료로 쓰인다. 옮겨심기가 어려우므로 키울 자리에 직접 씨를 뿌려야 한다.

히아신스 백합과

따뜻한 봄기운이 도는 4월의 화단에 아담하고 사랑스런 꽃 모양과 그윽한 향기로 지상의 낙원을 그려내는 히아신스 꽃은 지중해와 남아프리카가 원산이며 튤립과 같이 네덜란드에서 개량된 알뿌리 화초로 그 품종이 상당히 많다. 10월경, 옮겨 심은 후부터 꽃이 필 때까지 지나치게 건조하지 않고 일정한 습도가 유지되는 곳에 알뿌리를 심는다. 겨울에 눈이 많이 내리고 봄에 녹아 적당한 습기를 공급할 수 있는 곳이면 이상적이다.

씨가 앉을 때에는 알뿌리가 크지 않으므로 알뿌리를 건강하게 하려면 꽃이 지면 꽃대만 남기고 잘라 주어야 한다. 6월 초가 되면 잎이 누렇게 마르기 시작하므로 알뿌리를 다치지 않게 파내서 잘 말린 뒤 가을까지 저장해 둔다.

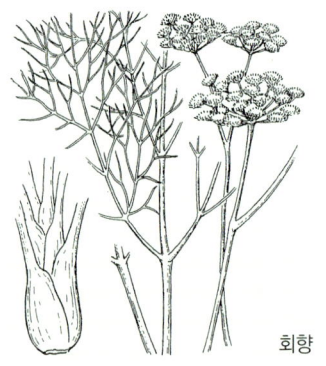

회향

채소 · 과일 도감

가지 — 가지과

인도가 원산인 열대 채소로 기온이 높을수록 잘 자란다. 그래서 모종은 5월쯤에 심는 것이 좋다. 모종을 심어도 좋고 씨를 뿌려도 좋지만, 씨를 뿌릴 경우는 3개월 이상 걸린다.
흙은 퇴비를 충분히 주고 갈아 둔다. 모종을 심을 경우, 간단한 버팀목을 세워 주면 바람에 흔들리지 않기 때문에 뿌리가 잘 내린다. 열매는 너무 크기 전에 따야 다음에 열리는 열매가 크게 자라고 꽃이 달리기 쉽다. 벌레가 가지 잎 뒷면에 붙어서 알을 까는 경우가 있다. 자주 살펴보고 없애 줘야 한다.

감 — 감나무과

대부분 가을에 묘목을 사서 심지만, 아주 추운 지방에서는 이른 봄에 묘목을 사서 심는다. 씨를 심어 키우면 열매를 맺기까지 약 8년 걸리는데, 1년 된 묘목을 사서 키우면 4~5년째 되는 해에 열매를 맺는다. 가지치기는 잎이 지고 나서 한다. 감이 떫은 것은 '타닌'이라는 성분 때문인데, 감에 아세트알데히드가 생성되면 타닌과 결합하여 떫은 맛이 없어진다. 곶감은 이런 성질을 이용하여 만든 것이다. 곶감 표면의 흰색 가루는 과당과 포도당이다.

감나무 / 열매

감귤 종류 — 운향과

우리가 보통 귤이라고 부르는 감귤에는 여러 종류가 있다. 날것으로 먹는 것도 있고 차나 음식의 향을 내는 데 이용하기도 한다. 이 밖에도 껍질째 먹는 금감(금귤)과 생김새가 재미있어서 관상용으로 키우는 불수감나무 등이 있다. 감귤 종류는 거의 따뜻한 지방에서 잘 자라며 묘목은 3월경 이른 봄에 심는다. 해가 잘 들고 물이 잘 빠지는 곳이면 된다. 중국 원산인 유자는 추위에 강하다.

감귤의 특징은 그 독특한 향기에 있다. 귤껍질을 설탕에 절여 귤피차를 만들어 보자. 자기가 기른 귤이라면 안심하고 껍질을 먹을 수 있다. 여름 밀감 껍질은 그대로 먹기엔 쓰지만, 끓는 물에 2번 살짝 데친 다음, 설탕과 물을 넣어 약한 불에 끓이면 된다.

그리고 가늘게 썰어 마말레이드를 만들 수 있다.
유자와 레몬에는 가시가 있기 때문에 조심해서 따야 한다. 유자는 설탕에 재서 유자차를 만들어 먹어도 좋고, 목욕할 때 욕조에 유자를 넣고 하면 향기를 즐기며 기분 좋게 목욕할 수 있다. 레몬은 차를 만들 수도 있고 생선 튀김 요리에 사용할 수도 있다. 감귤 종류는 쓸쓸한 겨울을 선명한 빛으로 물들이며 우리에게 생기를 준다.

금감(금귤)

감자·고구마·토란 등

감자는 식물이 땅속 저장 기관에 전분을 비축하면서 자란 것이다. 열대 지방에서는 지금도 카사바, 타로토란 같은 감자를 주식으로 하고 있는데, 독이 들어 있는 것이 많아서 먹기 전에 독을 빼야 한다.
그러나 곡류처럼 수확이나 탈곡하는 일 없이 캐내기만 하면 되므로 널리 재배가 된다. 우리가 정원에서도 키울 수 있는 감자와 같은 종류에는 참마, 토란, 고구마 등이 있다.
감자는 남아메리카가 원산지인 가지과의 식물로 3~4월경에 심는다. 춥고 선선한 고산 지역에서 잘 자라며 너무 춥거나 더우면 견디지 못한다. 판매되고 있는 씨감자를 꼭 심어야 하는 것은 아니다. 먹으려고 사 온 감자를 심어도 된다. 큰 감자는 몇 개로 잘라서 심는다. 약간 건조한 땅에서 잘 자라는 편이다.
고구마는 메꽃과에 속하며 열대 아메리카가 원산인 식물이므로 기온이 높은 곳에서 잘 자란다. 북쪽 지방에서는 모종판에서 자라난 모종을 5~6월에 심어서 서리가 내리기 전에 수확한다. 고구마는 가물수록 잘 자라는 식물이다. 5월경에 모종을 사다

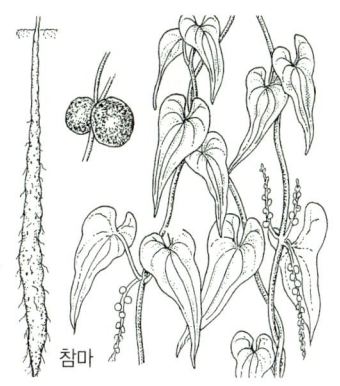

참마

심어도 되지만 집에 있는 고구마에서 싹이 나오게 한 후, 잘라서 사용하는 것이 더 재미있다. 흙에는 따로 비료를 줄 필요가 전혀 없다. 거칠고 메마른 땅에서 더 잘 자라기 때문에 질소 비료가 많으면 덩굴이나 잎만 자라나고, 고구마는 커지지 않는다.

마 종류는 우리나라 여러 곳에서 재배되고 있는데, 부채마와 참마 등이 대표적이다. 참마는 봄에 퇴비를 충분히 준 부드러운 흙에 심어 두면 11월경에는 수확할 수 있는데, 기둥을 세워서 덩굴을 뻗어 나가게 하는 것이 좋다.

토란은 인도, 중국이 원산인 천남성과의 식물로 따뜻한 지방에서 재배하기 쉽다. 봄에 토란의 눈이 위쪽을 향하게 해서 심는다. 건조하면 자라지 않으므로 비가 안 올 때는 잊지 않고 물을 자주 주어야 한다. 토란 잎 중에서 어떤 것은 우산을 대신할 수 있을 정도로 크다.

고추 가지과

고추는 세계에서도 재배된 역사가 긴 작물 중 하나다. 종류가 많으며 우리나라 말고도 태국, 헝가리, 브라질과 같은 나라의 요리에서 없어서는 안 될 재료이다. 고추는 쓰임새가 많고 잘 자라므로, 한 번쯤 키워볼 만하다. 해가 잘 드는 곳에 퇴비를 충분히 준 흙에서 재배하면 된다.

4~5월경, 기온이 제대로 오른 다음 씨를 뿌리는 것이 좋다. 높은 온도를 좋아하기 때문에 뜨거운 한여름에 빠르게 성장하지만 지나치게 건조해지지 않도록 물을 잘 주어야 한다. 창가에서 화분에 심어 기르면 색깔이 예뻐서 보기에도 즐겁다. 그때그때 따 먹어도 자꾸자꾸 열린다. 또한 파란 고추를 따지 않고 그대로 두면 점점 빨갛게 된다.

피망의 재배 방법도 고추와 다를 것이 없다. 원산지인 아메리카 열대 지방에서는 여러해살이 식물지만 온대 지방에서는 한해살이 식물로 재배한다. 다만 크게 자라기 때문에 대와 대 사이를 50cm 정도 뗄 필요가 있다. 피망이 열리면 그 무게 때문에 쓰러질 수 있으므로 버팀목으로 받쳐 준

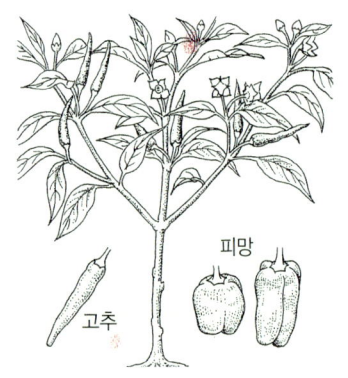

피망
고추

다. 꽃이 피고 나면 작은 열매가 부푸는데, 창가 화분에 관상용으로 심어 두어도 너무 예쁘다.
빨간색 피망과 녹색 피망 등 색색의 피망을 넣어 만든 샐러드는 보기에도 먹음직스럽다. 살이 두터운 노란색 피망도 있다. 매운 맛이 나고 육질이 질긴 것을 흔히 '피망'이라고 하며, 달콤한 맛이 나고 육질이 아삭아삭하게 씹히는 것을 '파프리카'라고 한다.

나무 열매

여기에서는 나무 열매 중에서 호두, 밤, 개암을 살펴본다. 호두는 호두나무과의 갈잎큰키나무이다. 매년 가을이 되면 포도송이처럼 많은 열매를 맺어서 사람이나 다람쥐, 들쥐들의 먹이가 된다. 딱딱한 껍질을 까고 그 안에 들어 있는 것을 먹는데, 호두에는 지방이나 단백질이 많이 들어 있다. 가래나무의 열매는 껍질이 딱딱하므로 프라이팬에 구워서 껍질이 갈라지면 꺼내 먹는다. 그 밖에 열매가 크고 껍질이 얇아서 호두까기로 간단히 깰 수 있는 가래도 재배되고 있다. 나무 옆에 돋은 어린 나무를 파 와서 심어도 되고 씨를 뿌려 키워도 된다. 햇볕만 잘 들면 거의 돌보지 않아도 잘 자란다.
밤나무는 너도밤나무과의 갈잎떨기나무로 우리나라 산에는 야생 밤나무가 많이 있다. 재배하기는 쉬우나 한 그루에서는 꽃가루받이가 어려우므로 품종이 다른 두 그루를 함께 심도록 한다. 6월경이면 꽃이 피고 9~10월이 되면 밤이 익는다. 보관할 때는 날밤으로 두는 것보다 냉동 보관하거나 삶아서 통조림으로 만들어 보관하면 오래간다.
개암나무는 자작나무과의 갈잎떨기나무로 산에는 참개암나무 등이 야생한다. 유럽의 서양개암에 비해 개암 크기는 작지만 냄새가 좋고, 더 구수하다. 햇볕이 잘 드는 곳에 심고 가지를 쳐 주면 잘 자란다.

가래나무 / 씨 / 열매

당근 　　　　　　　　미나리과

미나리과의 채소는 모두 습기를 좋아한다. 그러므로 씨를 뿌린 뒤, 흙이 마르지 않도록 물을 충분히 주자.

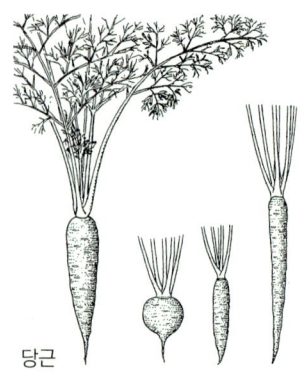
당근

아프가니스탄 부근이 원산인 당근은 서늘한 기후를 좋아하며, 이른 봄에 씨를 뿌리고 초여름에 거둬 들이거나, 여름이 끝날 무렵부터 가을에 씨를 뿌리고 초겨울에 수확한다. 습기 많은 것을 좋아한다고는 하지만 물이 잘 빠지지 않아서 언제나 습기에 차 있으면 안 된다.

싹이 트면서 한곳에 많이 뭉쳐나면 골고루 솎아 준다. 어린 당근을 뽑아서 먹는 맛도 좋다. 품종에 따라 크기가 다른데, 그 중에는 30cm 이상 되는 것도 있다. 그러나 크기가 15~20cm나 10~15cm 정도의 것이 기르기 쉽다. 또 작은 크기인 미니 당근도 있다.

딸기 종류 장미과

딸기에는 여러해살이 풀 종류와 나무 종류인 나무딸기가 있다. 흔히 화원에서 파는 딸기는 야생 딸기를 네덜란드에서 개량하여 큰 열매로 만들었기 때문에 '네덜란드 딸기'라고도 부른다. 딸기는 키가 작아서 다른 잡초와의 경쟁에서 지기 쉽다. 그러므로 흙을 높게 쌓거나 돌을 쌓아 올려 그 안에 심으면, 돌의 열로 빨리 자란다. 매년 기는줄기가 나오므로 그것을 옮겨 심으면 된다.

우리나라에도 나무딸기 종류는 있지만 아직 원예종으로서는 개량되지 않았다. 유럽이나 아메리카에서 개량된 라즈베리, 블랙베리, 블루베리 등 품종이 있어서 이것들은 화원에서 볼 수 있다. 떨기나무로 되는 것과 덩굴식물처럼 되는 것이 있는데, 덩굴은 1년에 10m 가까이 자라는 것도 있다. 땅 위로 나온 가지는 대부분이 2년이면 말라 버리고 매년 새로운 가지가 돋아 나온다.

딸기를 증식 시킬 때는 8월 말부터 9월경에 줄기 끝을 휘묻이를 하여 늘리면 된다. 줄기의 끝에서 좀처럼 뿌리가 나올 것 같지 않지만 사실은 나오지 않는 경우가 적을 정도로 잘 나온다. 뿌리가 나오고 나서 겨울이 되기 전에 싹이 나온다. 그러면 잘라 두었다가 3~4월에 다른 장소에 심으면 된다. 일단 열매가 열린 가지에는 다음 해에는 열리지 않는 것이 딸기

라즈베리

의 특징이다.
가지치기는 열매를 따고 난 후에 한다. 오래되고 마른 가지에서 열매가 맺혔던 가지의 밑부분부터 자르기 시작한다.

루바브 　　　　　　　　마디풀과
50㎝ 정도 뻗은 긴 줄기와 커다란 잎, 그리고 봄에 줄기 끝에 흰색 꽃이 모여서 핀 것을 보면 루바브는 마디풀과의 일종이라는 것을 알 수 있다. 빨갛게 물든 긴 줄기를 잘라서 껍질을 벗기고 잘게 썰어 설탕을 넣어 끓이면 맛있는 잼이 된다. 파이를 만들 때, 사과잼 대신 루바브잼을 넣으면 루바브 파이가 된다.
시베리아가 원산지이며 더위와 건조를 싫어하므로 여름이 서늘한 지방이라면 기르기 알맞다. 봄에 씨를 뿌리면 다음 해에는 어느 정도 크지만, 줄기를 쓸 수 있으려면 3년이 지나야 한다. 여러해살이 식물이므로 한 번만 심으면 된다.

마늘 　　　　　　　　백합과
마늘은 보통 둥그스름한 뿌리(알뿌리)를 먹는데, 연한 잎과 꽃대도 먹을 수 있다. '마늘쫑'이라고 부르는 것이 그것이다. 중국이 원산이고 파의 일종이다. 9~10월경이 알뿌리를 심기 좋은 시기다. 가게에서 사 온 마늘을 이용해도 좋다. 마르지 않도록 풀을 베어 덮어 두자. 5월경 잎이 시들면 파내어 그늘에 말려서 보관한다.

매실(매실나무) 　　　　　　　　앵도과
매화는 봄소식을 알리는 꽃이다. 향기가 좋고 6월에는 매실도 딸 수 있다. 한 그루만으로는 꽃가루받이가 안 된다. 품종이 다른 두 그루의 나무가 있어야 한다. 중국이 원산이며 모종은 가을이나 이른 봄에 햇볕이 잘 드는 기름진 땅에 심는 것이 좋다.
6~7월 정도에 꽃눈이 트기 때문에 매실나무의 가지치기는 열매를 딴 뒤에 하는 것이 좋다. 볕이 잘 들도록 가지가 밀집해 있는 곳을 자르면 된다. 수확한 청매실은 매실주를 담그거나, 설탕이나 꿀에 재어서 시럽을 만들 수도 있다.

무 종류　　　　　십자화과

주재료는 아니지만 음식의 부재료로 무처럼 쓸모가 많은 채소가 또 있을까? 씨를 뿌리고 물을 잘 주면 2~3일 후면 싹이 나고 성장도 빠르다. 대체로 촘촘하게 자라기 때문에 그때그때 솎아 주어야 하는데, 이렇게 솎아 낸 것을 '무순'이라고 부른다. 무순은 비빔밥에 넣어 비벼 먹거나 각종 일본 음식에 이용된다. 그리고 조금 뒤에는 작은 무로 자라는데 그것을 샐러드로 해 먹어도 되고, 잎은 데쳐 먹는다. 김장을 담고 남은 무청은 말려서 겨우내 먹을 시래기로 만든다.

아시아와 유럽이 원산지인데, 우리나라에는 고려 시대부터 이미 중요한 채소로 여겼던 기록이 있으므로 삼국 시대부터 재배되었을 가능성이 있다. 무를 기르는 토양은 부엽토와 퇴비를 넣은 기름진 흙이면 특별히 거름을 많이 주지 않아도 된다. 품종으로는 봄, 여름, 가을에 씨를 뿌리는 종류가 각각이지만 원래 서늘한 기후에 맞는 채소이므로 가을에서 겨울에 걸쳐 재배하는 것이 병충해 걱정이 적다.

'무' 하면 김장할 때 쓰이는 큰 무가 생각나겠지만 종류는 여러 가지이다. 무는 모양, 색, 크기가 다양한 여러 종류가 있는데, 총각김치를 담그는 총각무는 뿌리가 작아서 잎과 줄기 모두를 이용해서 김치를 담근다. 서양 무인 래디시는 1년 중 아무 때나 씨를 뿌릴 수 있는데 추운 지방에서는 겨울에 실내에서 길러도 좋다. 화분에서도 손쉽게 기른다. 한 번에 많이 뿌리면 수확 시기가 같아지므로 며칠 간격을 두고 뿌리는 것이 좋다. 빨갛고 둥근 것, 가늘고 긴 것, 흰 것 등 여러 품종이 있다. 씨를 뿌리고 물을 잘 주면 20~30일 정도 지나면 수확할 수 있다.

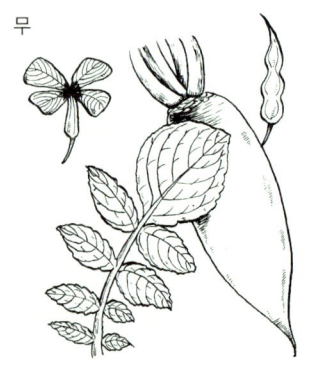

무

물냉이　　　　　십자화과

원산지가 유럽인 여러해살이 수서 식물로 연못에 심어 두면 언제나 필요할 때 딸 수가 있다. 줄기의 마디에서 뿌리가 나오기 때문에 화원에서 사 온 물냉이로도 쉽게 번식시킬 수 있다. 4~9월에 작은 흰색 꽃이 핀다. 한겨울에는 물 위로 나온 부분이 시들지만, 물속에 있는 부분은 푸르고 싱싱하다. 물냉이는 샐러드에 많이 사용되는데 드레싱에 호두, 깨 등을 많이 넣고 만들면 잘 어울린다.

배
장미과

4월에 희고 예쁜 꽃이 핀다. 야생 배를 개량한 것인데 황갈색인 것과 푸른 기가 도는 것이 있다. 황갈색 배는 열매에 봉투를 씌우지 않고, 푸른빛이 도는 배는 봉투를 씌워서 기른 것이다. 퇴비와 부엽토를 많이 넣은 흙에 묘목을 심는다. 꽃이 피면 열매가 될 만큼만 남겨 두고 꽃을 모두 따 버려야 배가 크게 자란다.

복숭아
장미과

3~4월경 분홍색의 예쁜 꽃이 핀다. 복사나무를 비롯한 과일나무들은 모두 해가 잘 들고 물이 잘 빠지는 곳을 좋아하는데, 꽃도 예쁘고 맛이 좋은 복숭아는 품종 개량이 활발하게 진행되어 왔다. 그 중 우리나라에서는 백도, 황도, 대구보 등이 가장 많이 생산되고 있다. 그러나 열매가 크고 개량종일수록 해충이나 병충해에 약하다. 묘목을 살 때 화원에서 튼튼하고 기르기 좋은 종류를 알아보자. 가을에 추운 지방일 경우, 과일나무는 보통 이른 봄에 묘목을 심는 것이 좋다.

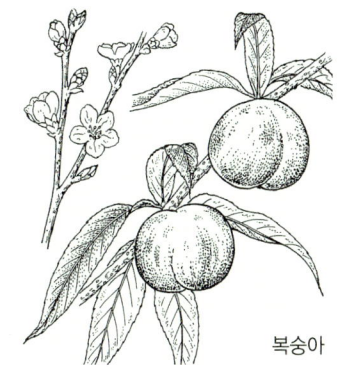

복숭아

복사나무도 성장이 빠른 편이다. 나무가 크게 자라므로 그 주위에 심을 식물을 신중히 정한다. 햇볕을 받을 수 있도록 덩굴 식물이나 가지가 무성한 나무는 피하고, 나무 전체가 시원한 느낌이 들도록 해서 키운다.

비파
장미과

꽃이 적은 겨울에 눈에 띄지는 않지만 흰색 꽃이 핀다. 동아시아가 원산이고 겨울이 따뜻한 지방이면 잘 자란다. 꽃이 피고 난 뒤 그 자리가 작게 부풀어 올라 5~6월에 부드러운 털에 싸인 열매가 달린다. 물이 많고 살이 연해서 오래 보존할 수 없기 때문에 이 짧은 계절에만 볼 수 있는 열매다.

겨울에는 기온이 영하로 내려가지 않는 곳에 두어야 한다. 물이 잘 빠지는 땅이면 어디서나 잘 자란다. 화분에서도 재배할 수 있으며 심은 뒤 3년이면 열매가 달린다. 열매는 먹기도 하고 술로 만들기도 하며, 잎으로는 차를 끓여 먹을 수 있다. 잎을 5~6장 뜯어서 냄비에 넣고 물을 가득 붓고, 물이 반으로 줄 때까지 끓인다. 여름 더위를 덜 타고 기침에 효과가 있다.

사과 　　　　　　　　　　장미과

사과는 여름 기온이 18~24℃ 정도인 서늘한 지방에서 잘 자란다. 본격적으로 사과를 재배하기 시작한 것은 오래되지 않았는데, 개량이 거듭되어 오늘날처럼 예쁘고 크고 맛있는 과일이 되었다.

그러나 병충해에 약해서 농약을 자주 쳐야 하는 것이 정말 유감이다. 유럽의 사과 재배 역사는 약 4,000년 정도인데, 지금도 신 것과 작은 것 등 종류가 다양하고 술이나 과자를 만드는 데까지 널리 이용되고 있다. 사과는 유럽 남동부부터 서아시아에 이르는 지방이 원산지다.

사과를 심을 때에는 품종이 다른 두 가지 묘목을 심도록 하자. 꽃은 4~5월에 피고 열매는 가을에 딴다. 열매는 처음에 푸르지만 햇볕을 받으며 차차 빨갛게 된다. 그래서 나무에 매달려 있으면 한쪽만 빨갛게 되므로 반사판으로 빛을 비춰 주거나 열매를 돌려 주어, 고르게 햇볕을 받게 한다. 사과와 감자를 함께 두면 감자에서 싹이 트지 않는다. 사과에서 나오는 에틸렌 때문에 감자에서 싹이 나지 않게 된다.

생강 　　　　　　　　　　생강과

서남아시아의 열대 지방이 원산인 여러해살이 식물이다. 기온이 높고 습기가 많은 곳을 좋아하며 건조한 곳은 싫어한다. 생강을 사다가 5월경에 흙에 묻고 땅 표면이 마르지 않도록 풀을 뜯어다 그 위를 덮는다. 10월경에 생강 뿌리를 걷어 들이는데, 쓸 만큼만 캐내고 나머지는 그대로 둔다. 양하도 같은 종류이며, 그늘에서 잘 자란다. 부엽토가 충분히 섞인 부드러운 흙이 좋다. 여름에 돋아나는 꽃봉오리나 어린 잎을 먹고, 꽃이 피고 나서도 먹을 수 있다.

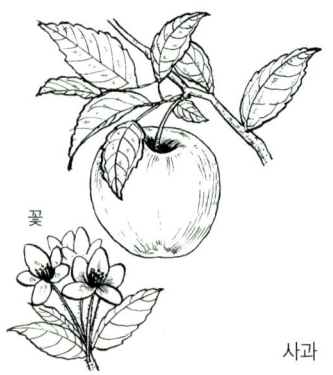

사과

셀러리 　　　　　　　　**산형과**

잎사귀와 줄기에 산뜻한 향기가 있다. 지중해 연안이 원산지로 고대 이집트부터 내려온 오래된 채소 가운데 하나다. 퇴비를 충분히 준 흙에 5~6월경 씨를 뿌리면 10~11월경 수확한다. 마요네즈에 찍어 먹거나 샐러드를 해 먹는다.

수박 　　　　　　　　**박과**

수박은 재배가 어렵다고 하는데 이것은 열대 지방인 아프리카가 원산지인 식물로 높은 온도와 강한 빛을 좋아하기 때문이다. 올해는 무척 덥다는 일기 예보가 있으면 수박을 재배해 봄직하다.

흙에는 석회를 뿌리고 퇴비를 넣어서 갈아 둔다. 5월에 모종을 심어서 기르고 암꽃이 피면 수꽃의 꽃가루를 발라 준다.

수박

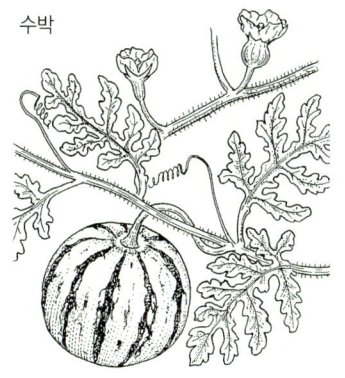

쉬나무 　　　　　　　　**운향과**

쉬나무에 속하는 오수유를 비롯해서 탱자나무, 귤나무, 유자나무, 초피나무, 황벽나무, 산초나무 등이 모두 운향과 식물이다. 향기로운 냄새가 나는 식물이란 뜻이다.

여름에 푸른빛이 도는 흰색의 꽃이 피고 가을에는 검붉은 자주색으로 열매가 익는다. 열매는 새들의 좋은 먹이가 된다. 번식은 꺾꽂이 등으로 쉽게 늘릴 수 있으므로 화분에 심어도 좋다.

아스파라거스 　　　　　　　　**백합과**

유럽에서 서아시아 지역에 걸쳐 널리 퍼져 있는 여러해살이 식물로 한 번 정원에 심으면 10~15년은 수확할 수 있다. 봄에 씨를 뿌리면 3년째 되는 봄부터 먹을 수 있다. 새로 돋아나는 어린 싹을 먹는데, 커다랗게 자란 잎이나 빨간 열매는 그냥 보기에도 아름답다. 퇴비를 많이 넣은 땅에서 키운다.

양다래(키위) 　　　　　　　　**다래나무과**

양다래는 암, 수가 따로따로 있는 나무다. 그래서 양쪽이 다 있지 않으면 열매를 맺지 못한다. 갈잎덩굴나무이므로 선반이나 울타리를 만들어 준다. 비료를 충분히 준 땅에 심으면 거의 돌보지 않아도 된다. 병도 잘 걸리지 않아 키우기 쉽다. 밀감이 잘 자랄

열매
섬다래

수 있는 토양이라면 양다래도 잘 자란다. 열매는 가을에 수확한다.

양다래는 우리나라에 야생하고 있는 다래나 개다래, 섬다래, 쥐다래와 같은 종류이다. 다래 열매를 둥글게 잘라 보면 양다래와 똑같이 생겼음을 알 수 있다.

양다래는 중국이 원산인데 뉴질랜드에서 품종이 개량되어 여러 곳으로 퍼졌다. 가지치기는 겨울에 하는데 너무 빽빽하게 자란 가지를 자른다.

양배추 종류　　　　십자화과

양배추 종류는 유럽이 원산지로 추위에 강해서 겨울에도 서리에 맞지 않게만 해 주면 재배할 수 있다. 따뜻한 시기에 키우면 배추흰나비 등의 먹이가 되어 애벌레 잡기에 시간을 모두 빼앗기고 마는데, 나비가 활동하지 않는 시기면 이런 걱정이 없다. 비료를 충분히 넣은 기름진 땅에서 키우면 2년 연속 재배도 가능하다.

일반 양배추 말고도 잎이 양배추처럼 둥글게 되지 않는 케일, 꽃봉오리를 먹는 브로콜리나 콜리플라워, 퉁퉁한 줄기를 먹는 콜라비, 화단을 꾸미는 데 많이 이용되는 꽃양배추 등이 양배추 종류에 들어간다. 이 가운데 케일이나 브로콜리는 화분에서도 충분히 재배할 수 있다. 브로콜리는 푸른 잎 같은 봉오리를 잘라 내면 다시 옆에서 봉오리가 돋아 나오므로 몇 번이라도 계속 수확할 수 있다. 모양은 비슷하지만, 콜리플라워는 한 번만 수확한다.

양배추 종류는 가을에 씨를 뿌려야 키우기 쉽다. 가을에 씨를 뿌려 키워서 그대로 겨울을 나게 하고 봄에 성장하기를 기다린다. 3~5월경에 수확하는 양배추 종류는 배추통이 딴딴

브로콜리

하지 않고 잎이 아주 연하다. 추운 지방에서는 좀 더 일찍 성숙하는 품종인 조생종으로 파는 모종을 4~5월에 심는다. 이때는 배추흰나비가 날아들기 시작하는 시기이므로 처음 일주일 정도는 부지런히 애벌레를 잡아야 한다. 콜리플라워는 심한 추위나 더위, 비에 약하다. 그러므로 여름에 햇볕 가리개를 해서 씨를 뿌려 키우고 가을에 수확하는 경우가 많다.

오디(뽕나무)   뽕나무과

뽕나무는 동아시아가 원산이고 원래 갈잎큰키나무이지만 따뜻한 지방에서는 잎이 떨어지지 않는다. 예전에는 농가에서 누에를 키우느라 뽕나무를 많이 심었지만 이제는 옷감이 많이 바뀌어 뽕나무 재배도 그전 같지 않다.

뽕나무의 열매인 오디는 달고 맛있다. 옛날에는 아이들이 오디를 먹고 입술이 시퍼레진 것을 보고 서로 웃곤 했다. 아이들뿐만 아니라 새들도 오디를 좋아해서 뽕나무에 모여들고, 덕분에 뜰에 있는 곤충의 애벌레(해충)까지 먹어 없애 준다. 뿐만 아니라 새들이 블랙베리나 라즈베리 열매를 먹지 못하도록 이들 나무 옆에 뽕나무를 심기도 한다.

이른 여름에 오디를 따서 잼이나 주스를 만들면 좋다. 시지 않아서 레몬을 조금만 쳐도 맛있다. 오디에는 수분이 많아 물이 들면 잘 빠지지 않으므로 오디를 딸 때에는 더러워져도 괜찮은 옷을 입도록 한다. 또 뽕나무 옆에 닭장을 마련하면 떨어진 열매가 그대로 닭 모이가 된다.

오디 / 뽕나무

오이   박과

금방 따낸 오이를 먹어 보면 그 싱싱한 맛에 매년 키우고 싶은 생각이 들 것이다. 원산지는 인도의 히말라야 지역으로 씨는 4~5월경에 뿌리면 된다. 오이 뿌리는 얕게 뻗으므로 퇴비를 넓게 고루고루 뿌려 준다. 날이 더워지면서 싱싱하게 자라지만 흙이 건조하면 좋지 않으므로 밑에 짚이나 풀 등으로 '멀칭(216쪽 참고)'을 해 주어 습기를 유지한다.

꽃이 피고 오이가 열리기 시작하면

오이 자라는 속도가 놀랍게 빠르다. 먹기 좋은 크기에서 따내지 않으면 금방 늙은 오이가 되어 버린다. 늙은 오이는 볶아서 먹으면 맛이 있다.

오크라　　　　　　　　아욱과

하와이무궁화의 일종으로 여름이 되면 예쁜 꽃이 핀다. 5월경에 햇볕이 잘 드는 기름진 땅에 씨를 뿌려서 키운다. 인도, 말레이시아가 원산지인 식물이므로 땅 표면의 온도가 충분히 오른 후에 씨를 뿌려야 잘 자란다. 씨가 커서 다루기 쉽다.

꽃은 이른 아침에 피고 저녁이면 시드는 하루살이 꽃이며, 꽃이 지고 난 뒤에 열매가 맺힌다. 열매를 뜨거운 물에 살짝 데쳐서 잘게 썰어 먹을 수 있다. 7~10일 정도 지난 푸른 열매를 수확하는 것이 보통인데, 따지 않고 그대로 오래 두었더니 20cm도 넘게 자라서 놀란 적이 있다. 너무 크고 깍지가 굳어서 씨앗으로 쓰기로 했다.

옥수수　　　　　　　　화본과

옥수수는 쌀, 보리와 함께 세계 3대 곡물 가운데 하나로 꼽힌다. 빵이나 시리얼, 옥수수 전분을 만들기도 하고, 옥수수 눈 부분에서 기름을 짜서 옥수수기름을 만드는 등 옥수수는 일상생활에서 매우 폭넓게 이용되는 곡

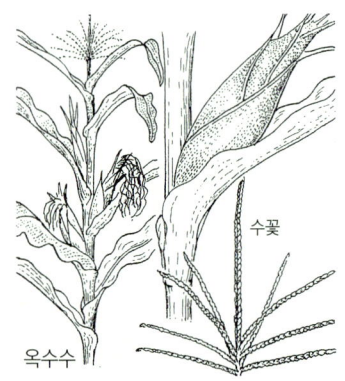

물이다. 중남미가 원산지다.

양지바르고 퇴비를 충분히 준 땅이면 잘 자란다. 크게 자라기 때문에 대와 대 사이를 30cm 정도 여유 있게 심어야 서로 부딪히지 않는다. 한 그루에 옥수수가 1~2개만 달리게 하는 것이 좋으므로 그 이상 나오면 미리 따 버린다. 옥수수수염이 진한 갈색으로 변하면 따도 된다.

보관할 때는 바로 쪄서 냉동하면 맛이 변하지 않고 오래간다.

우엉　　　　　　　　　국화과

우엉은 섬유질이 많고 몸에도 좋으니 집 뜰에서 길러 보자. 우엉은 밑반찬용으로도 좋고, 김밥을 쌀 때 간장과 물엿을 넣고 졸여서 넣으면 맛있다.

유럽, 시베리아, 중국이 원산이며 4~5월에 씨를 뿌리면 그해 11월경에 거둔다. 이듬해 여름에 예쁜 꽃이 피

우엉

고 씨가 맺히는 두해살이 식물이다. 퇴비를 충분히 준 땅에서 기른다. 수확하기까지 시간이 걸리지만 그 전에도 먹을 수가 있다. 때때로 솎으면서 잎사귀와 아직 어린 뿌리(이것이 우엉이다)를 먹는다. 크게 자라서 뽑을 때는 뿌리 주위를 50~60cm 깊이로 파서 쑥 잡아 뽑는다. 먹을 만큼 캐내고 나머지는 그대로 흙 속에 두면 자연 보존된다.

잎을 먹는 채소

잎을 먹는 채소는 꽃이나 열매 또는 뿌리를 먹는 채소와 달라, 씨를 뿌리고 수확할 때까지 그 기간이 짧다. 그래서 온도만 일정하게 유지하면 1년 내내 기를 수 있다. 그러나 채소는 원산지의 기후와 같은 기간에 자란 것이 제일 맛있다. 예를 들면 시금치는 사계절 채소 가게에 나와 있지만 아시아 서부, 아프가니스탄 부근이 원산으로 본래 서늘한 기후를 좋아하는 채소이다. 그러므로 가을에 심고 겨울에 수확한 것이 제일 맛이 좋다. 그 맛은 더운 시기에 자란 것과 비교가 안 된다.

잎을 먹는 채소는 대부분 한여름을 피해서 키우는 것이 좋다. 벌레가 많은 여름에 벌레가 좋아하는 채소를 키우는 것은 벌레에게 '제발 먹어 주세요.'라고 하는 것과도 같다.

여름철에는 오이, 피망 등 여름 채소를 길러 보자. 단, 예외적으로 고온에서도 잘 자라는 채소가 있다. 근대가 그것인데 근대는 벌레가 먹지 않기 때문에 봄에 씨를 뿌리고 여름에 수확할 수가 있다. 병충해가 가장 심한 것은 십자화과 식물들이다.

① 국화과의 채소

잎을 먹는 국화과 채소에는 쑥갓, 양상추, 취나물, 쑥 등이 있는데, 이것들은 독특한 냄새가 있어 십자화과 채소에 비하면 벌레가 먹지 않는다. 그래서 봄에 씨를 뿌려도 해충 피해가 적으며 가을에 씨를 뿌리면 물론 잘 자란다. 쑥갓은 5월에 흰색 꽃과 노란색 꽃이 피어서 보기에도 좋다. 연한 잎은 먹을 수 있고 꽃은 보기에도 좋아서 뜰에 많이 심고 싶은 채소

쑥갓

이다.
상추 종류는 크고 둥글게 공처럼 생긴 양상추 종류와 일반적인 상추 종류가 있다. 재배 방법은 다 같지만 필요할 때마다 잎 뜯는 재미를 생각하면 일반적인 상추가 더 좋을 것 같다. 수확할 때 하나를 남겨 두어 꽃이 피게 하면 씨를 받을 수가 있다.
잎채소는 공통적으로 산성 토질을 싫어하기 때문에, 석회 가루 혹은 나무나 풀을 태운 재를 뿌리고 퇴비를 충분히 주도록 한다.

② 명아주과 채소

명아주과의 채소로는 시금치와 근대가 대표적이다. 시금치는 여름철 더위와 산성 토양을 싫어한다. 석회 등을 뿌리고 갈아엎고 나서 씨를 뿌린다. 가을에 심는 재래종은 잎의 가장자리가 톱니 모양을 하고 대개 불그스름했는데, 요즘은 봄에 씨를 뿌리는 잎이 둥근 서양 시금치가 대부분이다. 근대는 더위나 추위를 가리지 않는 강한 채소여서 다른 잎채소의 재배가 어려운 때인 봄에서 여름에 걸쳐 기르면 좋다. 근대 잎은 뜯어도 뜯어도 부단히(끊임없이) 돋아난다고 해서 '부단초'라는 별명이 붙었다.

근대

③ 십자화과의 채소

십자화과에 속하는 채소는 여러 종류가 있는데, 양배추도 그 가운데 하나다. 이 밖에 배추, 갓, 무, 냉이 종류가 십자화과이며, 특히 유채도 여기에 속한다.
봄과 가을에 씨뿌리기가 모두 가능하더라도 가을에 심는 것이 병충해 염려가 없어 잘 자란다. 즉, 씨뿌리기에서 수확까지 2~3개월이라는 기간을 1년 중 어디에 두는지가 중요하다.

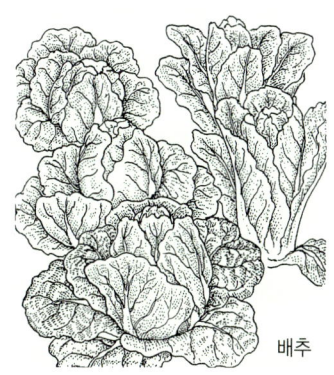
배추

초가을에 씨를 뿌리면 겨울철로 접어들면서 수확할 수가 있다. 이보다 늦게 심으면 모종이 작은 채로 겨울을 나고 이른 봄에 자라서 수확하게 된다. 하지만 잎채소가 좋은 점은 자라는 도중에 필요에 따라 뜯어 먹을수 있다는 것이다. 눈이 많은 지방에서는 위를 덮어 주면 된다.

십자화과 식물을 봄에 씨를 뿌리고 배추흰나비의 애벌레나 밤나방의 애벌레 등과 씨름하느니 가을에서 겨울에 걸쳐 재배하는 것이 좋다.

커런트 종류   범의귀과

유럽에서 주로 재배하는 커런트 종류에는 크게 서양까치밥나무와 커런트, 두 가지가 있다. 키가 작은 나무로, 열매의 모양과 색깔이 예뻐서 잼을 만들어 먹으면 아주 좋다.

포기나누기나 꺾꽂이로 늘린다. 가을에 꺾꽂이를 하면 뿌리를 내릴 때까지 물을 많이 준다. 여름철 고온에 약하므로 심을 때는 하루의 반나절은 그늘이 지는 장소를 고른다.

콩 종류   콩과

콩을 심으면 콩을 먹을 수 있어 좋을 뿐만 아니라 콩을 심은 땅을 살찌게 한다. 콩 종류의 식물에는 그 뿌리만이 가지는 뿌리혹박테리아가 있어서 흙 속에 있는 질소를 효율적으로 이용할 수 있게 한다. 그리고 콩을 걷은 뒤에도 질소가 흙에 남아서 그 자리에 다른 채소를 심으면 거름을 안 주어도 잘 자란다. 특히 옥수수나 십자화과 채소 등 거름을 많이 줘야 하는 식물을 콩을 재배한 자리에 심으면 좋다.

콩 종류 중에서도 멕시코 부근이 원산인 강낭콩은 재배하기가 쉽다. 덩굴이 뻗지 않는 종류는 발코니에서도 기를 수 있다. 산성이 강한 토지를 싫어하기 때문에 석회를 뿌리고 퇴비를 준다. 씨뿌리기 시기는 서리가 내리지 않고 기온이 오른 4~5월경이 좋다. 절반을 두었다가 2주 뒤에 씨를 뿌리면 간격을 두고 수확할 수 있으므로 즐거움도 길어진다.

덩굴 없는 강낭콩은 키가 크지는 않지만 그대로 두면 쓰러지므로 짧은 버팀목을 세워 주자. 한편 덩굴성 강낭콩은 수확 시기가 길기 때문에 2m 정도의 기둥을 세워서 감아 오르게 한다. 그렇게 해 주면 꽃이 피고 콩이 빨리 맺힌다. 콩 따기가 늦어 콩깍지가 굳어져도 안에 든 콩은 먹는 데 지장이 없다. 콩을 잘 말려서 병 속에 보존하면 좋다. 완두콩은 서아시아가 원산인데 더위에 약하므로 가을에 심어서 기른다. 그러나 추운 지방에서는 이른 봄에 씨를 뿌리면 된다.

완두콩도 덩굴이 뻗는 것과 그렇지 않은 것이 있는데 덩굴 완두가 수확 기간이 길다. 석회나 재를 뿌려서 토지의 산성을 약화시킨 후에 씨를 뿌린다. 꽃이 예뻐서 발코니에서도 기를 수 있다.

콩깍지째 먹을 수 있는 스낵 완두와 그린피스 품종도 있으며 누에콩도 같은 방법으로 재배할 수 있다.

콩

콩(대두)을 재배하기는 더 쉽다. 4~5월경 씨를 뿌리면 거름을 줄 필요도 없이 어디서나 잘 자란다. 콩은 가을에 걷어 말려서 보존한다.

팥은 여름에 씨를 뿌리고 늦가을에 수확하는데, 이것도 석회를 뿌리고 흙을 갈아엎는 일만으로 된다. 콩은 한 번 재배하면 다음 해는 수확한 씨를 뿌려 재배할 수 있다. 콩알이 크고 보통 잘 자라므로 손이 가지 않는다.

토마토　　　　　　　　　　가지과

토마토는 남아메리카 안데스 지방이 원산이다. 온대 지방에서는 한해살이 식물이지만 열대에서는 나무처럼 자라며 여러해살이 식물이 된다. 제일 싫어하는 것은 습기다. 장마철을 어떻게 넘기는가에 따라 토마토가 잘 자라는가가 결정된다. 그러나 방울토마토는 기후와 상관없이 잘 자란다. 토마토에는 독특한 향기가 있는데 이것 때문인지 벌레들이 먹지 않는다. 해가 잘 드는 곳을 택하는 일이 제일 중요하며 4~5월에 퇴비를 준 흙에 심는다. 토마토의 씨는 싹이 트는 데 3~4년이 걸리기 때문에 집에서 수확한 것으로도 잘 자란다. 곁눈이 왕성하게 자라기 때문에 가지가 엉키지 않도록 미리 곁눈을 잘라 준다. 토마토는 화분에서도 키울 수 있다.

파드득나물   미나리과

우리나라를 비롯 중국, 일본 산이나 습한 지대에 많은 여러해살이 식물로 생명력이 강하다. 봄, 가을에 씨만 뿌리면 쉽게 번식한다. 화단 한구석이나 해가 들지 않아 화초가 자라지 않는 곳에 심으면 된다.

봄에서 가을에 걸쳐 언제나 필요할 때 이용할 수 있어서 좋다. 향기가 독특해서 달걀을 풀어 넣은 국 등에 같이 넣기만 해도 입맛을 돋운다. 산호랑나비가 알을 낳으러 찾아드는 것도 하나의 즐거움이다. 가는 줄기를 끌어당기며 잎을 먹는 애벌레의 모습이 재미있다.

파 종류   백합과

비늘같이 생긴 줄기가 부풀어 오른 여러해살이 식물로, 어느 것이나 독특한 짙은 냄새가 있다. 이 냄새 때문에 다른 동물에게 먹히지 않고 벌레도 붙지 않는다.

이 점을 이용하여 벌레 먹기 쉬운 식물 옆에 심기도 한다. 장미 옆에 마늘을 심는 것도 그 때문이다. 들에 나는 파도 있고 꽃이 귀여워서 관상용으로 개량된 것도 있다.

파는 우리가 주로 이용하는 줄기파(대파) 종류와 잎을 주로 먹는 잎파(실파) 종류로 크게 나뉘는데, 모양과 기르는 방법 등에 따라 편의상 대파, 실파, 쪽파 등으로 부른다.

여기서는 양파, 실파, 대파, 부추에 대해 알아보자. 양파는 서남아시아가 원산으로 요리에 없어서는 안 되는 채소며, 11월경 모종을 사다 심는다. 물이 잘 빠져야 하지만 어느 정도 습기가 있는 흙을 좋아하므로 겨울 동안 건조하지 않도록 위에 풀을 덮어 두는 것이 좋다.

모종의 생김새는 파와 비슷하다. 봄이 되면 잎이 나오는데, 뭉쳐 나온 것은 솎아 내서 먹을 수 있다. 6월경 잎이 시들면 걷어 들인다.

우선 날것을 얇게 잘라 씹어 본다. 그 달콤한 맛에 놀랄 것이다. 거둬 들이면 바람이 잘 통하는 곳에 걸어 매달아 둔다.

우리나라 재래종 파인 잎파(실파) 종류는 가을에 모종이나 알뿌리를 심는

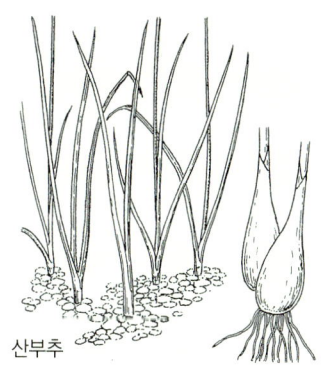

산부추

다. 공터에 적당히 심어 두기만 해도 잘 자란다. 중국이 원산으로 일반적인 요리에 주로 사용되는 줄기파(대파)는 이것들에 비하면 재배하기가 쉽지 않다. 자라는 도중에 흰색 대가 나오면 흙으로 덮어 주어서 햇빛에 노출되지 않도록 한다.

부추도 산파처럼 재배가 간단하며, 3월경 씨를 뿌리거나 포기를 나누어서 심는다. 다음부터는 씨를 뿌리지 않아도 해마다 돋아난다. 봄에 자랄 때 옆에 풀이 무성하면 성장에 지장이 있으므로 풀을 뜯어 준다.

포도　　　　　　　　　　포도과

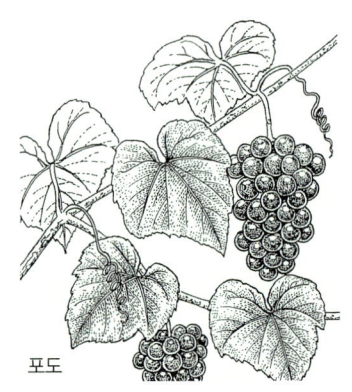

포도

포도는 서남아시아가 원산인데, 잎의 모양이 예쁘고 가을에 색깔이 바뀌며 가지가 휘어지게 포도송이가 매달려 보기에도 풍요로운 느낌을 준다.

묘목은 보통 가을에, 추운 지방에서는 이른 봄에 심는 데 품종에 따라 차이가 있으니 화원에서 재배하기 쉬운 품종을 알아보자.

가정 원예용 포도는 우선 재배하기 쉬워야 한다. 조금 신맛이 있는 품종이라도 쥬스나 잼을 만들면 되고 단맛이 있는 다른 과일과 합치면 그 신맛이 아주 맛있게 변한다.

포도는 비가 적은 건조한 지방에서 잘 자라므로 물이 잘 빠지는 토지를 골라야 한다. 비가 조금만 와도 금방 물웅덩이가 생기는 곳은 피해야 한다. 포도는 추위에 아주 강하다. 이듬해에 시렁을 만들어 준다.

우선 중심이 되어 뻗어 나가는 가지를 확인해서 그 가지를 시렁에 올려 놓고 묶는다. 그러면 가지에서 새로운 가지들이 뻗어 나가며 5월 말부터 꽃이 피는데, 꽃이 피기 전에 필요 없는 꽃눈을 미리 잘라 준다.

다른 데에 영양분을 뺏기면 열매가 크지 못한다. 그리고 수확이 끝난 뒤에는 내년을 위해 그 가지를 짧게 자른다.

호박　　　　　　　　　　박과

아메리카 원산인 키우기 쉬운 채소다. 봄에 씨를 뿌리거나 모종을 심어 두면 여름이 끝날 무렵에는 호박이 많이 열린다. 그냥 내버려 두어도 한

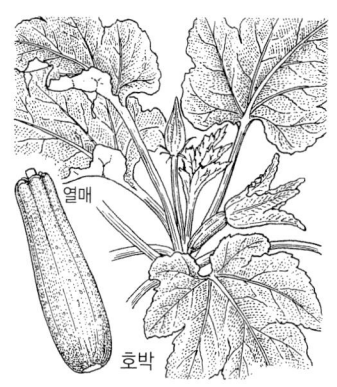
열매
호박

그루에서 4~5개의 호박이 열린다. 암꽃과 수꽃이 있으므로 암꽃에 수꽃의 꽃가루를 묻혀 주면 열매가 더 잘 맺힌다. 비료는 적게 줘도 된다. 우리가 '호박'이라고 부르는 것을 아메리카나 유럽에서는 사용되는 방법에 따라 다음의 3가지로 구분해서 부르고 있다.

첫 번째는 '늙은 호박'이라고 부르는 크고 누런 호박이다. 서양에서는 펌프킨이라고 부르며, 할로윈 파티에 이 호박으로 탈을 만들어 쓰기도 한다. 우리나라에서는 몸이 부었을 때 붓기를 빼는데 좋다고 해서 아이를 낳은 산모들이 많이 먹고, 호박죽을 할 때도 이 호박을 사용한다.

두 번째는 숙성 전의 열매를 요리에 사용하는 것으로 '애호박'이 있다. 전도 부쳐 먹고, 각종 요리에 이용할 수 있는 호박이다.

세 번째는 '화초 호박'으로 색깔, 모양, 질감이 각각 다양한데 조그맣고 둥글둥글한 주홍빛의 예쁜 호박도 화초 호박에 들어간다.

호박은 일반적인 다른 채소와 달리 이어짓기(작년에 호박을 심었던 곳에 다시 호박 씨를 뿌려 키우는 것) 하면 더 맛있는 호박이 열린다고 한다.

열매를 손톱으로 눌러 봐서 딱딱하면 따도 되는데, 호박을 땄으면 바람이 잘 통하고 선선한 곳에 두면 겨울까지 두고 먹을 수가 있다.

찾아보기

ㄱ

가는잎조팝나무 252
가래나무 351
가지 50, 51, 104, 108, 193, 199, 244, 286, 288, 289, 348
각시붓꽃 319
각시석남 종류 130, 219, 221
각시석남 38
갈퀴덩굴 130
감귤 종류 348
감나무 56, 348
감자, 고구마, 토란 등 349
감자 37, 69, 108, 109, 198, 199, 200, 284, 285, 289, 349, 350
갓 362
강낭콩 38, 104, 105, 108, 199, 244, 283, 287, 363
강아지풀 272
개망초 70
개박하 65, 247
개불알꽃 300
개암나무 199, 351
개양귀비 21, 162, 171, 176, 179, 294
개여뀌 215
개옥잠화 130, 160, 174
거베라 130, 177, 178, 294
게발선인장 176, 177, 178, 321
겹달맞이꽃 118, 246, 247
고구마 51, 194, 195, 199, 201, 349
고무나무 204
고사리 71
고수(코리안더) 38, 166, 240, 295
고추 60, 61, 93, 108, 198, 199, 244, 245, 283, 287, 350
고추냉이 199
공조팝나무 255
과꽃 296
관엽식물 295
광대나물 215
국화 124, 160, 173, 174, 177, 178, 271
국화 종류 256, 296
군자란 163, 232
귤나무 54
근대 362
글라디올러스 163, 181, 297
금감(금귤) 189
금목서 63, 252, 297
금어초 38, 176, 178, 298
금잔화 130, 162, 167, 298
기둥 모양 선인장 321
꽃도라지 270
꽃미나리아재비 167, 312
꽃생강 181, 298
꽃양배추 176, 177, 179, 358
꽃창포 130, 177, 179, 319
꽃치자 336
꿀풀 38, 270
끈끈이대나물 45, 54, 55, 172, 247, 341

ㄴ

나리 54, 62, 63, 180
나무딸기 90, 255, 352
나무 열매 351
나뭇잎 모양 선인장 321
나비난초 300
나팔꽃 162, 166, 167, 190, 299
난 종류 299
날개하늘나리 45, 315
남천 80, 186, 301

냉이 130
냉이 종류 362
노랑루핀 171
노랑코스모스 160, 241, 242
노박덩굴 190, 301
능소화 190, 301
니겔라 272

ㄷ

다육 식물 206, 302
달리아 173, 181, 257, 271, 302
달맞이꽃 303
닭의장풀 215
담배 199
담쟁이덩굴 190
당근 33, 40, 194, 195, 199, 200, 231, 281, 283, 286, 287, 352
대나무 234, 303
대상화 256, 304
덩굴강낭콩 109
덩굴장미 190, 254, 260, 333
데이지 36, 38, 43, 55, 67, 160, 176, 179, 232, 256, 304
덴드로비움 301
도라지 124, 160, 174, 249, 271, 305
독일붓꽃 319
독일은방울꽃 163, 330
동백나무 80, 163, 186, 221, 249, 252, 260, 282, 305
동부(광저이) 38, 199
동자꽃 174, 341
둥근잎유홍초 329
등 163, 191
디기탈리스 33, 164, 165, 306
딜 230, 240
딸기 57, 83, 84, 108, 230, 231, 261, 274
딸기 종류 352
땅나리 180
땅콩 199
떡갈나무 151, 282

ㄹ

라벤더 17, 33, 65, 230, 281, 306
라즈베리 57, 189, 231, 261, 274, 352, 353
란타나 174, 206, 307
레몬 280, 349
로즈메리 65, 230, 231, 281, 307
루나리아 164, 272, 308
루바브 16, 38, 58, 353
루핀 308
린네풀 22

ㅁ

마거리트 44, 174, 175, 176, 179, 219, 237, 250, 251, 270, 308
마늘 60, 64, 231, 288, 353
만수국(프렌치매리골드) 38, 41, 169, 309
말나리 180, 315
망고 199
망종화(금사매) 186, 309
망초 70, 215, 270
매리골드 38, 50, 160, 169, 177, 179, 201, 231, 241, 242, 247, 309
매발톱꽃 45, 93, 110, 242, 309
매실나무 56, 186, 221, 258, 353
맨드라미 38, 162, 163, 171, 310
머위 58, 64, 282
머위의 새순 58, 64
메꽃 310
메밀 201

멜론 199
멧두릅 229
명자나무 186, 252, 255, 260, 310
모과나무 187
모란 163, 174, 259
모란 종류 311
목련 259, 282
목화 311
몬스테라 206
무 26, 54, 151, 195, 196, 199, 200, 247, 283, 285, 286, 287, 295, 362
무 종류 354
무궁화 186, 252, 312
무릇 183, 312
무스카리 38, 163, 181, 183, 312
무화과나무 56
물냉이 48, 354
물망초 163
물봉선 70, 71
물양귀비 78, 79
물옥잠 44, 78, 79
미국산딸나무 221
미나리 64, 229
미니장미 202
민들레 54, 70, 130
밀짚꽃 272

ㅂ

바꽃 33
바나나 199
바위취(범의귀) 313
바질 38, 313
박 48, 58, 118
박하(민트) 종류 64, 247, 281, 313
밤나무 199, 249, 351
방울난초 300
방울토마토 50, 51, 108, 193, 194, 241, 244, 283
배나무 199, 355
배추 26, 108, 200, 228, 245, 247, 264, 362
백량금 186, 314
백일홍 47, 50, 52, 54, 55, 110, 160, 162, 163, 169, 173, 177, 179, 314
백합 33, 104, 163, 180, 249, 315
백합 종류 315
버찌 72, 188
범부채 319
벚나무 84, 163, 186, 221, 258, 315
베고니아 163, 174, 202, 203, 316
베르가모트 38, 280
벼 124, 199
별꽃 130
병아리꽃나무 240
보리 124, 150, 151, 198, 199
보춘화 300
복사나무 38, 186, 199, 221, 249, 355
복수초 21, 171, 176, 179, 316
봉선화 22, 38, 243, 317
부들 38
부들레야 45
부레옥잠 38
부용 38
부채 모양 선인장 321
부추 61, 64, 201, 365
분꽃 162, 163, 317
붉은강낭콩 191, 318
붓꽃 176, 178, 241, 249, 318
붓꽃 종류 318
브로콜리 50, 51, 108, 228, 231, 245, 283, 284, 358
블랙베리 57, 254, 352

블루데이지 47, 160, 174, 319
블루베리 56, 189, 261, 352
비파나무 56, 355
뽕나무 56, 68, 80, 359

ㅅ

사과나무 56, 189, 199, 356
사철나무 260, 319
사철채송화 47, 160
사탕수수 199
사프란 65
사향초 27
산철쭉 335
살구 188, 274
상추 26, 41, 48, 60, 200, 201
색비름 171
샐비어(사루비아) 38, 160, 162, 163, 177, 178, 319
생강 201, 356
샤스타데이지 36, 45, 55, 160, 176, 177, 178, 247, 320
서양까치밥나무 18, 56, 187, 189, 261, 275, 363
서양자두 249
서향 62, 63, 252, 320
석곡 300
석산 168, 321
선인장 43, 163, 174, 202, 205, 206, 303
선인장 종류 321
섬다래 358
성게 모양 선인장 321
세이지 65, 231, 281
셀러리 357
소귀나무 38, 56
쇠뜨기 130
수국 186, 252, 255, 322

수레국화 81, 162, 167, 322
수련 78, 79
수박 199, 357
수선화 20, 163, 176, 177, 178, 180, 181, 184, 202, 249, 322
수세미오이 38, 58, 163, 167, 191, 323
수수 199, 272
수수꽃다리 186, 258, 324
수염패랭이꽃 340
수초 78, 79, 324
술패랭이꽃 70, 246, 270
쉬나무 58, 80, 189, 275, 357
스노우드롭 20, 176, 178, 266
스위트피 130, 162, 166, 171, 191, 241, 324
스타티스 38, 272
스파티필룸 204
시금치 108, 130, 196, 200, 201, 213, 231, 289, 361, 362
시마니아 204
시클라멘 176, 177, 178, 203, 206, 325
식나무 80, 186, 252, 325
심비디움 206, 232, 301
쑥 361
쑥갓 196, 361

ㅇ

아까시나무 38, 63, 326
아나나스 종류 326
아네모네 163
아디안툼(고사리 종류) 204
아마릴리스 36, 181, 182, 202, 257, 326
아보카도 199
아스파라거스 18, 38, 201, 357
아이리스 33

아잘레아 203, 219
아티초크 38, 328
아프리카봉선화 41, 160, 202, 243, 317
아프리카제비꽃 163, 206
아프리칸매리골드 309, 310
안개꽃 163, 176, 178, 266
안수리움 38, 206, 295, 296
안츄사 165
알로에 163, 303
애기냉이 67, 327
애기동백 163, 221, 249
앵두나무 187
앵초 242, 249, 327
야자나무 202
양귀비 33
양다래(키위) 124, 357
양란 206
양배추 33, 49, 54, 108, 199, 228, 230, 231, 245, 283, 284, 358, 362
양배추 종류 358
양상추 33, 196, 197, 231, 245, 361
양치식물 71, 202
양파 33, 60, 108, 109, 194, 196, 199, 230, 231, 284, 288, 365
양하 64, 196
억새 71
엉겅퀴 27, 53, 54, 55, 270
엉겅퀴 종류 328
에리카 204
염주 240
엽란 71
오디 274, 359
오레가노 38, 65, 328
오월철쭉(영산홍) 38, 335
오이 49, 50, 60, 104, 108, 109, 195, 199, 231, 241, 244, 245, 283, 286, 287, 288, 359, 361
오크라 193, 199, 245, 287, 360
옥수수 108, 198, 199, 244, 272, 360
옥잠화 종류 70, 328
완두콩 17, 33, 49, 50, 104, 105, 108, 124, 191, 199, 244, 283, 363
왕벚나무 38
왕작살나무 331
용담 33, 38, 329
용설란 303
우산이끼 130
우엉 60, 360
위령선 252
유리당초 171, 202
유자 348, 349
유채 54, 150, 151, 196, 247, 362
유채 종류 329
유카 163, 204
유홍초 167, 330
육두구 199
으름덩굴 38, 191
은방울꽃 63, 130, 330
은방울수선화 183, 330
이나무 38, 80
인도고무나무 163
인동덩굴 33, 62, 63, 330
일일초 38, 43, 162, 163, 331
잇꽃 240
잎을 먹는 채소 361

ㅈ

자귀나무 186, 331
자두나무 38
자란 300
자목련 221, 258, 259
자운영 54, 150

자주괴불주머니 38, 215
작살나무 80, 332
작약 174, 259, 332
장미 17, 33, 63, 186, 231, 258, 270, 272, 332
전나무 18
접란 204, 206
접시꽃 33, 38, 164, 165
제라늄 38, 43, 160, 174, 206, 250, 282, 333
제비꽃 45, 67, 160, 176, 177, 179, 232
제비붓꽃 319
조 199, 272
조릿대 234
좀깨잎나무 38, 61, 55
좀작살나무 331
종꽃 164, 165
종려나무 80, 334
주목 18
죽절초 186, 334
진달래 54, 124, 130, 221, 252, 260, 335
질경이 130
찔레꽃 258

ㅊ

차나무 187, 199, 260, 282, 335
차이브 38, 61, 231
차즈기 38, 64, 192, 247, 280
참나리 63, 180, 257, 315
참마 349
참밀 151, 198, 199
참외 151
참제비고깔 21, 336
참제비꽃 167
채송화 47, 160
천일홍 38, 160, 336

철쭉 54, 130, 186, 187
청경채 201, 213, 236
청미래덩굴 38, 285
초롱꽃 70, 266
초피나무 54, 62, 199
취나물 361
층층나무 80
치자나무 62, 130, 186, 252, 260, 337
칠엽수 282

ㅋ

카네이션 250, 340
카모마일 65, 230, 281, 337
카사바 199
카틀래야 163, 206
칸나 173, 181, 257, 337
칼라 176, 177, 178
칼라코에 163
캐슈넛 199
캘리포니아포피 171
커런트 종류 363
커피나무 198, 199
컴프리 155, 165, 338
코스모스 51, 104, 110, 160, 162, 163, 169, 177, 178, 182, 243, 247, 338
코코스야자 199
콜라비 358
콜레우스 206
콜리플라워 48, 51, 245, 283, 287, 289, 358
콩 33, 51, 108, 199, 201, 244, 245, 364
콩 종류 231, 244, 363
크로커스 20, 65, 163, 180, 184, 202, 338
큰까지수영 70
큰방울새난 300

ㅌ

타래붓꽃 319
타임 17, 38, 65, 93, 230, 231, 250, 251, 281, 339
탱자나무 54
털여뀌 246
털중나리 180, 315
토끼풀 38, 54, 84, 130, 150, 151, 154, 155, 214, 215, 339
토란 199, 349, 350
토마토 50, 104, 108, 193, 194, 195, 199, 231, 245, 288, 289, 364
톱풀 44, 339
튤립 44, 163, 180, 181, 182, 340

ㅍ

파 33, 60, 61, 192, 199, 201
파 종류 365
파드득나물 38, 53, 61, 64, 192, 196, 201, 229, 256, 365
파라고무나무 204
파슬리 33, 60, 201
파인애플 199
팔손이 186, 340
팥 199, 245, 364
패랭이꽃 176, 177, 178, 242, 340
팬지 38, 43, 160, 163, 173, 176, 177, 179, 202, 232, 242, 243, 341
페튜니아 41, 45, 160, 163, 167, 177, 179, 202, 242, 254, 342
페페로미아 204
편백 186
포도 56, 366
포인세티아 177, 179
표주박 167, 191, 199, 323
푸크시아 163
풍란 300
풍접초 38, 118, 240, 242
프리뮬러 163, 176, 179, 219, 232, 256, 343
프리지어 46, 63, 176, 179, 180, 181, 343
플록스 343
피 272
피망 51, 55, 61, 104, 193, 245, 288, 350, 361

ㅎ

하늘나리 52
하늘말나리 180
한련 177, 179, 231, 344
할미꽃 70
해바라기 15, 47, 110, 162, 163, 171, 199, 344
허브 345
헬리오트로프 174, 345
호두나무 199, 249, 351
호밀 150, 151, 156
호박 49, 51, 58, 60, 69, 108, 194, 195, 199, 240, 244, 288, 366
호접란 301
화살나무 260
황매화 255, 345
황새냉이 215
회양목 252
회향 241, 346
후박나무 282
히말라야바위취 316
히아신스 78, 181, 184, 202, 346

생물 이름의 정확성을 기하기 위해서
일본도감 《學硏生物圖鑑》과 山と溪谷社의 《日本の野草》, 《日本の樹木》,
Field Book 시리즈 및 小學館의 Field Guide 시리즈를 참고하였고,
우리나라 이창복 선생님의 《원색 대한식물도감》, 문교부의 《한국동식물도감》,
교학사의 《한국식물도감》, 지식산업사의 《한국원예식물도감》,
진선출판사의 《나무 쉽게 찾기》, 《야생화 쉽게 찾기》 등을 참고하였음을 알려드립니다.
자료를 협조하여 주신 한그린 원예전문백화점, 환경연구원,
화훼원예연구회 관계자 여러분께 감사드립니다.

이 책을 옮긴 **김창원** 선생님은 고려대학교 대학원 정외과를 수료하였고,
현재 자유 번역가로 활동 중입니다.
주요 번역서로는 《모험도감》, 《자유연구도감》, 《생활도감》, 《세계 동물기》,
《놀이도감》, 《공작도감》, 《자연도감》, 《식물일기》, 《곤충일기》,
《바다일기》, 《신기한 곤충도감》, 《숲속 수의사의 자연일기》 등이 있으며,
저서로는 《할아버지 아주 어렸을 적에》, 《할아버지가 보내는 편지》가 있습니다.

원예도감

1쇄 - 2010년 2월 23일
7쇄 - 2022년 1월 10일
지은이 - 사토우치 아이
그린이 - 후지에다 쓰우, 사노 히로히코, 이와타스 카요미
옮긴이 - 김창원
발행인 - 허진
발행처 - 진선출판사(주)
편집 - 김경미, 이미선, 권지은, 최윤선, 최지혜
디자인 - 고은정, 김은희
총무·마케팅 - 유재수, 나미영, 김수연, 허인화
주소 - 서울시 종로구 삼일대로 457 (경운동 88번지) 수운회관 15층
 전화 (02)720-5990 팩스 (02)739-2129
 홈페이지 www.jinsun.co.kr
등록 - 1975년 9월 3일 10-92

*책값은 뒤표지에 있습니다.

ISBN 978-89-7221-641-4 76520
ISBN 978-89-7221-626-1 (세트)

Text ⓒ Ai Satouchi, 1996
Illustrations ⓒ Tsuu Fujieda, Hirohiko Sano, Kayomi Iwatatsu, 1996
Originally published under the title of
"Illustrated Guide to Gardening" (Engei Zukan)
by Fukuinkan Shoten, Publishers, Inc., Tokyo, Japan, in 1996
All right reserved.

서리와 재배일수

남부 지방

재배일수란 서리 걱정 없이 각종 채소를 재배할 수 있는 1년 평균 날짜 수를 말하는데, 원예 식물을 기를 때는 서리 내리는 날을 아는 것이 중요하다. 최근 30년간 가을 첫서리와 봄의 마지막 서리 날짜를 평균내어 재배일수를 계산한 것이다.

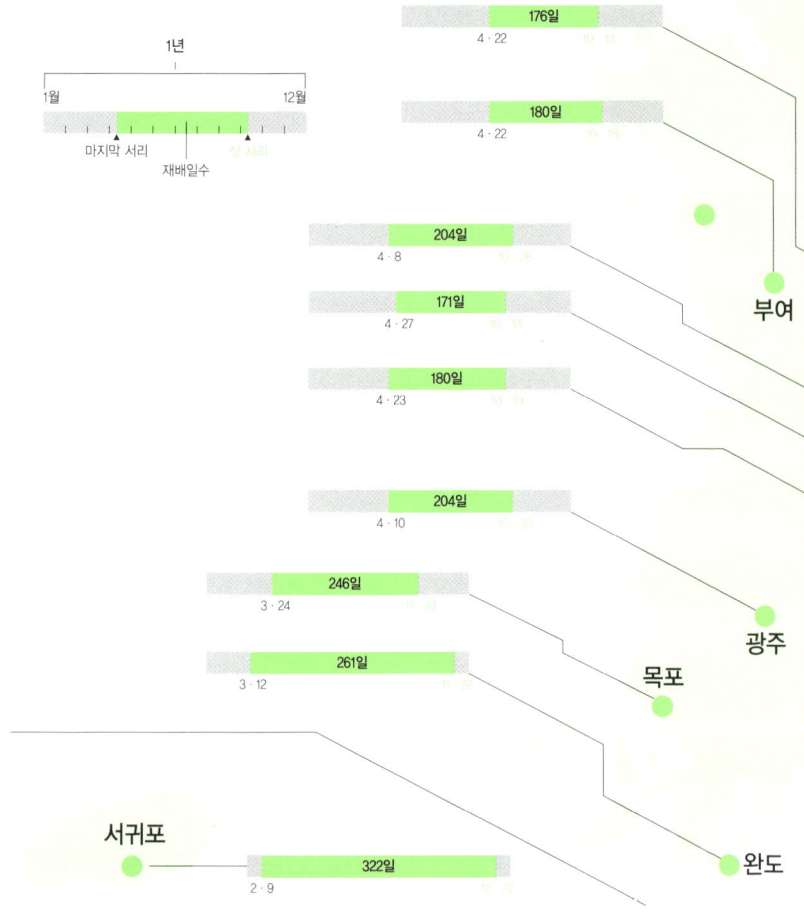

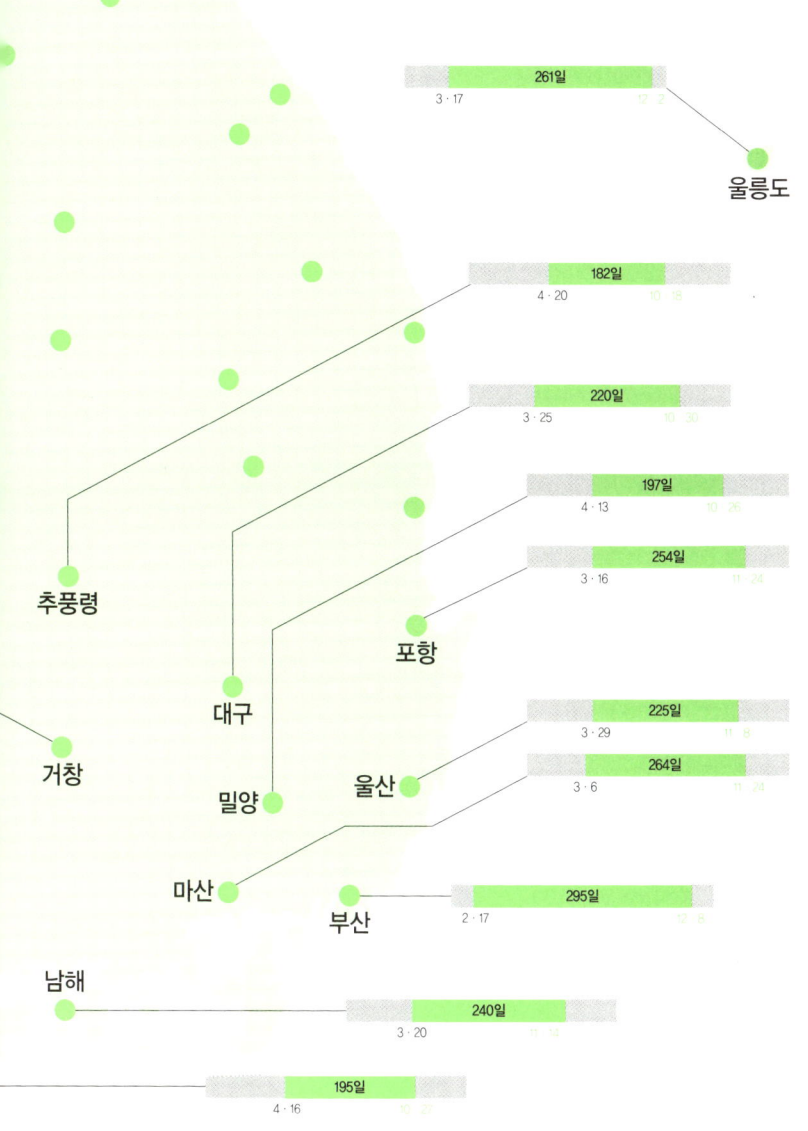